职业教育电子商务专业课程改革创新教材

网页设计与制作

（项目式教材）

主　编　王　欣
副主编　徐飞飞
参　编　朱　峰　蒋徐贝　朱思俊　许彦妮　郑　纯
钱燕萍　刘靓靓　常宏明　杨　丽　余华峰

机械工业出版社

本书突破了单纯讲解理论知识的模式，侧重于培养学生的电子商务应用能力。本书共分 13 个项目，包含了网页设计与制作的基础知识、基本技能和基本素养，培养学生分析和解决实际问题的能力，使学生通过学习能够运用常见网站开发工具设计与制作简单网站。每个项目内都精心设计了 7 个环节，即学习目标、问题导入、背景知识、必备知识、活动实施、思考和活动拓展。通过这 7 个环节的实践，让学生在做中学，学中做。本书在详细介绍网页设计和网页制作的同时，介绍了大量电子商务操作的实际技巧，让学生现学现用，力争使学生掌握电子商务实际应用的技巧和方法。

本书可作为职业院校电子商务专业的教材，也可作为各类电子商务教育的培训教材，还可作为企业电子商务从业人员的参考用书。

图书在版编目（CIP）数据

网页设计与制作：项目式教材/王欣主编. —北京：机械工业出版社，2017.2（2023.1重印）

职业教育电子商务专业课程改革创新教材

ISBN 978-7-111-55927-6

Ⅰ. ①网… Ⅱ. ①王… Ⅲ. ①网页制作工具—中等专业学校—教材 Ⅳ. ①TP393.092.2

中国版本图书馆 CIP 数据核字（2017）第 008733 号

机械工业出版社（北京市百万庄大街 22 号　邮政编码 100037）

策划编辑：聂志磊　　责任编辑：聂志磊　陈瑞文

责任印制：张　博　　责任校对：马丽婷

唐山三艺印务有限公司印刷

2023 年 1 月第 1 版第 8 次印刷

184mm×260mm · 16.5 印张 · 382 千字

标准书号：ISBN 978-7-111-55927-6

定价：45.00 元

电话服务　　网络服务

客服电话：010-88361066　　机　工　官　网：www.cmpbook.com

010-88379833　　机　工　官　博：weibo.com/cmp1952

010-68326294　　金　　书　　网：www.golden-book.com

封底无防伪标均为盗版　　机工教育服务网：www.cmpedu.com

前　　言

本书是在“职业教育体系”大发展的背景下，组织资深专业教师，按照“国家十三五职教发展方针与政策”的有关精神，根据电子商务专业的教学改革需要，结合行业企业需求编写而成。

本书根据职校生需要掌握的网页设计职业技能特点，结合电子商务企业实际要求，整合了“网页制作”“美工设计”“网站维护”等课程的相关内容，通过以企业的各种实际岗位为案例进行学习，使学生了解网页设计与制作岗位的工作内容、工作性质以及应具备的工作态度，从而掌握网页设计与制作的工作能力。

一、本书的结构

本书由两部分构成——主教材和教学资源包。

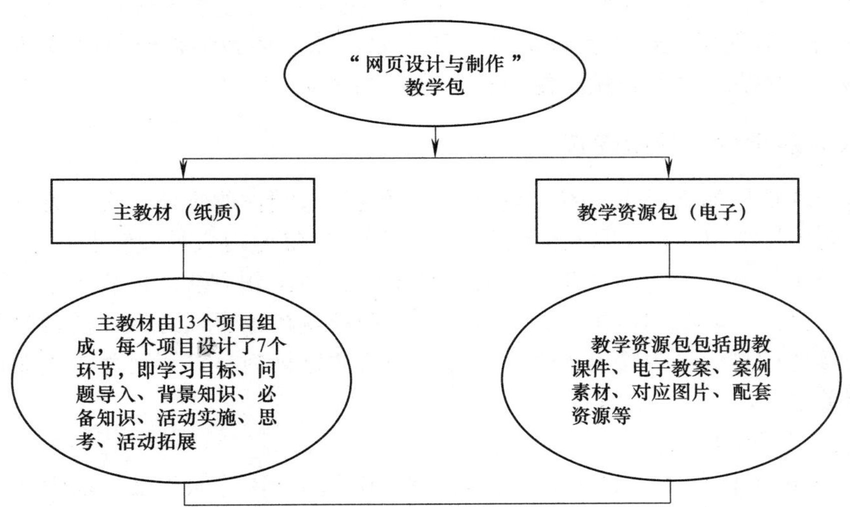

1）本书以网页设计与制作的工作过程为导向，以设计制作网页和网站规划管理为主线，采用项目教材编写体例，全书共分为 13 个项目，即网页基础知识、创建与管理网站、编辑网页文本、编辑网页图像、应用网页多媒体、设置网页超链接、布局网页、应用网页表单、运用 Div+CSS 样式、运用网页行为、应用网页特效、应用模板与库以及网站发布与维护。每个项目内都精心设计了以下 7 个栏目。

- 学习目标：列出本项目中需要掌握的学习目标。
- 问题导入：通过设置问题引出每个任务的学习内容。
- 背景知识：介绍与本项目相关联的知识，拓宽学生知识面。
- 必备知识：介绍在活动中必须掌握的知识。
- 活动实施：展示每个活动中实例操作的具体步骤。

- 思考：在实例的基础上，引导学生再次消化本项目知识点。
- 活动拓展：活动实施完成后的再应用，熟练与巩固学生所掌握的知识与技能。

2）教学资源包由助教课件、电子教案、案例素材、对应图片、配套资源等构成。对于选用本书作为教材的院校，本部分内容可通过机械工业出版社教育服务网（http://www.cmpedu.com）或加入电子商务专业交流群（QQ群：832803236）免费获取。

二、本书的特点

本书贯彻“以能力为本位，以就业为导向”的职业教育办学方针，充分体现以适应“理论与实践一体化”的新型教学模式需求为根本，以满足学生和社会需求为目标的编写指导思想。在编写中力求突出以下特色：

1）以应用为核心，联系生活、专业、企业生产实践。简化原理阐述，删除无实用价值的内容；适当降低理论难度，以适用、够用、实用为度，力求做到学以致用。

2）打破原有理论框架，以电子商务企业实例为载体和主线安排教学项目。在尊重科学性和教学规律性的前提下，对教学内容进行整合、取舍和补充，凸显以提升学生能力为重点，满足企业对技能型人才的需求。

3）注重进行有针对性的教学，通过项目内容设置，引导学生开展“自主—合作—探究”式的学习。培养学生的“关键能力”和职业素养，实施学训一体化教学，在“做中学，学中做”，为提高学生的就业能力打下坚实的基础。

三、本书的定位与教学建议

本书是一本指导初学者进行网站规划、网页设计与制作的实训课程，着重从企业、网店、网页的设计与制作等相关职业岗位群的应用型中初级专门人员或专业卖家的角度出发，较详细地介绍了网页设计与网页制作等各个环节的具体操作方法，内容丰富、简明扼要、通俗易懂，并且具有较强的可操作性，既可作为职业院校电子商务专业的教材和网上创业者入门时的参考读物，也可作为各类电子商务教育的培训教材，还可作为企业电子商务从业人员的参考用书。

教学建议与说明如下：

1）综合运用工作任务引领下的项目教学法和学训一体等教学法，以学训一体、职场体验为主要形式，通过仿真训练和实训操作等方式，提高学生在各方面的实际操作能力。

2）为适应不同地区学生学习需求的多样性，可对教学项目灵活选择，体现课程的选择性和教学要求的差异性。

3）以教学项目为中心，优化教材结构，注重教学过程，各实训项目均应以过程性评价和终极性评价相结合的方式来评定成绩，成绩达标后取得相应的学分。

4）全书分为13个项目，共计64学时，具体分配见下表。

项目	内容	参考学时
项目一	网页基础知识	5
项目二	创建与管理网站	3
项目三	编辑网页文本	4
项目四	编辑网页图像	5

（续）

项　　目	内　　容	参考学时
项目五	应用网页多媒体	5
项目六	设置网页超链接	6
项目七	布局网页	6
项目八	应用网页表单	6
项目九	运用 Div+CSS 样式	4
项目十	运用网页行为	6
项目十一	应用网页特效	6
项目十二	应用模板与库	4
项目十三	网站发布与维护	4

三、参加编写的单位

本书由杭州市开元商贸职业学校的王欣任主编，徐飞飞任副主编。具体分工如下：王欣编写项目一；朱峰编写项目二；蒋徐贝编写项目三；朱思俊编写项目四、项目五；许彦妮编写项目六；郑纯编写项目七；钱燕萍编写项目八；刘靓靓编写项目九；常宏明编写项目十；徐飞飞编写项目十一；杨丽编写项目十二；余华峰编写项目十三。

本书的编写得到了杭州市开元商贸职业学校、萧山第二职业学校、浦江职业技术学校、桐庐职业技术学校、杭州电子职业高中、上海商派网络科技股份有限公司等单位的大力支持。在本书编写的过程中，参考了一些电子商务网站的资料和书籍，在此对原作者一并表示衷心的感谢！由于作者水平所限，书中不足之处在所难免，恳请读者提出宝贵的意见或建议。

编　者

目　录

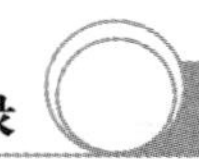

项目一

网页基础知识

随着互联网的迅猛发展，人们可以在网络上获取、交换越来越多的信息，互联网与传统产业的结合，迎来了“互联网+”时代，人们已经渐渐意识到网络正在改变我们的生活。个人、企业、单位等主体想要在网络上有更多的知名度，则需要通过一个精彩的网站展示自己，这就带来了一个新的问题：怎样设计、制作网站中美观且实用的页面？在一个网站开发者眼中，如果脱离了网页的实用性来谈网页的美是不实际的。设计、制作一个网页，首先要高效科学地安排页面，然后才是对它进行美化。本项目就是带领大家了解如何做出网站中美观且实用的页面。

学习目标

1）认识网页的概念及其基本元素。

2）认识不同类型的网站。

3）了解网页不同的制作方法。

4）掌握网页的设计流程及美工标准。

任务一　认识网页、了解网站

问题导入

成长于信息化时代的你面对浩瀚如海的信息，面对四通八达的互联网，你真正了解什么是网页、什么是网站吗？

背景知识

一、时代背景

2015 年 3 月 5 日，李克强总理在十二届全国人大三次会议上的政府工作报告中提出制订“互联网+”计划，强调“推动移动互联网、云计算、大数据、物联网等与现代制造业结合，促进电子商务、工业互联网和互联网金融健康发展，引导互联网企业拓展国际市场”。自此，“互联网+”作为一项国家战略，为未来国家各领域的发展指明了方向。

二、“互联网+”概述

依托互联网信息技术实现互联网与传统产业的联合，以优化生产要素、更新业务体系、重构商业模式等途径来完成经济转型和升级。“互联网+”计划的目的在于充分发挥互联网的优势，将互联网与传统产业深入融合，以产业升级提升经济生产力，最后实现社会财富的增加。

“互联网+”的外在表征是互联网+传统产业，其最大的特征是依托互联网把原本孤立的各传统产业相连，通过大数据完成行业间的信息交换。

“互联网+”的深层目的是产业升级+经济转型，通过互联网化，使传统产业调整产业模式，形成以产品为基础，以市场为导向，为用户提供精准服务的商业模式。

三、“互联网+”时代的电子商务

随着国家“互联网+”行动计划的实施，电子商务再次处在中国经济转型期备受关注的“风口”。其呈现出一些新特点，如成为各级政府高度重视的一个战略性新兴产业、在促进经济增长中作用凸显、在农村大面积推广、移动端购物呈现爆发性增长、O2O 模式引导传统企业互联网化、国际影响力增强。2015 年，我国重点开展“电子商务发展行动计划”和“‘互联网+流通’行动计划”，着力完善电子商务政策法规和标准体系，推动电子商务进农村、进社区、进中小城市，促进跨境电子商务，加强电子商务创新应用，完善电子商务支撑服务体系。

四、“互联网+”时代的网站建设

随着“互联网+”时代的到来，无论是什么行业，为了跟上时代的步伐，都争相创办自己的网站，网站建设行业成为热点。在“互联网+”时代下，网站建设领域需要重视的几个发展趋势如下：

1）安全性在网站建设中的影响力将与日俱增。

2）个性化受到更多网站运营者的喜爱和重视。

3）营销型网站建设将代替传统的展示型网站建设。

4）用户体验将成为网站建设的重中之重。

5）网站功能与交互性都将被加强。

活动一　认 识 网 页

必备知识

网页是网站的组成要素之一，认识网页是设计与制作网站的前提。一个成功的网站离不开精美绚丽的网页，要制作出美观的网页，首先要了解什么是网页，网页有哪些基本元素。

一、网页的概念

网页是网站上的某一个页面，是互联网中的一“页”，是一个纯文本文件，是向访问者传递信息的载体，以超文本和超媒体为技术，采用 HTML、CSS、XML 等语言来描述组成页面的各种元素，包括文字、图像、音乐等，并通过客户端浏览器进行解析，从而向浏览者呈现网页的各种内容。它存放于世界某个角落的某一服务器上，经由网址（URL）来识别与存取，当在浏览器中输入网址后，网页文件就会被传送到用户的计算机，然后通过浏览器解释网页的内容，再展示到我们的眼前。图 1-1 所示为上网的过程。

图 1-1　上网过程

二、网页的基本元素

网络上的网页纷繁复杂、千姿百态，但从其本质上来看，网页都是由哪些基本元素组成的呢？对于任何一个网页，组成它的基本元素主要是文本、图像、动画、声音以及视频等。

1. 文本

网页中的信息以文本为主。文本一直是人类最重要的信息载体与交流工具，网页中的信息也以文本为主。文本在网页中的主要功能是显示信息和链接。文本通过文字的具体内容与不同格式来显示信息的重要内容，这是文本的直接功能。此外，文本作为一个对象，往往又是链接的触发体，通过文本表达的链接指向相关的内容。

2. 图像

图像的功能是提供信息、展示作品、装饰网页、表现风格和链接。与文字相比，图像更能快速地引起浏览者的注意，丰富网页的视觉呈现。网页中使用的图像主要是 GIF、JPEG、PNG 等格式。

3. 动画

在网页中使用动画的功能是提供信息、展示作品、装饰网页、动态交互。动画可以有效地引起浏览者的注意，比静止的图像更具有吸引力。在网页中使用较多的是 GIF 动画和 Flash 动画。

4. 声音

声音是多媒体网页的一个重要组成部分。在网页中添加声音，能丰富浏览者的感官体验，进而延长浏览者在网页的停留时间，以此达到商业目的或其他目的。用于网页的声音文件格式非常多，常用的是 MIDI、WAV、mp3 和 AIF 等。

5. 视频

视频文件的采用让网页变得非常精彩且有动感。网络上的许多插件也使向网页中插入视频文件的操作变得非常简单。常见的视频格式有 RealPlayer、MPEG、AVI 和 DivX 等。

活动实施

第一步：在浏览器中输入淘宝网网址（http://www.taobao.com），服务器在接收命令后将网页文件传送到计算机上。图 1-2 所示为淘宝网首页。

图 1-2 淘宝网首页

第二步：在浏览器中输入苹果（中国）网址（http://www.apple.com/cn/），图 1-3 所示为苹果公司在中国的门户网站的首页。与淘宝、京东等大型购物网站相比，呈现企业品牌的网页则更具个性化，更加彰显品牌文化。如果从网页的设计风格和颜色搭配等角度看，则更加耐人寻味。

图 1-3　苹果（中国）首页

思考

我们可以看到不同风格的网页中都包括文字和图像等元素，除了这些元素之外，网页中还可以包含哪些元素？

活动拓展

请浏览表 1-1 中所示的网页，并记录这些网页中都包含了哪些元素。

表 1-1　不同网页包含的元素记录

网页名称	网页元素
淘宝网	
京东商城	
1号店	
苏宁电器	

注：请完成表 1-1 后上交，电子版表格见教学资源包。

活动二　了解网站

必备知识

随着“互联网+”时代的到来，到今天已经拥有了许多形形色色的网站，正是这些网站造就了五光十色的网络世界。这些网站中有的仅投资一两千元，有的则投资上亿元，它们之间的区别究竟在哪里？要解决这个问题，首先要有一个网站的分类方法将这些千姿百态的网站进行分类。

一、网站的定义

网站（Website）是指在互联网上，根据一定的规则，使用 HTML 等语言制作的用于展示特定内容的相关网页的集合。简单地说，网站是一种沟通工具，人们可以通过网站来发布自己想要公开的资讯，或利用网站提供相关的网络服务。人们可以通过网页浏览器来访问网站，以获取自己需要的资讯或享受网络服务。通常，一个网站由网站域名、网站程序和网站空间三部分组成。

二、网站的分类标准

按照不同的分类标准，网站可以有不同的归类。现有对网站的分类标准有：按照网站的主体性质划分，按照功能划分，按照网站作用划分，本书重点介绍按照网站所提供的服务划分。

三、按照网站所提供的服务分类

根据网站所提供的服务不同，可以把网站分为资讯类网站、交易类网站、互动游戏类网站、有偿资讯类网站、功能型网站、综合类网站和办公类网站。因为提供的服务不同，所以要求包含的功能也就不同。

1. 资讯类网站

这类网站以提供信息为主要目的，其网站投资者的主要目的是在互联网上建立一个宣传册，不要求实现业务或工作逻辑。目前，大部分的政府和企业网站都属于这类网站。

2. 交易类网站

这类网站就是人们通常所理解的电子商务网站。它是以实现交易为目的，以订单为中心的。商品展示、订单生成、订单执行是这类网站必须具备的功能，目前这类网站中较著名的有亚马逊、淘宝、京东商城等。

3. 互动游戏类网站

这是近年来在国内逐渐风靡的一种网站，其代表有传奇、仙剑情缘、联众等。这类网站的投入根据所承载游戏的复杂程度决定。

4. 有偿资讯类网站

与资讯类网站相似，这类网站也是以提供资讯为主。所不同的是，它们提供的资讯是要求有直接回报的，就因为这一点，这类网站都有一个业务模型，通常的做法是要求访问者或按次、或按时间、或按量进行付费。

5. 功能型网站

这类网站的特点是将一个具有广泛需求的功能扩展开来，开发一套强大的支撑体系，将该功能的实现推向极值，如 12306 中国铁路客户服务中心网站，看似简单的页面实现，实则往往需要相当惊人的投入。

6. 综合类网站

这类网站可以把它看作一个网站服务的大卖场，不同的服务由不同的服务商提供。这类网站的首页在设计时都尽可能地把所能提供的服务都包含进来，以便获得更多的利益，因此一般看起来非常拥挤。

7. 办公类网站

目前，很多单位的内联网网站还应该算作资讯类网站，如果它们加上一个多级的权限控制功能，向服务于一种办公管理方式的方向发展，就会变成这种办公类网站。

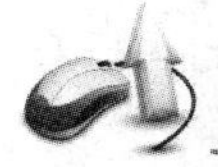

活动实施

第一步：在浏览器中输入杭州市政府网址（http://www.hangzhou.gov.cn），图 1-4 所示为杭州市政府网站的首页，页面上有非常明显的“杭州特征”—— 西湖。杭州政府官网是杭州市呈现给世界的“脸”，此类网站干净严肃，往往给人一种庄重的感觉。

第二步：在浏览器中输入苏宁易购网址（http://www.suning.com），图 1-5 所示为苏宁易购网站的首页，与资讯类网站相比，此类网站用色鲜艳，具有明显的时节性和广告性。

图 1-4　杭州市政府网站首页

图 1-5　苏宁易购网站首页

第三步：在浏览器中输入魔兽世界网址（http://www.wowchina.com），图 1-6 所示为魔兽世界网站的首页，从页面效果来看，此类网站交互性强，视觉冲击力强，给人一种跃跃欲试的感觉。

图 1-6　魔兽世界网站首页

思考

按照不同的分类标准，网站有不同的分类方法，除了按照网站所提供的服务进行分类，还有哪些分类方法？

活动拓展

请浏览不同类型网站，并将这些网站的首页以截图形式保存下来。

表 1-2　不同类型网站的首页截图

网站类型	网页截图
有偿咨讯类网站	
功能型网站	

（续）

网站类型	网页截图
综合类网站	
办公类网站	

注：请完成表 1-2 并上交，电子版表格见教学资源包。

任务二　了解网页制作方法

问题导入

面对网络上五花八门的网页，你知道这些网页是怎么做出来的吗？

背景知识

由于网页是由 HTML 语言构建的，因此早期最基本的制作网页方法就是用文本编辑程序，如用记事本编写 HTML 代码即可做成网页。除此之外，还有很多用于网页制作的专用软件，如 FrontPage 和 Dreamweaver。

正常的网站开发都是经过精雕细琢才面世的，一般经过如下几个步骤：

1）根据客户要求勾画网站界面草图。

2）切图。

3）使用 Div+CSS 技术重构 HTML。

4）程序开发。

活动一　使用代码制作网页

必备知识

一、HTML 的概念

HTML 即 Hypertext Markup Language，是超文本标记语言，是用于描述网页文档的一种标记语言。它不是一种编程语言，而是一种标记语言，由浏览器进行解析，然后把结果显示在网页上。它是网页制作的基础，我们见到的所有网页都离不开 HTML，所以学习 HTML 语言是基础中的核心。

二、HTML 文档的基本结构

```
<html>
  <head>
    <title>无标题文档</title>
  </head>

  <body>
   ……
  </body>
</html>
```

HTML 文档文件分为两部分，由<HEAD>至</HEAD>称为开头，<BODY>至</BODY>称为本文。

HEAD 部分用<HEAD>…</HEAD>标记界定，一般包含网页标题、文档属性参数等不在页面上显示的网页元素。

BODY 部分是网页的主体，其中的内容均会反映在页面上，用<BODY>…</BODY>标记来界定，页面的内容组织在其中。页面的内容主要包括文字、图像、动画和超链接等。

三、常用的 HTML 标识（见表 1-3）

表 1-3　常用的 HTML 标识

标　　记		译　　名	作　　用
文件标记	<HTML>	文件声明	让浏览器知道这是 HTML 文件
	<HEAD>	开头	提供文件整体资讯
	<TITLE>	标题	定义文件标题，将显示在浏览器的顶端
	<BODY>	正文	设计文件格式及内容
排版标记	<!--注解-->	说明标记	为文件加上说明，但不被显示
	<P>	段落标记	独立一个段落
	 	换行标记	显示于下一行
	<HR>	水平线	插入一条水平线
	<CENTER>	居中	显示于中间
字体标记	<B>	粗体标记	产生字体加粗的效果
	<U>	加上底线	加上底线
	<H1>～<H6>	一级～六级标题标记	变粗、变大、加宽，程度与级数呈反比
	<FONT>	字形标记	设定字形、大小、颜色

（续）

标记		译名	作用
表格标记	<TABLE>	表格标记	设定该表格的各项参数
	<CAPTION>	表格标题	表格标题
	<TR>	表格列	设定该表格的列
	<TD>	表格栏	设定表格的栏
	<TH>	表格表头	等同于<TD>，但其内的字体会变粗
其他标记	<FORM>	表单标记	决定单一表单的运作模式
	<IMG>	图像标记	用以插入图像及设定图像属性
	<A>	超链接	设置超链接
	<FRAMESET>	框架设定	设定框架
	<FRAME>	框窗设定	设定框窗
	<BGSOUND>	背景音乐	加入背景播放声音
	<EMBED>	多媒体	加入声音、动画等多媒体
	<MARQUEE>	走动文字	使文字左右移动

四、代码制作所需的软件工具

正常情况下，估计你已经拥有所需要的所有工具了。浏览器是用于浏览网站的程序。关于浏览器有很多种可供用户选择，较普及的浏览器当属微软公司的 Internet Explorer（IE），其他的浏览器还有 Chrome（谷歌）、Firefox（火狐）等。这些浏览器的基本功能都是浏览网页，因此具体使用哪个浏览器是无所谓的。

需要注意的是，搜狗浏览器和 360 浏览器使用的是 IE 和谷歌浏览器的内核，只是做了自己的界面并增加了一些功能，实际上还是 IE 和谷歌浏览器。

编写 HTML 文档的工具有很多，如 Notepad++、EditPlus 等文本编辑器，还有专业的 HTML 网页制作工具 Dreamweaver。现在，你仅需要一个简易的文本编辑器。如果正在使用 Windows 操作系统，则可以使用它自带的记事本（Notepad）程序。

活动实施

制作“第一个 HTML 文件”简单网页。

第一步：打开 Windows 操作系统中的记事本，录入图 1-7 中所示的代码。

```
<html>
<head>
    <title>网页标题</title>
</head>
<body>
    <p>第一个HTML文件</p>
</body>
<html>
```

图 1-7　代码截图

第二步：单击记事本菜单中的“文件”按钮，打开“另存为”对话框，填写文件名

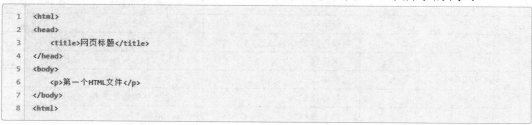

为“First.html”，如图 1-8 所示。

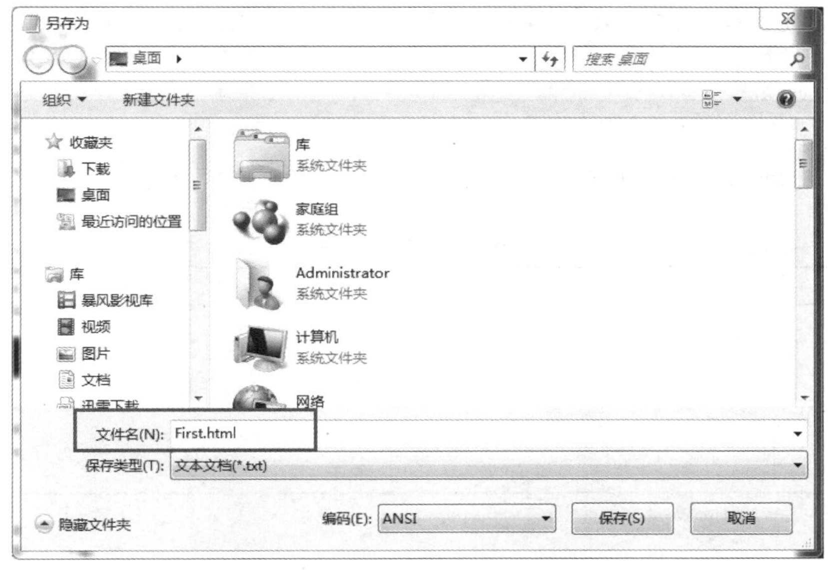

图 1-8　保存记事本文件

第三步：双击打开这个 HTML 文件，显示结果如图 1-9 所示。

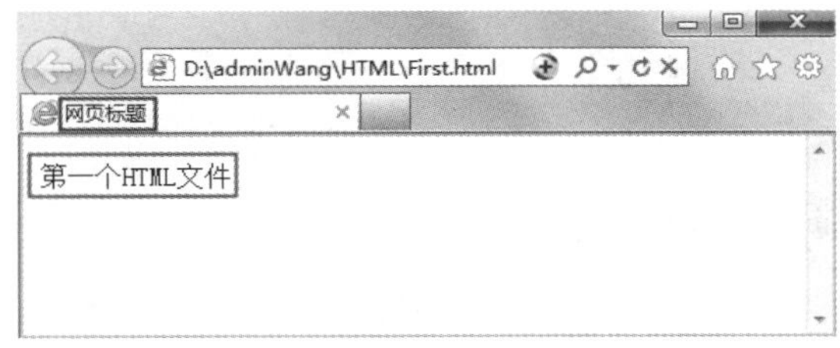

图 1-9　第一个 HTML 文件

思考

仔细观察“活动实施”中录入的代码，除了<BODY>内的 HTML 标记之外，还包括哪些 HTML 标记？其作用是什么？

活动拓展

1）在记事本中输入以下代码：

```
<HTML>
 <HEAD>
   <TITLE>简单页面</TITLE>
```

```
  </HEAD>
  <BODY  BGCOLOR="BLACK" TEXT= "WHITE">  （注：BGCOLOR 为页面背景颜色标记）
你好！
  </BODY>
</HTML>
```

2）将网页截图保存在表 1-4 中。

表 1-4　网页截图

	网页截图
练习网页	

注：请完成表 1-4，做成 Word 文档并上交。

活动二　使用软件制作网页

必备知识

一、常见的网页制作软件

从软件的使用难易程度来说，软件分为初级网页制作软件和高级网页制作软件。

1. 初级网页制作软件

初级网页制作软件主要针对网页制作初学者，常见的有 FrontPage 和 Dreamweaver 软件。FrontPage 是微软公司出品的一款网页制作入门级软件。页面制作由 FrontPage 中的 Editor 完成，其工作窗口由 3 个标签页组成，分别是“所见即所得”的编辑页、HTML 代码编辑页和预览页。

Adobe Dreamweaver，简称“DW”，中文名是“梦想编织者”，是美国 Macromedia 公司开发的集网页制作和管理网站于一身的所见即所得网页编辑器。Dreamweaver 是第一套针对专业网页设计师特别设计的视觉化网页开发工具，利用它可以轻而易举地制作出跨越平台限制和跨越浏览器限制的充满动感的网页。

2. 高级网页制作软件

如果想成为一名专业的网站制作人员，那么就必须会一门网站开发语言，为什么这么说呢？目前在很多网站上都有留言、会员注册、登录等功能，这些功能可以保存用户的数据和资料，都是通过编程技术实现的。

Microsoft Visual Studio（简称 VS）是美国微软公司的开发工具包系列产品。它是一个基本完整的开发工具集，包括了整个软件生命周期中所需要的大部分工具，如 UML

工具、代码管控工具、集成开发环境（IDE）等。

二、Dreamweaver CS6 软件介绍

Dreamweaver CS6（见图 1-10）是针对专业网页设计师特别设计的一款视觉化网页开发工具，利用它可以轻而易举地制作出跨平台限制和跨越浏览器限制的充满动感的网页。Dreamweaver CS6 网页设计软件提供了一套直观的可视界面，供使用者创建和编辑 HTML 网站及移动应用程序。在学习 Dreamweaver CS6 之前，先来了解一下它的工作环境，以便日后的学习。Dreamweaver CS6 的工作界面主要由菜单栏、工具栏、“属性”面板和面板组等组成，如图 1-11 所示。

图 1-10　Dreamweaver CS6 初识界面

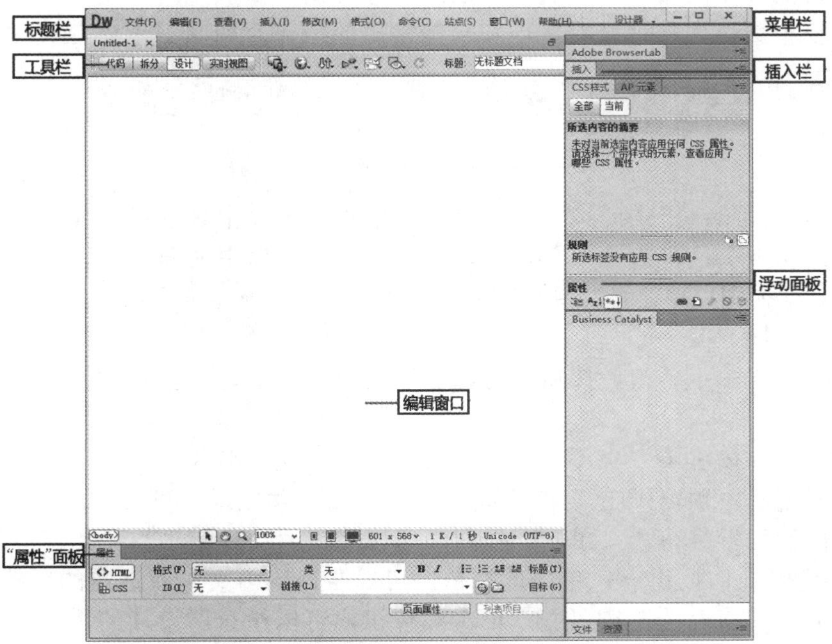

图 1-11　Dreamweaver CS6 工作界面

1. 菜单栏

在菜单栏中主要包括“文件”“编辑”“查看”“插入”“修改”“格式”“命令”“站点”“窗口”“帮助”10 个菜单，如图 1-12 所示。单击任意一个菜单，都会弹出下拉菜单，使用下拉菜单中的命令基本上能够实现 Dreamweaver CS6 的所有功能，菜单栏中还包括一个工作界面切换器和一些控制按钮。

图 1-12　菜单栏

1)“文件”菜单：包含“新建”“打开”“保存”“保持全部”等命令，可用于查看当前文档或对当前文档执行操作。

2)“编辑”菜单：包含选择和搜索命令，如“撤销”“复制”“粘贴”等命令。

3)“查看”菜单：用于查看文档的各种视图，如“设计”视图和“代码”视图。

4)“插入”菜单：用于将对象插入到文档中。

5)“修改”菜单：用于更改选定页面元素或项的属性。

6)“格式”菜单：对文本进行操作，如字体、字号、颜色等。

7)“命令”菜单：提供对各种命令的访问。

8)“站点”菜单：用于管理站点以及上传和下载文件命令。

9)“窗口”菜单：提供所有面板、检查器和窗口的访问。

10)“帮助”菜单：对 Dreamweaver 的访问，如创建 Dreamweaver 拓展功能的帮助系统，以及各种语言的参考材料。

2. 工具栏

使用工具栏可以在文件的不同视图之间进行切换，如“代码”视图和“设计”视图等，在工具栏中还包含各种查看选项和一些常用的操作，如图 1-13 所示。

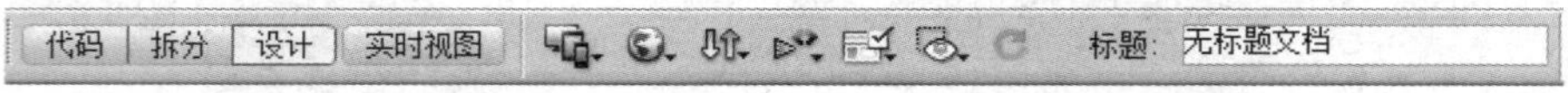

图 1-13　工具栏

1)“代码”视图：单击此按钮，可以在“编辑”窗口中显示代码视图。

2)“设计”视图：单击此按钮，可以在“编辑”窗口中面向对象设计。

3)“拆分”视图：单击此按钮，“编辑”窗口中一部分显示“代码”视图，另一部分显示“设计”视图。

4)“实时”视图：单击此按钮，可以显示不可编辑的、交互式的、基于浏览器的文档视图。

5)“多屏幕”按钮：在不同尺寸的屏幕中显示文件效果。

6)“在浏览器中预览/调试”按钮：在浏览器中预览或调试文档。

7)“文件管理”按钮：单击此按钮，可以弹出“文件管理”菜单。

8)“W3C 验证”按钮：单击此按钮，可以验证当前文档或选定的标签。

9)“浏览器的兼容性”按钮：单击此按钮，可以检查所设计的页面对不同类型浏览器的兼容性。

10）“可视化助理”按钮：单击此按钮，可以使用不同的可视化助理来设计页面。

11）“标题”文本框：可以为文档输入一个标题，并将其显示在浏览器的标题栏中。

3．“属性”面板

“属性”面板是网页中非常重要的面板，如图 1-14 所示，用于显示在文件窗口中所选元素的属性，并且可以对所选元素的属性进行修改。该面板中的内容会因选定的元素不同而有所不同。

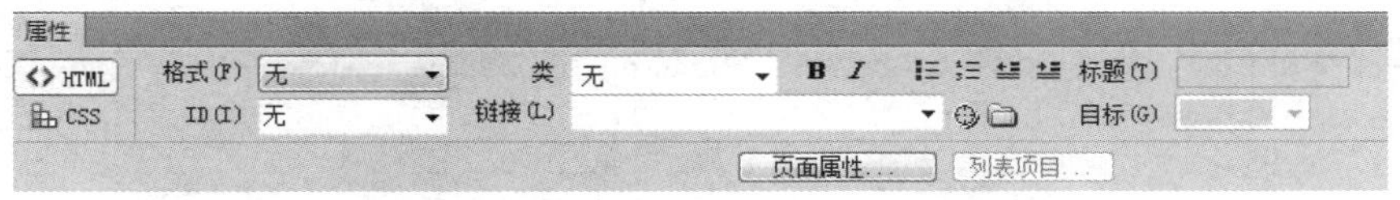

图 1-14　“属性”面板

4．面板组

面板组位于工作窗口的右侧，用于帮助用户监控和修改工作，其中包括“插入”面板、“CSS 样式”面板和“组件”面板等，如图 1-15 所示。

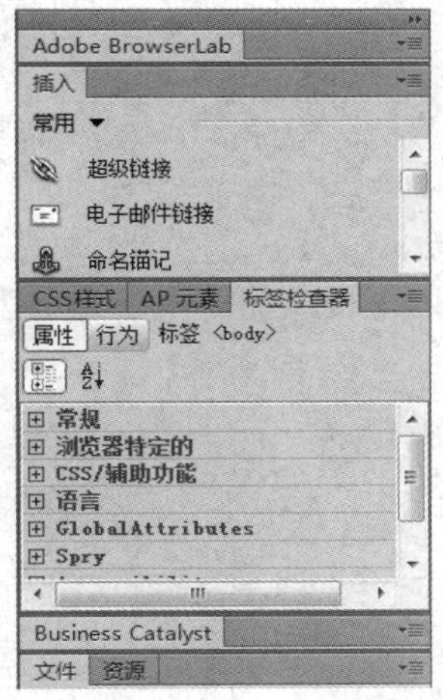

图 1-15　面板组

活动实施

利用 Dreamweaver CS6 软件制作一个简单的网页。

第一步：打开并启动 Dreamweaver CS6 软件。

第二步：单击“修改”菜单，设置页面属性，在外观分类中设置文字大小为 12px，背景颜色为黑色，文字颜色为白色，如图 1-16 所示，最后单击“确定”按钮。

第三步：在编辑窗口中输入文字“我的第一个软件制作网页”，在网页标题栏中输入“第一个页面”。

第四步：制作页面效果如图 1-17 所示。

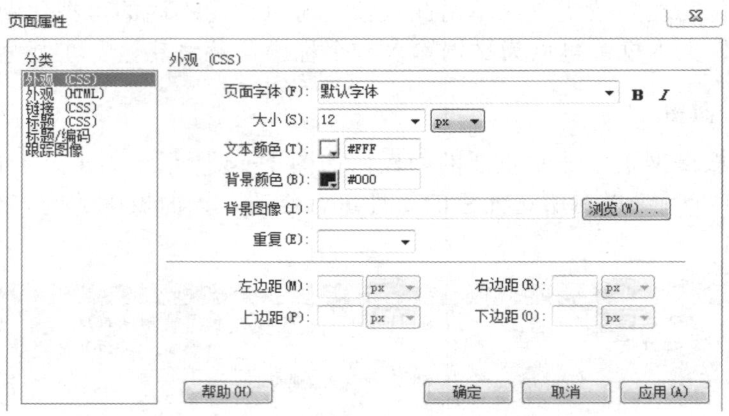

图 1-16　页面属性设置

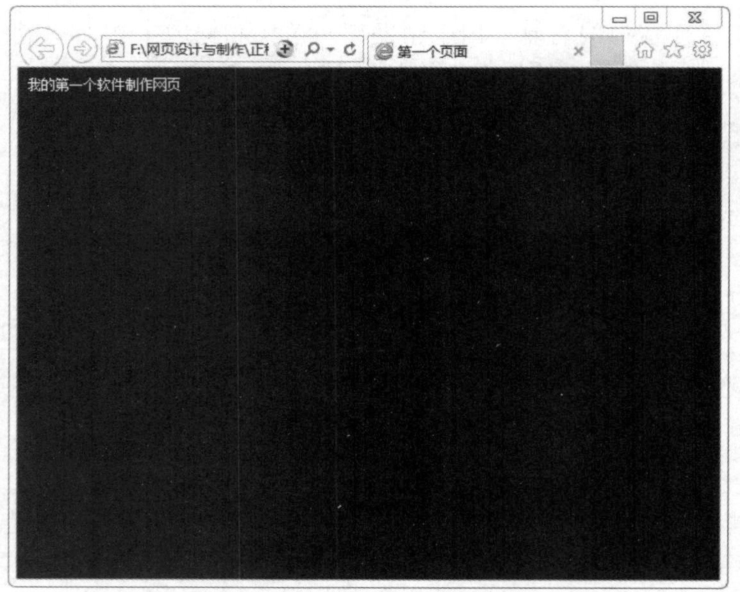

图 1-17　第一个软件制作网页

思考

若要实现“我的第一个软件制作网页”为一级标题，第二行文字“只要好好学习，网页制作并不难”为三级标题的效果，该如何操作？

活动拓展

利用 Dreamweaver 软件制作一个如图 1-18 所示效果的页面。

图 1-18　练习页面

任务三　了解网页设计基础

问题导入

网络上信息的传递大部分是通过网页的形式，网站将某一类型的信息汇总在一个网站中，由网页编辑进行管理和维护。那么一个网页的成型，你知道需要做哪些事情吗？

背景知识

一、网站和网页的区别

网站是一个存放网络服务器上完整信息的集合体。它包含一个或多个网页，这些网页以一定的方式链接在一起，成为一个整体，用来描述一组完整的信息或达到某种预期的宣传效果。网页是按照网页文档规范编写的一个或多个文件，网站经由网页来识别与存取，当浏览者输入一个网址或单击某个链接时，由浏览器翻译并显示的就是一个网页。

二、网页的基本构成要素

互联网上的网页种类繁多，形式内容各有不同。但网页的基本构成要素大体相同，从网页布局来看，包括标志、导航、广告、按钮、文本、图片、动画、超链接、表单、音频和视频等，将这些构成要素有机整合在一起，形成具有美感和交互性的页面，这就是通常所说的网页设计。按照网页的布局来分类，可以将网页的基本元素分成 Logo、广告、导航条、文本、图像和 Flash。

活动一　了解网页设计工作流程

必备知识

一、网站成型的阶段

网站成型包括 4 个阶段：设计阶段、制作阶段、检测阶段和发布阶段。

1. 设计阶段

（1）选择主题

互联网上的网页主题不胜枚举。主题的选择取决于网页的内容，人们一般不会选择自己陌生的主题，而是选择某一个自己最感兴趣或非常熟悉的内容来作为网页的主题，当然专业的网页制作公司除外。例如，一个集邮爱好者所选择的主题可能是“集邮站”，而一个美食家可能会将“吃货来报到”作为其网页的主题。网页主题的选择要有特色，要鲜明突出，不能包罗万象，同时要敢于标新立异。

（2）雏形设计

选择好主题之后，就要考虑将网站结构的雏形设计出来。通常在设计网站首页的时候可以利用纸上布局法，在纸上将首页轮廓画出来，并设计好配色方案，然后在 Photoshop 软件中实现首页的设计。规划站点就是将站点中每一个网页用树形结构列出来，网页的内容可以省略，只要大体说明其要展示的内容即可。规划站点结构好比是建造高楼大厦之前的图样设计。固定总体结构以后，还应该对站点中每一页的栏目和布局等做更进一步的设计。

（3）收集和加工素材

如果说站点是一栋高楼大厦，那么素材就是建造大厦的材料。建造大厦的材料有些可以直接拿来用，而有些材料需要经过加工或整合以后才能使用。同样道理，为制作网页而收集的素材有些可以直接使用，有些却要借助其他软件加工处理后才能适合网页内容的需要。素材内容主要有文字、图片、动画、声音、视频和程序等。

收集素材的途径有很多，在报刊、杂志、光盘、互联网上都可以找到需要的素材。条件允许的话，还可以利用数码相机、扫描仪、录音机、摄像机等工具现场获取身边素材。

收集来的素材还有一个整理、加工的过程。例如，常常利用图形处理软件 Photoshop 来处理加工图片，将商品照片处理得更加美观。

2. 制作阶段

（1）选择网页制作工具

制作网页的工具很多，如 Dreamweaver、FrontPage、HomeSite 和 HotDog 等，根据自己的实际情况选择一个最拿手、最熟悉的网页制作工具即可。另外，要制作出满意的网页，还需要使用一些制作网页的辅佐工具，如 Frame 设计工具、Java 制作工具等。

（2）制作网页

设计完成后，只要选择一种自己熟悉的网页制作工具，就可以开始制作网页了。实际上，制作网页就是将收集和加工后的素材添加到事先规划设计好的网页中，或者说制作网页就是将文字、图片、动画、声音、视频和程序等素材按照设计的要求合成起来。

3. 检测阶段

制作完成网页后，应该对网页做全面的检测，包括检查网页内容的科学性、版面编排的合理性、超链接的正确性以及对网页的内容做适当的增减等。一个有错误内容的网页是浏览者所不能容忍的，一个编排布局混乱的网页不会引起浏览者太大的兴趣，一个有超链接错误的网页则会给浏览者带来很多麻烦。

4. 发布阶段

制作网页的最终目的是要将网页发布到网上，让更多的浏览者来访问发布的站点，因此发布网页这一环节必不可少，否则失去了制作网页的意义。

综上所述，要制作出富于创意的网页，设计阶段非常重要。事实上，一个网站从设计到制作，再到发布的整个过程中，大部分的精力和时间花在设计阶段和制作阶段。在制作阶段，很多时候会根据实际需要对原有的设计做一些修改。

在设计和制作阶段是一个不断修改的过程，这两个阶段通常又可以分为 7 个步骤，如图 1-19 所示。

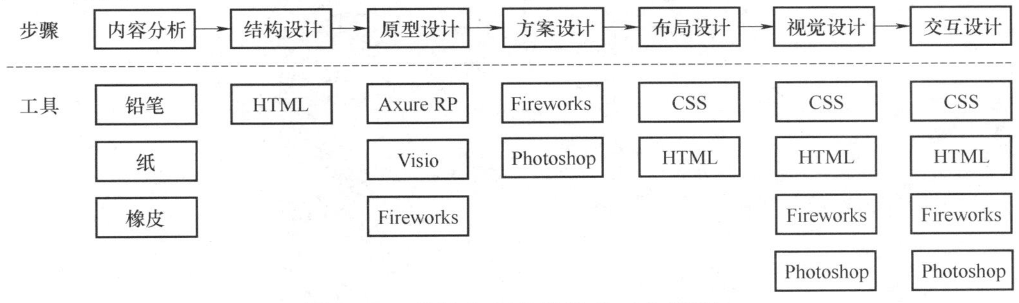

图 1-19　设计和制作阶段的工作流程

活动实施

第一步：设计阶段。

（1）确定主题

这是一个电商网站，关于专业特色旅游服务类网站，主要面向欧美用户，有团体旅游、量身打造、普通旅游等类型。

（2）雏形设计

利用纸上布局法先在纸上进行初步布局，效果如图 1-20 所示。初稿设计时不需要太规整，只需要列出必要的模块、功能及网站的走向流程即可。

图 1-20　网站初步设计图

（3）收集素材

根据在纸上设计好的雏形图，开始收集建设网站所需的素材，如文案、图片、视频和音频等材料。

第二步：制作阶段。

（1）选择制作网页的工具

选择 Photoshop、Dreamweaver、Flash 等网页制作软件为开发软件。

（2）制作网站

根据在纸上设计好的布局，利用选择好的网页开发软件将收集好的素材进行整体设计开发。当然，在制作过程中可以反复修改以至达到最好的效果。设计好的效果如图 1-21 所示。

图 1-21　网站效果图

第三步：检测阶段。

将设计好的网站上传到服务器，针对网站的各项性能情况进行检测，并形成一份检测报告，如图 1-22 所示。

业务测试

Testcase001	用户登录流程	已执行	测试通过	
Testcase002	用户注册流程	已执行	测试通过	
Testcase003	用户提问，回答流程	已执行	测试通过	
Testcase004	用户发帖、回复流程	已执行	测试通过	
Testcase005	用户发送短消息流程	已执行	测试通过	
Testcase006	用户预约专家流程	已执行	测试通过	
Testcase007	专家处理预约流程	已执行	测试通过	
Testcase008	用户定制信息流程	已执行	测试通过	
Testcase009	后台审核定制信息流程	已执行	测试通过	
Testcase010	后台发布课件流程	已执行	测试通过	

图 1-22　网站测试报告（节选）

第四步：发布阶段。

将前面准备好的网站发布到网络上，供其他浏览者能在互联网上搜索到该网站。

思考

在以上“活动实施”中，根据网页设计的工作流程，在设计阶段还应该注意哪些问题？

活动拓展

某女装厂为拓展业务，将开拓网上市场，计划开发一个电子商务企业网站，试利用纸上布局法设计一个电子商务公司的首页，并上交纸质布局图。

活动二　了解网页美工标准

必备知识

一、网页美工的定义

网页美工是指精通美学，具有良好的创意和一定程度的审美观，并且会利用 Photoshop，Flash，Dreamweaver 等网站制作软件来设计和开发网站的专业人才。必要时还需要一定的策划知识，将网站所有的页面画出来并用 Dreamweaver 和 CSS 排版。需要设计人员熟悉各种平面设计软件，如 Photoshop、AI 等软件，完成美术视觉上的设计排版等。

二、网页美工必备技能

基础美术：素描（石膏几何体、静物写生）；色彩（色彩构成、简单色彩静物写生）。

软件基础：Photoshop 网页配色及排版设计；AI 网页设计；Dreamweaver 网页制作软件。

三、网页美工必备知识

1. 色彩的平衡与呼应

（1）色彩的平衡

色彩在页面中可以形成很多的效果，通过强烈的对比，可以突出页面的重点，还可以通过色彩调配，达到页面稳重的改变。一般情况下，页面上方的颜色总是很重，这样才能“压住”下面的颜色，如果不采取这种办法，整个页面将显得很不稳重，底下的文字图片，有“飘出”的意味。因此，要使整个页面显得很平衡，必须要有能镇住其他颜色的色彩，示例效果如图 1-23 所示（见教学资源包）。

图 1-23　色彩平衡网站案例

（2）色彩的呼应

一种比较突出的色彩，如果很突兀地放在页面中，无论是突出重点也好，还是 Logo 图标，都给整个页面带来了副作用。为此，必须在相对称的位置加上该色系（对于页面并不醒目）的色彩以呼应，这样可以弱化这种视觉的冲击，示例效果如图 1-24 所示（见教学资源包），图中人物裤子的橙色和导航条的橙色相呼应。

图 1-24 色彩呼应网站案例

2．常用的色彩搭配

● 蓝白橙—— 蓝为主调。白底，蓝色标题栏，橙色按钮或 ICON 做点缀，示例效果如图 1-25 所示（见教学资源包）。

图 1-25 蓝白橙色系网站案例

- 绿白蓝——绿为主调。白底，绿色标题栏，蓝色或橙色按钮或 ICON 做点缀。
- 橙白红——橙为主调。白底，橙色标题栏，暗红或橘红色按钮或 ICON 做点缀。
- 暗红黑——暗红主调。黑底或灰底，暗红色标题栏，文字内容背景为浅灰色。

3．注意页面的分块

着手设计一个页面的时候，必须根据所掌握的内容以及其风格，对页面的整体进行分块。分块是一个非常必要且难以掌握的技巧。对于一般杂志来说，它们是有边的，这意味着杂志美工设计师有边可循，依靠边来形成立体感，依靠边来产生未尽的意韵。但是对于 Web 页面，边的概念被淡化了，屏幕可以上下左右地拖动。所以，此时分块显得非常必要，目的就是产生边的效果，示例效果如图 1-26 所示。

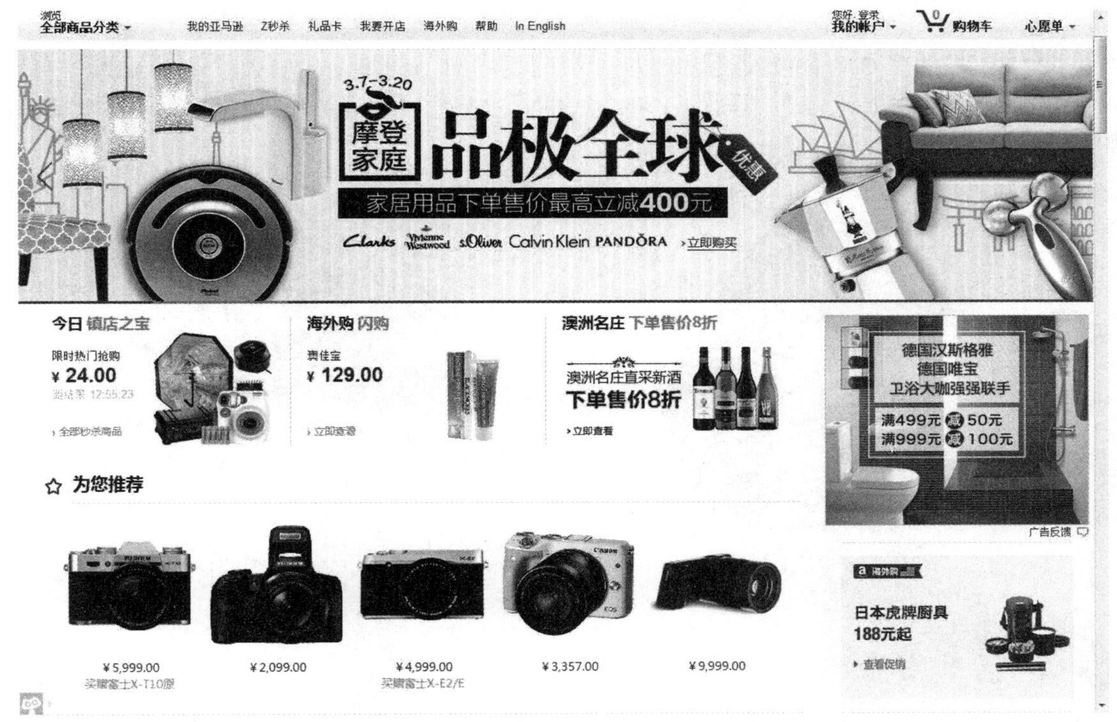

图 1-26　模块化设计网站案例

4．网页安全色的运用

不同的人对颜色的解读是不一样的，而网页安全色是在不同硬件环境、不同操作系统、不同浏览器中都能正常显示的颜色集合，简单地说，就是网页安全色在任何终端上的显示效果是一样的。

5．色彩模式

作为一个专业的美工设计人员来说，了解图片的色彩模式是十分必要的。每一种模式都有自身的特点及适用范围，用户们根据自身特色，在不同的色彩模式之间进行转换。

（1）RGB 模式

RGB 模式通常称为加色模式，分别代表 3 种颜色：R 代表红色，G 代表绿色，B 代表蓝色，如图 1-27 所示（见教学资源包），用于光照、视频和屏幕图像编辑。

（2）位图色彩模式

位图色彩模式的图像由黑色和白色两种像素组成，每一个像素都用“位”来表示，即用“0”和“1”表示，“0”表示有点，“1”表示无点。

（3）灰度色彩模式

灰度色彩模式最多可使用 256 级灰度来表现图像，图像中的每个像素都由一个 0～255 之间的亮度值表示。当彩色图像转换成灰度模式的图像时，会丢失图像中所有的色彩信息。

（4）CMYK 模式

CMYK 模式又称为色光减色法，这种颜色模式的图像都是由青色（C）、品红（M）、黄色（Y）、黑色（K）按照不同的比例合成的，如图 1-28 所示（见教学资源包），通常用于打印行业中。

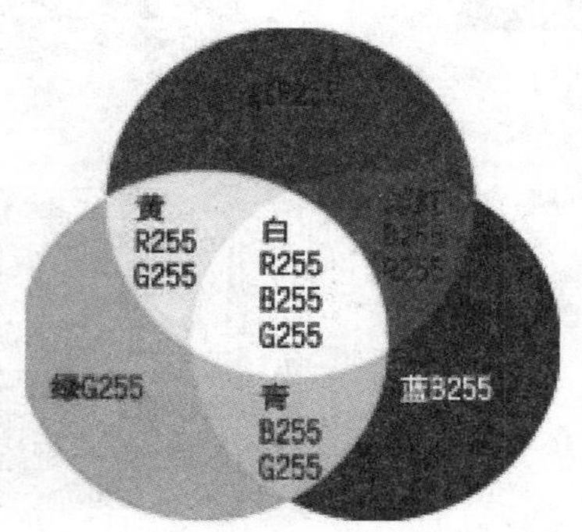

图 1-27　RGB 颜色模式

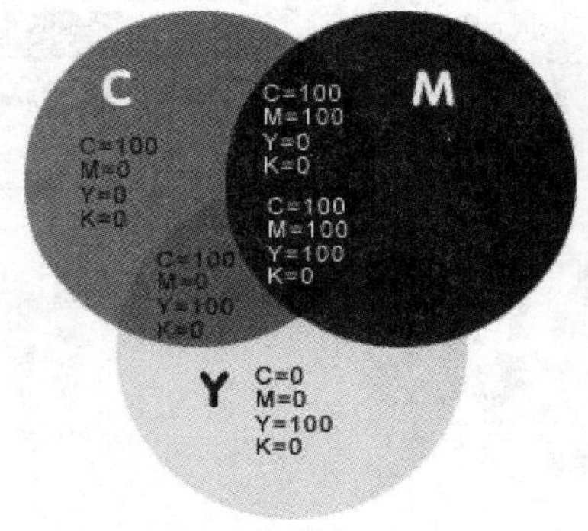

图 1-28　CMYK 模式

活动实施

第一步：分析 SONY 网站首页（见图 1-29）。

索尼的产品一向以品质性能卓著和外观精美时尚著称，其网站也不例外。首页上放置扁平化图片替代传统页面，这是现在网站制作的流行做法。该网站首页分为两层，上层所展示的是海报效果，以大图为底色，下层是主要产品展示，并以淡蓝色为底色。图片具有半透明化肌理，显得晶莹剔透，十分具有美感。分析其中的色彩设计，整个首页界面以白色为基调，代表着理性和科技，整个大图运用景深处理的手法，伴随着纯度渐变的手法，并配以高贵的银灰色，使得整个设计看起来和谐且能够体现 SONY 网站的特点。大图的底层使用了红、黄和橙等色彩，代表着 SONY 深入生活的不同方面。同时运用了明度提高和纯度降低的手法，以此和大面积白色相调和。整个网页界面明度统一，引人入胜，具有非常好的整体性。

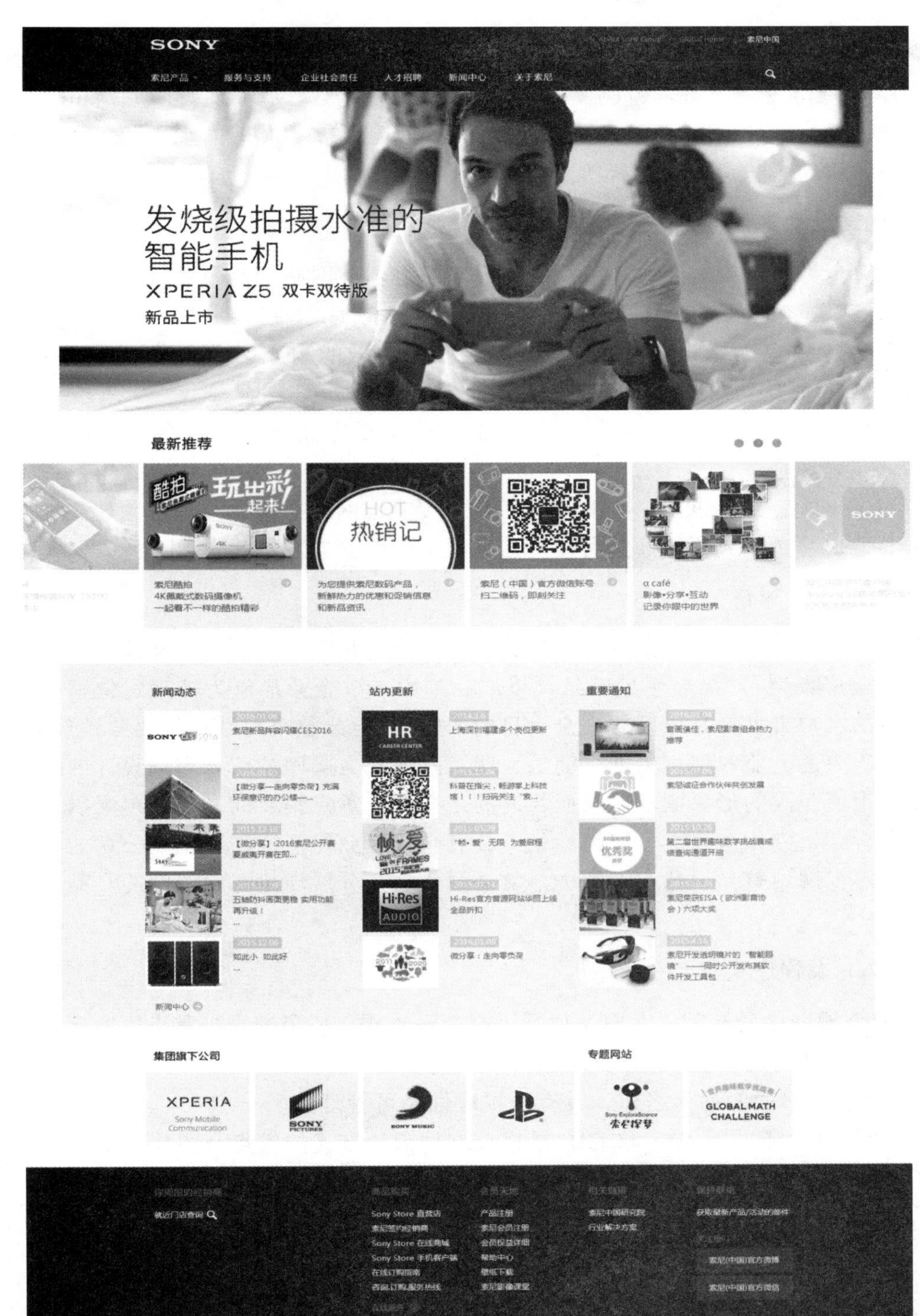
SONY
索尼产品
服务与支持
企业社会责任
人才招聘
新闻中心
关于索尼
发烧级拍摄水准的
智能手机
XPERIA Z5 双卡双待版
新品上市
最新推荐
酷拍
玩出彩
起来!
热销记
索尼酷拍
4K佩戴式数码摄像机
一起看不一样的酷拍精彩
为您提供索尼数码产品，
新鲜热力的优惠和促销信息
和新品资讯
索尼（中国）官方微信账号
扫二维码，即刻关注
α café
影像•分享•互动
记录你眼中的世界
新闻动态
站内更新
重要通知
HR
Hi-Res AUDIO
集团旗下公司
专题网站
XPERIA
Sony Mobile Communication
GLOBAL MATH CHALLENGE
SONY

图 1-29　索尼网站首页

第二步：分析北京海泰方圆科技有限公司改版前后的网站首页设计。

为提高公司业绩，海泰方圆科技此次网站改版主要是基于现有网站（http://www.haitaichina.com）设计不够新颖、精致；内容规划不够完善；用户体验不好；网站设计的行业特色不强等多方原因，进行改版设计。

1. 网站受众定位

根据海泰方圆建设的定位和信息所要面对的群体，网站主要面对以下几种人群：

1）海泰顾客：网站的主要受众，可分为现有客户和潜在客户两类，通过网站发布产品、新闻等内容进行业务联系。网站是最直接有效的沟通渠道，设计时一定要体现行业特色（信息安全）。

2）海泰员工和合作伙伴：企业运营发展的重要支撑者，展示企业文化，凝聚团队精神。

3）企业同行、政府机构、新闻媒体等广泛受众：网站是企业公众形象建立和对外宣传的重要窗口，浏览人群可通过海泰网站实时了解海泰的发展状态。

2. 网站设计风格

通过当面沟通，在对海泰方圆网站进行系统分析和整体规划后，建议将其首页设计定位为企业形象型+产品展示型网站，以产品为主，以企业形象为辅来定位整个网站。由于面对的客户人群都是以网络安全为目的的客户，为此整个网站设计要照顾到多行业、多年龄层次人的浏览习惯。清晰、简洁、明了是海泰方圆网站信息布局设计的关键，在首页设计上避免大的形象图片，取而代之的是整齐且重点提要的文字，再配以适量图片的简约型设计。整体风格大气、国际化，具有企业行业特点，同时强化公司的品牌、产品、特色等。网站整体用色和谐统一，赏心悦目，充分展现出海泰方圆的产品内容和行业特点。

3. Web 及程序实现

1）依据原网站的构架，对网站栏目进行合理设置，栏目整合、重点内容突出、导航清晰、具有良好的连贯性和整体感。

2）动/静态页面的后台搭建，具有可扩展性及可管理性。

3）图片尽可能采用 JPG 和 GIF 格式，这种图片格式的优点是图片容量小、下载速度快。

4）后台编辑器采用人性化设计，界面友好，功能强大，使用简便。

5）网站编码中文使用简体中文 GB2312，英文使用 UTF-8。

4. 改版前后网页设计对比

改版前的首页设计如图 1-30 所示。

改版后的首页设计如图 1-31 所示。

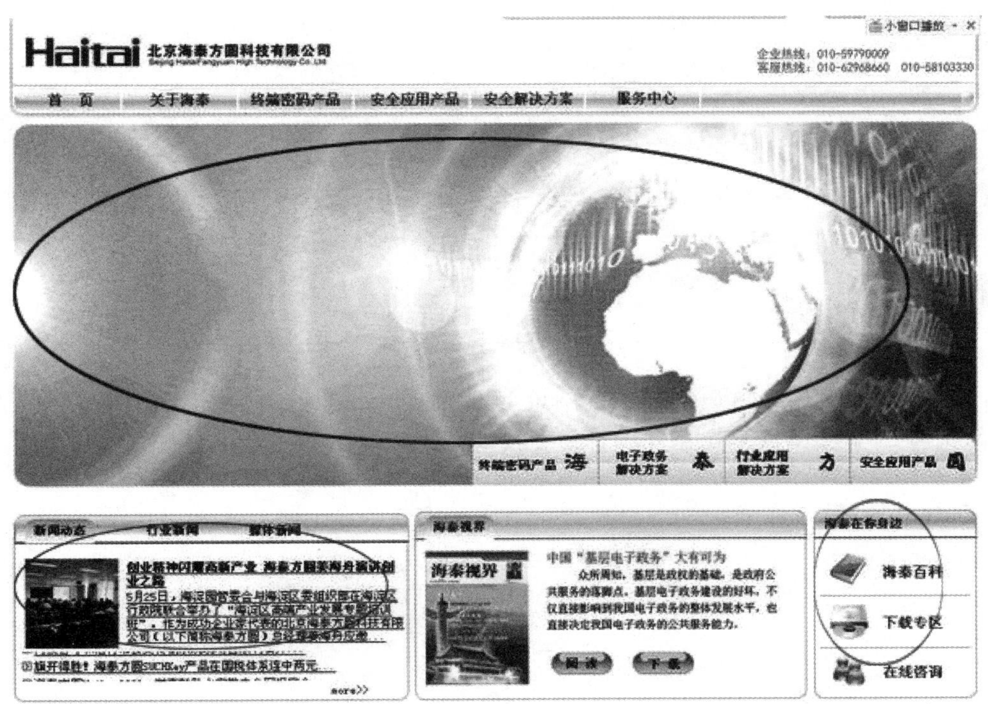

图 1-30　改版前首页设计

图 1-31　改版后首页设计

思考

作为一名专业的设计人员，你认为北京海泰方圆科技有限公司的网站首页还可以如何改版以吸引更多的潜在顾客？请试着在纸上画下来，并阐述设计思路。

活动拓展

请在浏览器中输入阿迪达斯官方网址 http://shop.adidas.cn，分析该网站的美工特点，并将网页分析写在 Word 文档中，上交给教师。

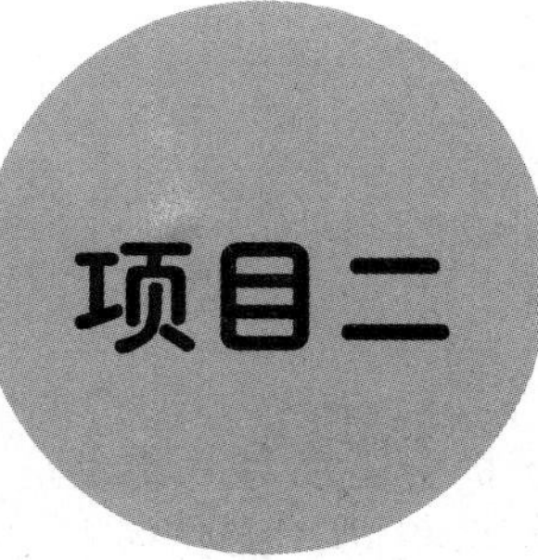

项目二

创建与管理网站

用户在浏览器内输入一个网址后看到的是一张网页的内容呈现，实际上这些网页文档是存放在网站这个集合体内的，它是由一个或多个网页通过各种链接联系起来的整体。学习网页制作的第一步要从规划和创建网站站点开始。

学习目标

1）认识站点目录结构。
2）了解创建本地站点的方法。
3）掌握管理站点界面和各项功能的方法。

任务一　创建及规划站点

问题导入

网站作为网页的内容集合体，在创建初期需要进行合理布局和规划吗？如何在Dreamweaver CS6 中创建站点呢？

背景知识

一、电子商务网站的定义

电子商务网站指一个企业、机构或公司在互联网上建立的站点，是企业、机构或公司开展电子商务的基础设施和信息平台，是实施电子商务的公司或商家与客户之间的交互界面，是电子商务系统运行的承担者和表现者。

二、电子商务网站的功能

电子商务网站的功能直接关系到企业、机构或公司的相关电子商务业务能否具体实现。同时，由于企业、机构或公司在网上开展的电子商务业务不尽相同，因此每一个电子商务网站在具体实施功能上也不相同。一般的企业电子商务网站应具备以下功能：①商品展示。②信息检索。③商品订购。④网上支付。⑤信息管理。⑥信息反馈。⑦形象宣传。

三、电子商务网站的分类

电子商务网站的分类方式很多，常用的分类方式是根据电子商务网站自身的功能特点来区分的，主要分为四大类，具体如下：①基本型电子商务网站。②宣传型电子商务网站。③客户服务型电子商务网站。④完全电子商务运作型网站。

四、Dreamweaver 的站点管理功能

Dreamweaver 可以用来制作网页，是目前主流的网页编辑软件，同时它还具有强大的站点管理功能。它的站点功能是管理网站中所有的关联文件，通过站点可以实现本地网站文件管理、文件上传到网络服务器、自动跟踪和维护以及文件共享等。

站点是由一个或多个网页通过各种链接联系起来的一个整体。站点可以分为本地站点、远程站点和测试站点 3 类。

1）本地站点：用于存放本地用户网页和素材等资料的文件夹，是用户的工作目录，在制作一般网页时只需建立本地站点。

2）远程站点：主要用于将本地站点中的内容上传到远程站点，远程站点的位置可以是本地计算机或局域网中某台计算机中的一个文件夹，也可以是 Internet 上某台计算机中的一个文件夹。

3）测试站点：主要用于对动态页面进行测试，如在制作 ASP、PHP 或 JSP 等动态网页时必须创建测试站点，否则浏览网页时将不能正确显示。

活动一　创建本地站点

必备知识

一、本地站点的制作流程

网站并不等同于网页，它是一组相关联网页的集合，所以要建立一个好的 Web 网站并不简单。一般制作一个本地站点应遵循的步骤如下：

1）规划站点。

2）素材准备。

3）用网站编辑软件创建站点。

4）制作 Web 页面。

5）测试站点。

6）上传发布站点。

二、使用 Dreamweaver 软件创建本地站点的优点

Dreamweaver CS6 提供了强大的站点管理功能，可以安全、系统地维护和管理各种规模的网站。利用它进行本地站点的创建有以下几个优势：

1）可以使用 Dreamweaver 软件高级功能。

2）可以对站点内的网页中是否存在断掉的链接进行检查，即坏链检查。

3）可以生成站点报告，对站点中的文件形成预览。

4）可以在站点内添加 FTP 信息，然后直接使用 Dreamweaver 软件将网页上传到服务器空间中。

5）可以建立本地测试环境，并调试动态脚本。

6）可以形成清晰的站点组织结构图，对站点结构了如指掌，方便增减站点文件夹或文档等。

活动实施

利用 Dreamweaver 软件建立一个本地站点，具体步骤如下。

第一步：打开 Dreamweaver CS6 软件，在菜单栏中选择“站点”或按<Alt+S>快捷键打开“站点”菜单，如图 2-1 所示。

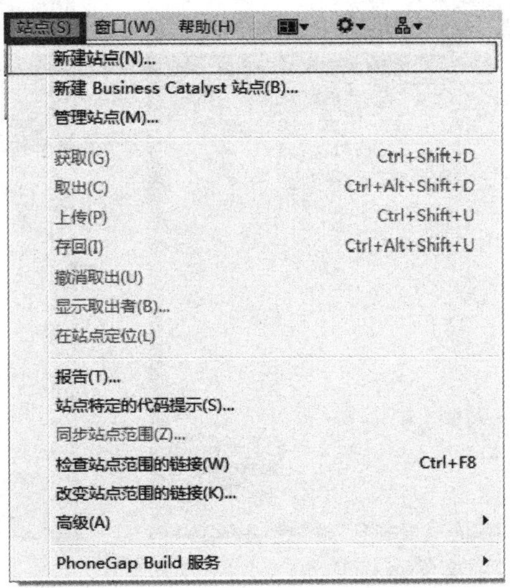

图 2-1　“站点”菜单

第二步：单击“新建站点”或按<N>键打开站点名称和路径设置对话框。在“站点名称”文本框中输入站点的名称，中、英文名称都可以。接着在“本地站点文件夹”文本框中输入用户为新建的站点预先准备好的文件夹路径（见图 2-2），也可以单击该文本框右侧的文件夹形状图标，选择站点的根目录文件夹（见图 2-3）。站点目录文件夹最好是以英文命名的。

第三步：在站点名称和路径设置对话框中，单击右下角的“保存”按钮，完成本地站点的创建。

第四步：站点创建信息保存完毕后，就可以在 Dreamweaver CS6 软件的右下角看到本地站点的“文件”面板视图了，包括站点的名称、站点文件夹内的子文件夹等信息，如图 2-4 所示。

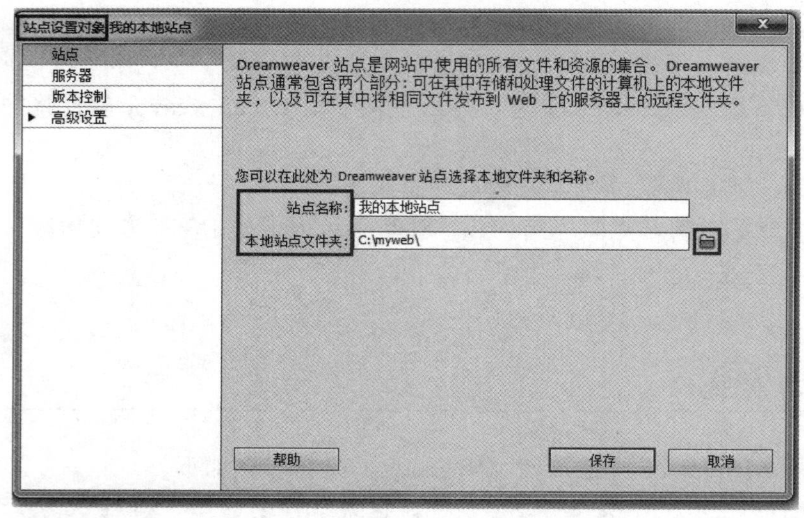

图 2-2　站点名称和路径设置对话框

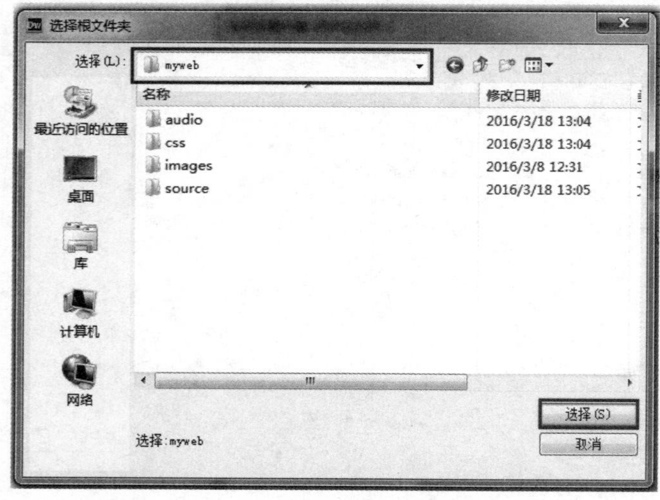

图 2-3　站点目录文件夹选择

图 2-4　站点“文件”面板视图

思考

在 Dreamweaver 软件中如果需要创建多个本地站点，应该如何操作？

活动拓展

1）利用 Dreamweaver 软件建立一个属于自己的本地站点。站点名称为自己的姓名，站点内有 images 和 css 两个文件夹。

2）将站点“文件”面板截图保存在表 2-1 中。

表 2-1 新建站点“文件”面板截图

操作内容	网页截图
本地站点 创建练习	

注：请完成表 2-1 并上交，电子版表格见教学资源包。

活动二 规划站点目录

必备知识

站点的目录是指在建立网站时创建的文件目录。这个目录的主要功能是管理和存储网站中的所有文件，这些文件包括网页文件、图片文件、音视频文件和服务器端处理程序等。

站点的目录结构与站点的功能和内容有着密切的关系。如果站点的内容很多，则需要创建多级目录，以便分类存放；反之如果站点的内容不多，则目录结构可以相对简单一些。创建网站目录结构的基本原则是方便站点的管理和维护。

一、目录结构设计的原则

1. 不要将所有文件都存放在根目录下

初学用户为了方便，将所有文件都放在根目录下，这样做会造成很多不利因素，具体表现为：

1）文件管理混乱。在网站管理后期常常搞不清哪些文件需要编辑和更新，哪些无用的文件可以删除，哪些是相关联的文件，进而影响工作效率。

2）上传速度慢。服务器一般都会为根目录建立一个文件索引。当将所有文件都放在根目录下时，那么即使只上传更新一个文件，服务器也需要将所有文件再检索一遍，建立新的索引文件。很明显，文件量越大，等待的时间也将越长。所以，一定要尽可能减少根目录的文件存放数。

2. 按栏目内容建立子目录

子目录的建立，首先按主菜单栏目建立。例如，电子商务销售类站点可以根据商品类别分别建立相应的目录，如家电类、母婴类、化妆品类等；企业站点可以按公司简介、产品介绍、价格、在线订单、反馈联系等模块建立相应目录。

所有程序一般都存放在特定目录中。例如，CGI 程序放在 cgi-bin 目录中，便于维护管理。所有需要下载的内容也最好放在一个目录下。

3. 在每个主目录下都建立独立的 images 目录

通常情况下，一个站点根目录下都有一个 images 目录。如果将所有的图片都存放在这个目录里，则当删除某个栏目时，图片的管理相当麻烦。经过实践发现：为每个主栏目建立一个独立的 images 目录是最便于管理的。而根目录下的 images 目录只用来存放首页和一些次要栏目的图片。

4. 目录的层次不要太深

目录的下一级层次结构建议不要超过 3 层，这样做的优点是方便站点内容的维护管理。

5. 目录内文件夹命名要简洁

文件夹的命名也是一个需要注意的问题，在符合网站编辑软件命名规则的基础上尽可能地用简洁的名称来命名，以便于站点的维护和管理。文件夹命名需要注意以下几点：

1）不要使用中文命名。

2）不要使用空格及“@”“$”“&”“*”“!”等特殊符号命名。

3）不要使用过长的名称。

4）尽量使用意义明确的名称。

二、常见网站目录内的文件夹名称

1）manager：放置后台管理程序。

2）audio：放置音频文件。

3）backup ：放置备份文件。

4）css：放置 CSS 文档。

5）images：放置站点用到的图片。

6）source：放置在开发过程中编写的源文件。

7）video：放置视频文件。

8）zip：提供给客户下载的压缩文件。

9）database：放置数据库文件。

活动实施

某公司为了在互联网上做宣传，决定建立公司自己的网站，公司的网站制作技术人员在制作完成后，其站点目录结构如图 2-5 所示。

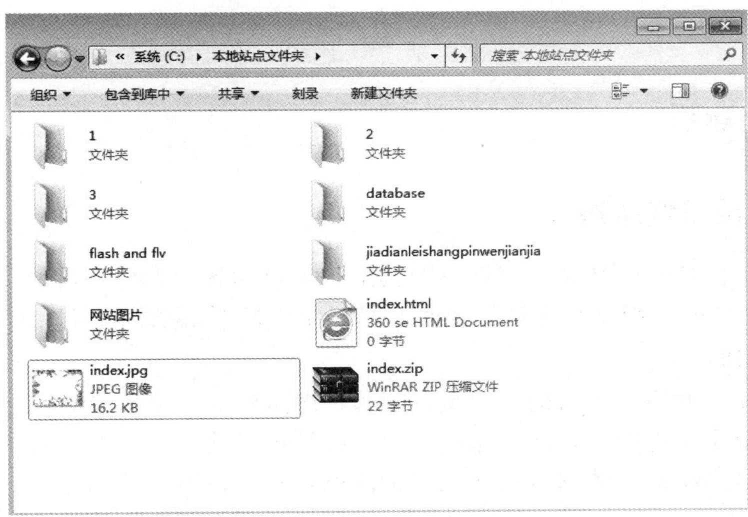

图 2-5　某公司网站的目录结构图

思考

某公司的网站目录结构设计合理吗？为什么？

活动拓展

请仔细观察以下文件名称，并把它们归类到相应的文件夹内，填写表 2-2。

Top.jpg，logo.png，logout.jsp，body.css，end.flv，toolbar.gif，Login.jsp，title.css，app.zip，news.mov，list.rar，aboutme.rmvb。

表 2-2　网站文件分类表

文件夹名称	文　件　名
images	
css	
video	
zip	
source	

注：请完成表 2-2 并上交，电子版表格见教学资源包。

任务二　管　理　站　点

问题导入

站点在建立以后需要进行长期的维护和管理，那么进行站点管理需要掌握哪些基本技能呢？

背景知识

一、网站的组织结构

网站内的主体是一些网页，由这些网页把站点内的各种素材、信息、数据集等呈现给用户，这些网页的组织结构决定了网站的组织结构形式。网站的组织结构有以下 4 种：

1. 线性结构

这是网站最简单的一种结构，它是以某种顺序组织的，可以是时间顺序，也可以是逻辑顺序，甚至是字母顺序。通过这些顺序呈线性的链接，如一般的索引就采用线性结构。线性结构是组织网页的基本结构，复杂的结构也可以看成是由线性结构组成的。

2. 网状结构

这是最复杂的组织结构，它完全没有限制，网页组织自由链接。这种结构允许访问者从一个信息栏目跳到另一个栏目，其目的是充分利用网络资源和充分利用链接。整个互联网就是一个超级大的“网”状结构。

3. 等级结构

等级结构由一条等级主线构成索引，每一个等级点又由一个线性结构构成，如网站导航等就是这种结构。在构造等级之前，必须完全、彻底地理解网站内容，避免线性组织不严的错误。

4. 二维表结构

这种结构允许用户横向、纵向地浏览信息，它就好像一个二维表，如课程表一样。

二、站点管理的内容分类

站点管理内容主要分为以下两类。

1）站点编辑管理：主要指站点的创建、复制、删除、导入和导出等的管理。

2）站点内容管理：主要指站点内文件或文件夹的创建、复制、移动、删除和重命名等的管理。

活动一　管理本地站点

必备知识

一、管理本地站点的作用

在 Dreamweaver CS6 中，所定义的站点是以本地文件夹为根目录的，当该文件夹被删除、移动或重命名后，站点将无法正确使用，重新创建站点又需要浪费更多的时间和精力，也不利于站点信息在平台间的转移，因此需要对站点进行必要的编辑操作，以便站点的长期维护和管理。

二、Dreamweaver CS6 软件“站点管理”界面介绍

在打开 Dreamweaver CS6 软件后，在菜单栏中选择“站点”或按<Alt+S>快捷键，在下拉菜单中单击“管理站点”或按<M>键，打开“管理站点”对话框，对话框中显示已经建立的站点的名称和类型，在选中需要管理的站点名称后利用底部的功能按钮进行管理编辑。

1. “4 个图形按钮”的介绍

在站点名称显示栏下面有一组 4 个图形的快捷按钮栏（见图 2-6），从左往右分别是：“删除当前选定的站点”“编辑当前选定的站点”“复制当前选定的站点”“导出当前选定的站点”。它们的功能分别是删除、编辑、复制和导出用户选择的站点。

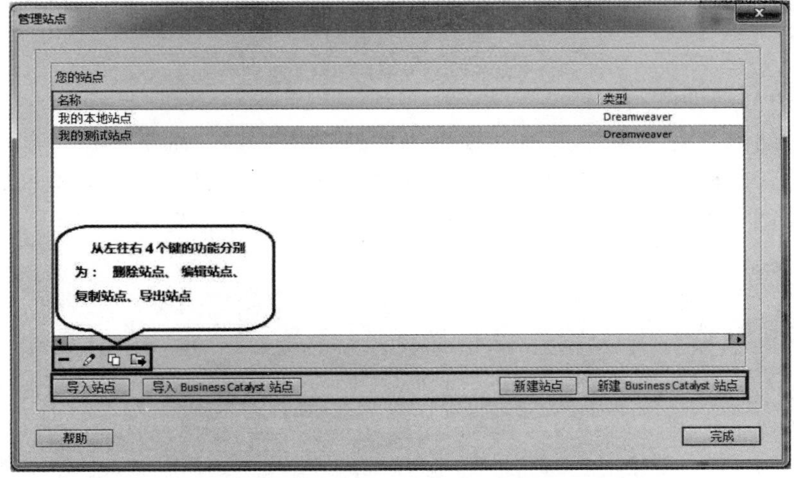

图 2-6　“管理站点”对话框

2. 导入和新建按钮介绍

在“管理站点”对话框底部有 4 个按钮，分别是“导入站点”“导入 Business Catalyst 站点”“新建站点”“新建 Business Catalyst 站点”。它们的功能是导入和创建站点。

需要说明的是，在 Dreamweaver 软件中开始创建或编辑 Business Catalyst 站点之前，必须先安装 Business Catalyst 插件，因此有关 Business Catalyst 站点的两个按钮在没有安装插件之前是无效的。

活动实施

利用 Dreamweaver CS6 软件站点管理功能进行站点复制、编辑、导出和删除的操作。

1. 复制站点

在“管理站点”对话框中单击“复制当前选定的站点”图形按钮，即可复制选定的站点，如图 2-7 所示。被复制的站点名称的后面会有“复制”字样。

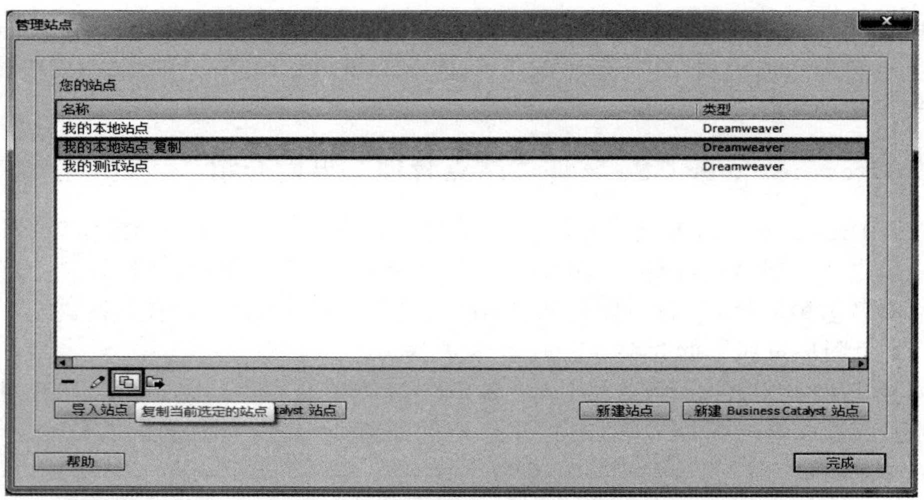

图 2-7 复制站点

2. 编辑站点

在“管理站点”对话框中单击“编辑当前选定的站点”图形按钮，即可打开站点设置对象对话框，编辑修改站点的名称、本地站点文件夹位置、服务器地址和一些高级的参数设置，如图 2-8 所示。编辑完毕后单击右下角的“保存”按钮即可。

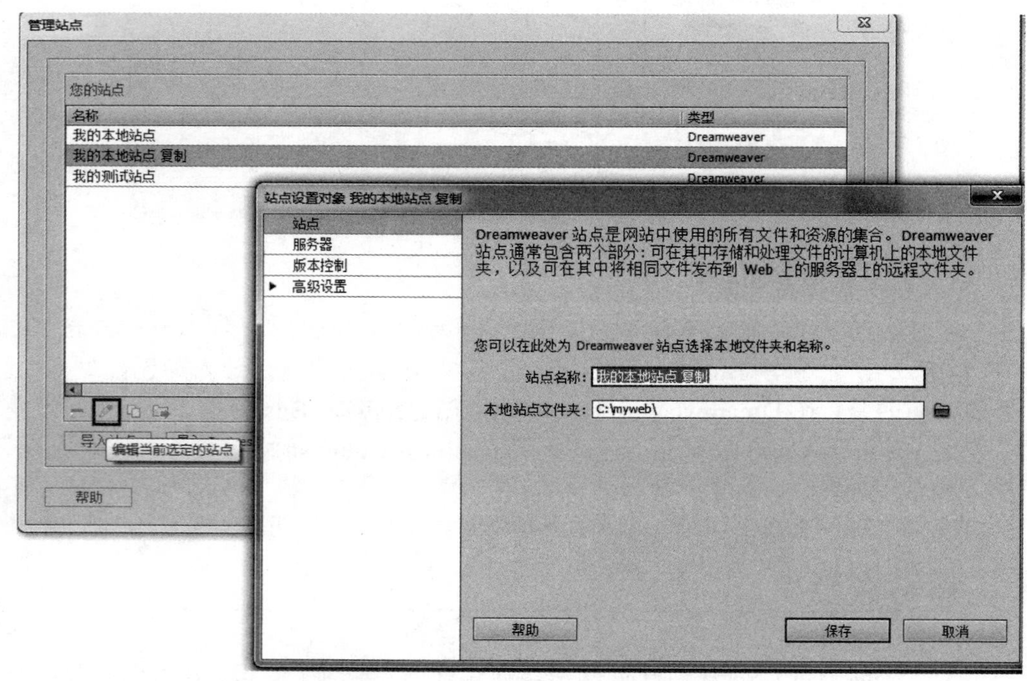

图 2-8 站点设置对象对话框

3. 导出站点

在“管理站点”对话框中单击“导出当前选定的站点”图形按钮，即可打开“导出站点”对话框，用户可以在对话框内设置保存路径和文件名称，如图 2-9 所示。系统默认站点导出文件的扩展名为.ste。

图 2-9　“导出站点”对话框

4．删除站点

在“管理站点”对话框中单击“删除当前选定的站点”图形按钮，会弹出一个提示框，询问是否需要删除该站点，如图 2-10 所示，单击“是”按钮即可删除选定站点。

图 2-10　删除站点提示框

思考

在站点导出过程中，ste文件里面存放的是站点的设置信息，还是站点内所有的网页和素材资料呢？

活动拓展

1）利用 Dreamweaver 软件建立一个本地站点。

2）对站点分别进行复制、编辑、导出和删除 4 项操作，每项操作截一张图保存在表 2-3 中。

表 2-3 管理本地站点操作截图

操作内容	操作截图
站点复制	
站点编辑	
站点导出	
站点删除	

注：请完成表 2-3 并上交，电子版表格见教学资源包。

活动二 管理站点内容

必备知识

一、站点内容管理的作用

用 Dreamweaver 软件创建站点的主要目的就是有效地管理站点内的文件。无论是创建站点时，还是后期对站点内容进行更新维护时，都需要对站点中的文件或文件夹进行操作，因此站点内容管理的主要作用就是为了便于更有效、更方便地管理站点内容。

二、Dreamweaver CS6 软件站点“文件”面板的作用

打开 Dreamweaver CS6 软件后，在菜单栏中选择“窗口”，在下拉菜单列表中单击“文件”命令或按<F8>键，打开“文件”面板，如图 2-11 所示。

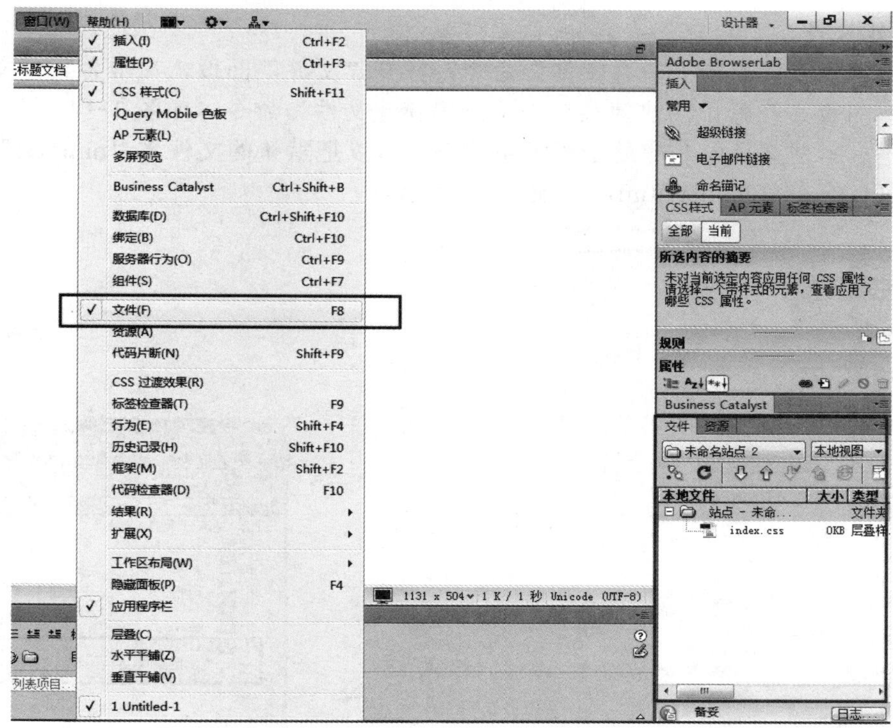

图 2-11　“文件”面板

活动实施

利用“文件”面板操作站点文件及文件夹。

1．创建文件夹

第一步：执行“窗口”→“文件”命令，打开“文件”面板，在准备新建文件夹的位置单击鼠标右键，在弹出的快捷菜单中单击“新建文件夹”菜单命令，如图 2-12 所示。

第二步：新建文件夹时名称处于可编辑状态，可以把默认的文件名“untitled”修改为用户自定义的名称，如 files，如图 2-13 所示。

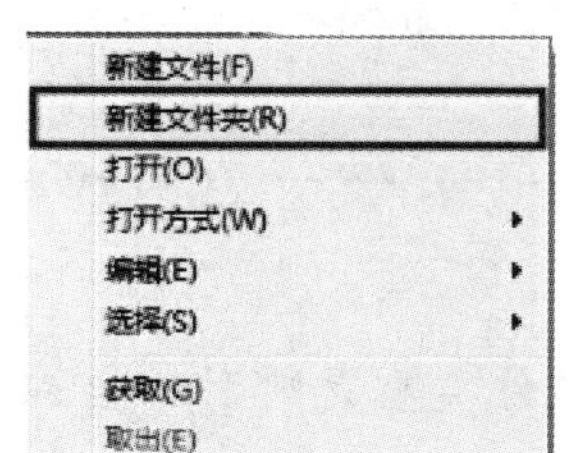

图 2-12　“新建文件夹”命令

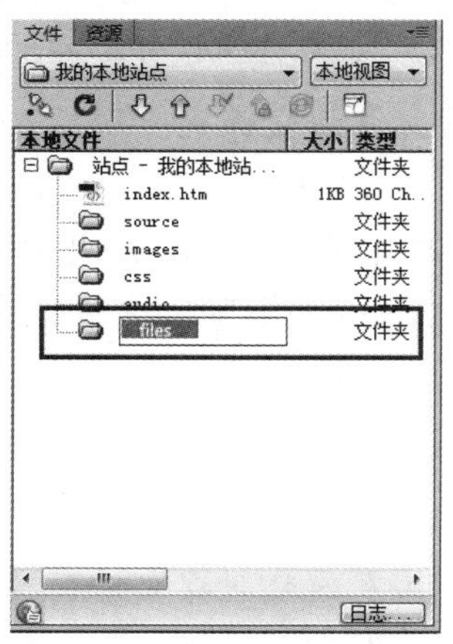

图 2-13　文件夹名称编辑状态

2．创建文件

第一步：执行“窗口”→“文件”命令，打开“文件”面板，在准备新建文件的位置单击鼠标右键，在弹出的快捷菜单中单击“新建文件”命令，如图 2-14 所示。

第二步：新建文件时名称处于可编辑状态，可以把默认的文件名“untitled”修改为用户自定义的名称，如 list.html，如图 2-15 所示。

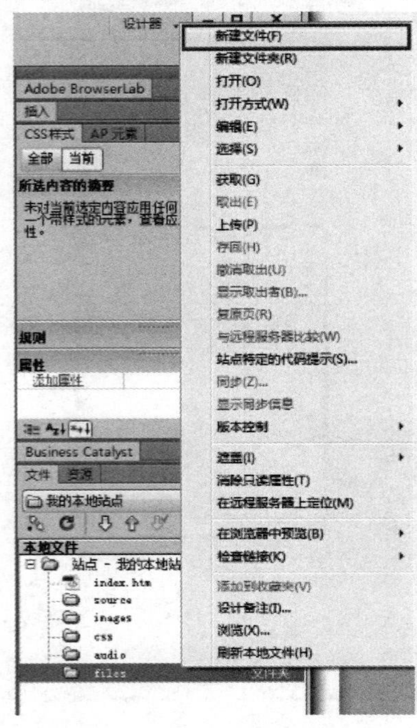

图 2-14 “新建文件”命令

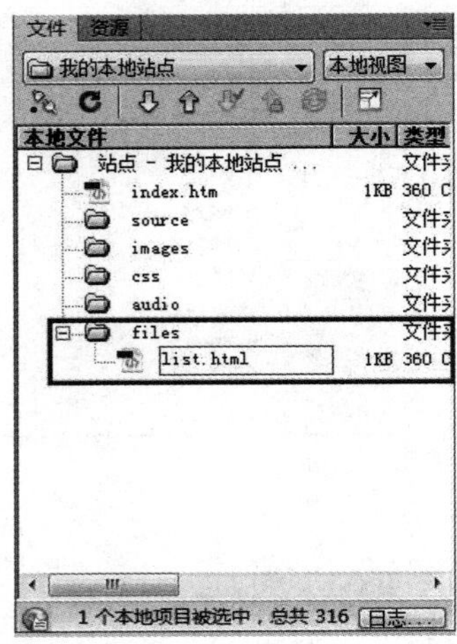

图 2-15 文件名称编辑状态

3．文件或文件夹的移动和复制

方法一：执行“窗口”→“文件”命令，打开“文件”面板，选择要移动的文件或文件夹，拖动到相应的文件夹中。

方法二：选择要移动的文件或文件夹，单击鼠标右键，在弹出的快捷菜单中执行“编辑”→“剪切”或“复制”或“粘贴”命令，实现移动文件或文件夹。

4．删除文件或文件夹

方法一：执行“窗口”→“文件”命令，打开“文件”面板，选择要删除的文件或文件夹，单击鼠标右键，在弹出的快捷菜单中执行“编辑”→“删除”命令。

方法二：选择要删除的文件或文件夹，按键盘上的<Delete>键进行删除。

思考

在进行站点内“新建文件”操作时，默认的新建文件类型是哪种？可以新建其他类型的文件吗？

活动拓展

用 Dreamweaver 软件建立一个名为“站点文件管理操作”的新站点，在“文件”面板里新建 index.html 文件和 images 文件夹，并在 images 文件夹内新建一个 page 子文件夹，然后把 index.html 文件复制到该文件夹内。操作完成后对“文件”面板进行截图，填写表 2-4。

表 2-4　站点文件管理操作截图

操作内容	“文件”面板截图
本地站点 文件管理 操作练习	

注：请完成表 2-4 并上交，电子版表格见教学资源包。

项目三 编辑网页文本

在一个完整的网站中，网页是必不可少的部分，一个网站往往由多个不同的网页构成。这些网页分别有着不同的作用，显示一个网站中的各种信息，这些各式各样的网页让一个个网站“有血有肉”，吸引人们浏览访问。在每一个网页中，都会显示许多的网页信息，其中最基础的部分就是网页中的文本，这些文本可以显示在网页的每个位置，也能有不同的外观，像一个美丽的姑娘穿上不同的衣服。本项目将介绍如何进行网站页面的创建和文字字符的录入。

学习目标

1）了解新建网页的方法。
2）了解文字属性栏的功能。
3）熟悉常用的特殊字符。
4）掌握页面属性的设置。
5）掌握录入文字的方式。

任务一　新建页面与录入文字

问题导入

在新建好一个网站的站点之后，面对一个空的网站，下一步应该制作什么？又该如何丰富网站中的基本内容呢？

背景知识

一、网站和网页

网站是一种沟通工具，网站上显示有许多信息，一个完整的网站由多个网页组成。

人们可以通过访问网站来获取自己想要的信息，这些信息往往都是公开的，人们可以利用网站来享受相关的网络服务。

网页是构成网站的最基本元素，人们直观见到的就是网页。可以说，网页是信息的载体。当使用浏览器对网站进行访问时，输入网址显示的就是这个网站的第一个网页，这个网页叫作网站的首页。网页是一个纯文本文件，可以存放在任何一台计算机中，它包含了许多 HTML 标记，每个标记能实现特定的功能。访问网页时，需要通过浏览器来进行。

二、网页中的信息

网页是一个信息的载体，那么它是通过什么方式传递信息的呢？这里就要提到网页中最基本的两个元素——文字和图片。简单地说，网页的具体内容依靠文字，网页的美观依靠图片。此外，网页中还有动画、音乐、程序等，这些元素通过合理的排版整合，形成一个完整的网页。

从另一方面来看，网页是一个纯文本文件，通过写字板打开网页后就能看到各式各样的标记，这些标记就是网页中的信息。文字、图片、表格、声音等都可以用标记进行描述，并且通过不同的标记，可以让信息呈现出不同的样子，如文字的各种颜色和大小。

三、网页的分类

网页分为静态网页和动态网页两大类。

静态网页的后缀名有.html、.htm、.shtml 等，它的内容是预先确定并储存在本地计算机或 Web 服务器上的。静态网页有以下特点：

1）版式固定，一旦确定，不易修改。

2）速度快，成本低。

3）对服务器要求较低，但存储压力较大。

动态网页的后缀名有.asp、.jsp、.php，动态网页并不是指网页中有动画等会动的信息，而是指网页会根据访问的用户不同而显示不同的信息，这些信息取决于用户提供的数据，并将其存储在数据库中。动态网页的特点如下：

1）灵活，有很强的交互性。

2）功能更多。

3）具有数据库支持，维护方便。

形象地讲，静态网页是照片，每个人看都是一样的；而动态网页则是镜子，不同的人看都不相同。

四、网页文字

文字是网页中的一种主要元素，在网页中插入文字时，要遵循以下规律：

1）文字要精简，并且围绕主题。访问者在阅读网页时，一般不会在线精读文字的内容，他们通常在快速浏览后找到自己感兴趣的内容再进行访问，因此，文字的简洁、醒目非常重要。

2）对不同的文字做不同的修饰。网页中文字有各自不同的用途，有些文字作为导航存在，有些作为链接，每一种不同作用的文字显示的效果必然也是不同的，这样访问者才可以轻松地分辨出它们的区别，快速地选择自己需要的部分进行访问。

活动一　创 建 网 页

必备知识

当拥有了一个站点之后，这个站点现在空无一物，这个时候需要新建网页来建设这个网站。Dreamweaver CS6 可以新建的网页种类有很多种，图 3-1 所示的页面类型就是所有网页的种类。

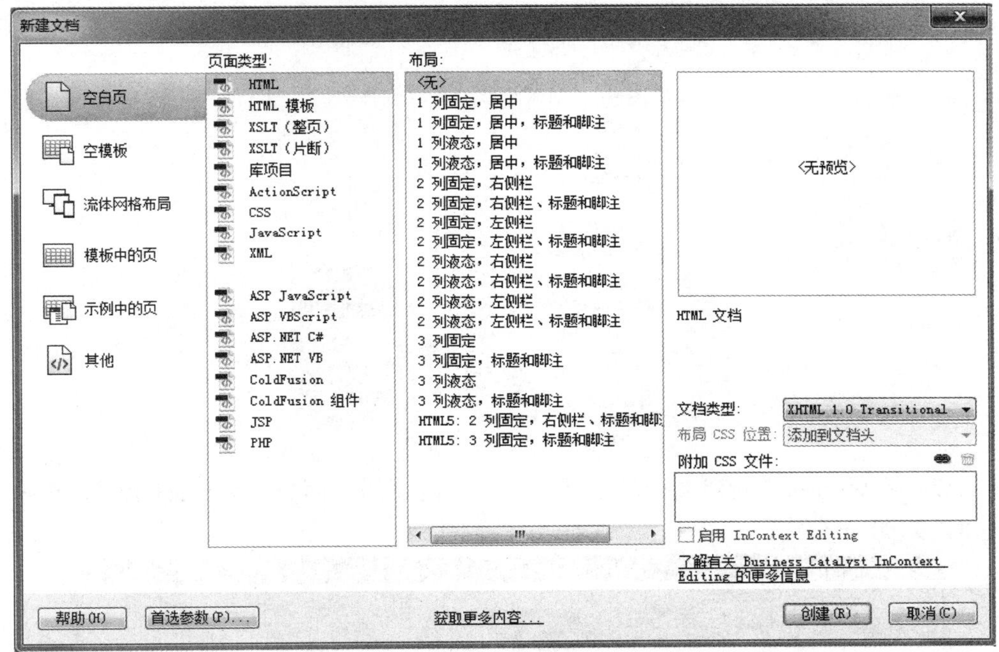

图 3-1　网页种类

一个网站的第一个网页叫作网站的首页，在新建首页时一般默认将首页的名字命名为 index 或 default。普通的网页命名则没有那么死板，但要遵循以下规则：

1）使用小写。

2）尽量使用英文。

3）不加中间横杠和下画线。

4）尽量不使用缩写。

活动实施

第一步：打开 Dreamweaver CS6 软件，创建站点，单击“文件”菜单中的“新建”命令，如图 3-2 所示。

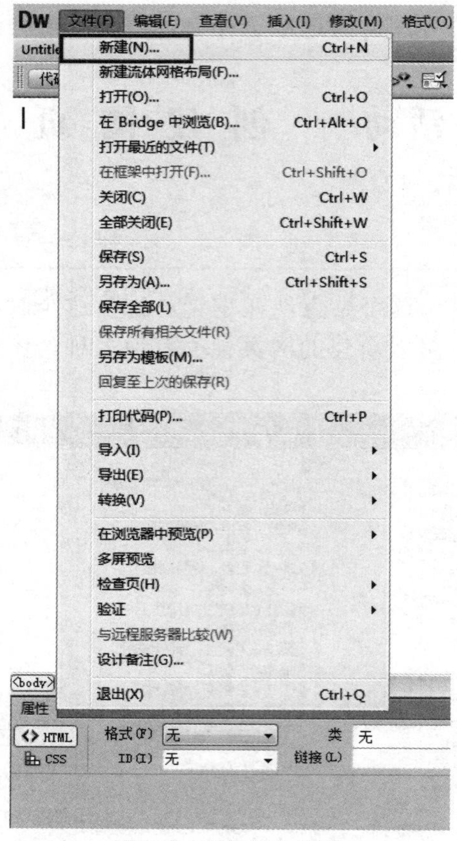

图 3-2 “文件”菜单

第二步：在弹出的“新建文档”对话框中选择网页的页面类型为“HTML”，单击“创建”按钮，如图 3-3 所示。

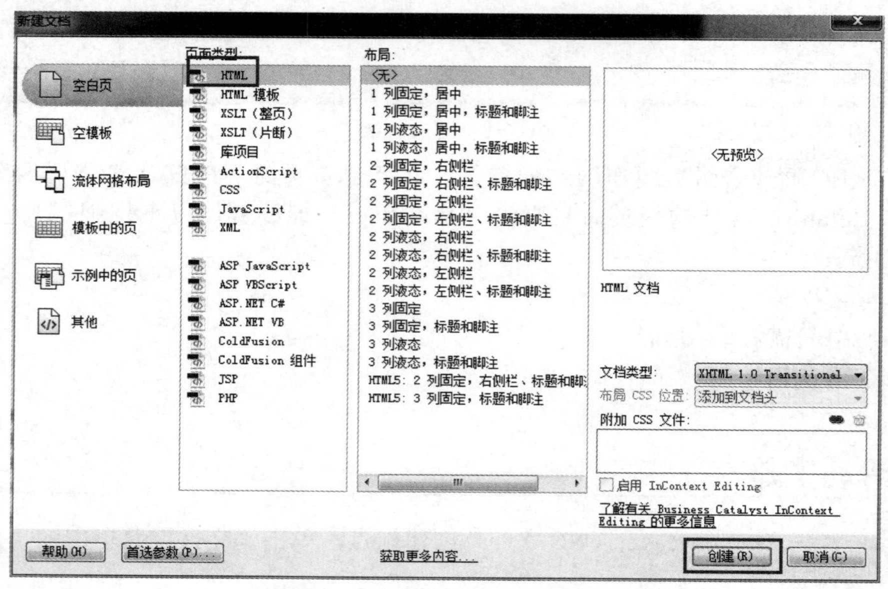

图 3-3 “新建文档”对话框

第三步：执行“文件”→“保存”命令，在“另存为”对话框中输入文件名“index”，单击“保存”按钮，如图 3-4 所示，一个网站的首页就创建完成了。

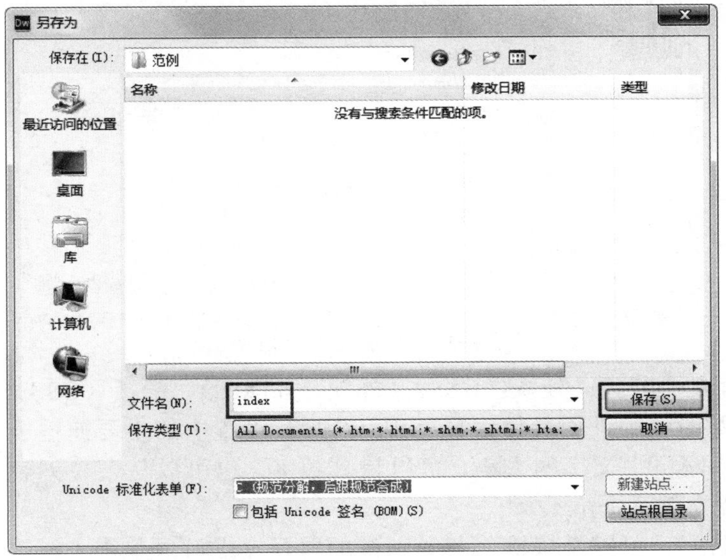

图 3-4　保存文档

思考

在创建网页时，选择的网页类型不同，创建的页面有什么不同？除了上述介绍的方式外，还有没有其他方法可以新建网页？请动手试一试。

活动拓展

创建一个属于自己的网站首页，要求页面类型为“HTML”，页面名称为“index”，并在页面中输入简单文字。

活动二　设置简单页面属性

必备知识

制作网页时，有时需要对网页的整体效果进行设置，这可以通过“页面属性”来完成修改。“页面属性”对话框分为两个部分：左侧显示页面属性的分类，右侧是选中分类后对应的具体属性，如图 3-5 所示。

每个网页都有其默认属性，即使新建的网页并没有被设置过任何属性，但有些设置是默认存在的，如网页的背景默认为白色。

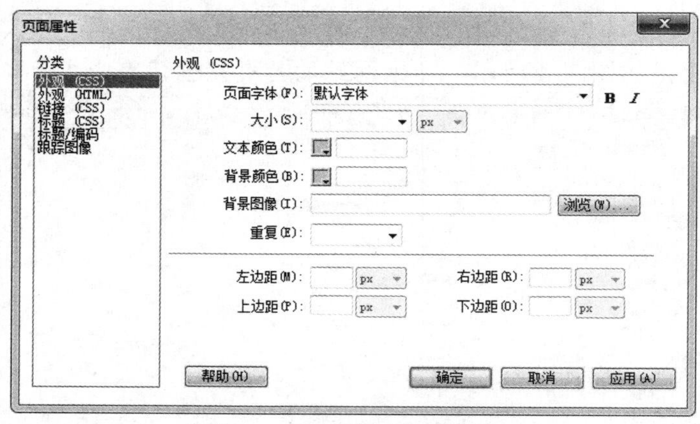

图 3-5 “页面属性”对话框

页面属性有 6 个分类：外观（CSS）、外观（HTML）、链接（CSS）、标题（CSS）、标题/编码、跟踪图像。下面具体解释外观（CSS）设置中的主要属性含义。

1）“大小”：网页中文字的大小，可以输入数字，也可以从下拉列表框中选择预设的字号，默认单位为像素（px）。

2）“背景图像”：可以直接输入背景图像的路径，也可以单击“浏览”按钮选择要使用的图像。这里需要注意的是，图片的途径尽可能地使用相对路径以避免出现问题。

3）“重复”：背景图像在网页中排列的方式。

4）“左边距”“右边距”“上边距”“下边距”：设置网页的上、下、左、右边框和内容之间的距离。

活动实施

第一步：打开 Dreamweaver CS6 软件，创建站点，新建网页（如首页应取名“index”或“default”）并保存。

第二步：执行“修改”→“页面属性”命令或按<Ctrl+J>快捷键，如图 3-6 所示，打开“页面属性”对话框。

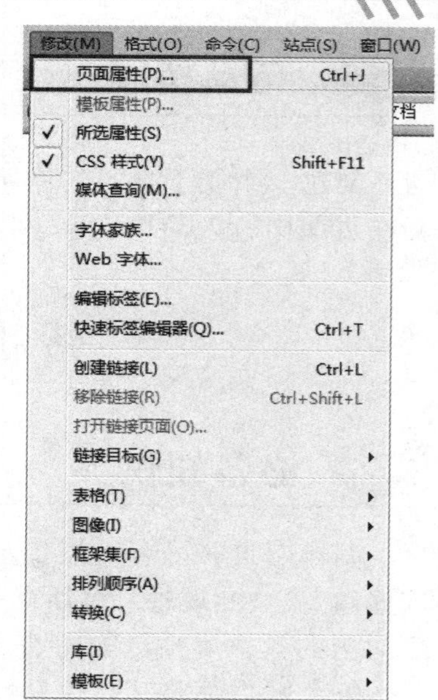

图 3-6 “修改”菜单

第三步：设置网页的“外观（CSS）”分类中的属性如下（见图 3-7）。

1）大小：12px。

2）文本颜色：蓝色（#00F）。

3）背景图像：01.gif。

4）重复：repeat-x（横向重复）。

5）上、下、左、右边距：0px。

第四步：设置网页的“标题/编码”分类中的“标题”为“蓝天”，如图 3-8 所示。

第五步：在网页中输入文字“蓝天”，保存网页并在浏览器中预览，如图 3-9 所示。

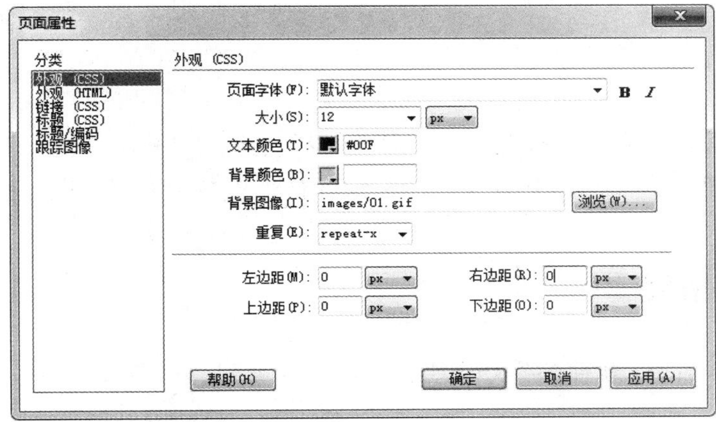

图 3-7　外观（CSS）分类设置

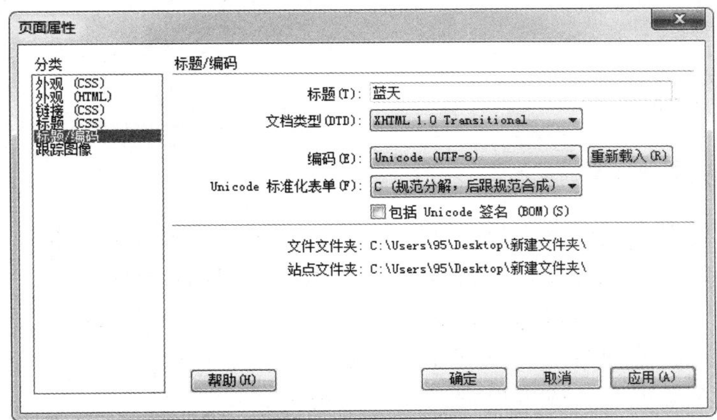

图 3-8　标题设置

图 3-9　“蓝天”网页预览

思考

还有没有其他方式可以打开"页面属性"对话框？"页面属性"对话框中的设置是对页面中的所有内容起效果还是对特定的内容起效果？请动手试一试。

活动拓展

利用 Dreamweaver 软件制作一个黑色（#000）背景、白色（#FFF）文字的网页。

活动三　录 入 文 字

必备知识

一、输入方式

任何一个网页都一定包含文字，可以说文字是表达网站主题必不可少的内容。丰富的文字内容会让网页更加充实，同时还能表达出一个网站的主题。

文本在网页中往往占据很大的部分，因此，文字内容的输入及合理的设置是制作网页最基本也是最重要的内容，是绝对不能忽视的。

在网页中录入文字，一般可以通过以下两种方式：

1）直接输入。通过键盘直接将需要的文字输入到网页窗口中，这是最基本的输入方式。

2）从其他文件或网络中复制文本。有时候需要在网页中输入大段的文字，这个时候手动输入费时费力，使用复制粘贴的方式可以节省许多时间，也能减少输入时带来的错误率。

二、分段和分行

在输入文字的过程中，可能会给文字进行换行操作，让不同内容的文字显示在不同的段落中。在 Dreamweaver 中，有分段和分行两种换行方式。

1）分段：按<Enter>键输入，在代码界面产生<p>标记，也称段落标记，将文本彻底分开，成为两个段落。

2）分行：按<Enter+Shift>快捷键输入，在代码界面产生
标记，也称换行符，这时文字也会转到下一行，但行与行中间不会产生空白行，上下的文本也依旧在同一个段落中。

活动实施

第一步：打开 Dreamweaver CS6 软件，创建站点，新建网页 index.html 并保存。

第二步：在网页中输入文字“网页中的第一个段落”和“网页中的第二个段落”，并在中间按<Enter>键，让文字分段，如图 3-10 所示。

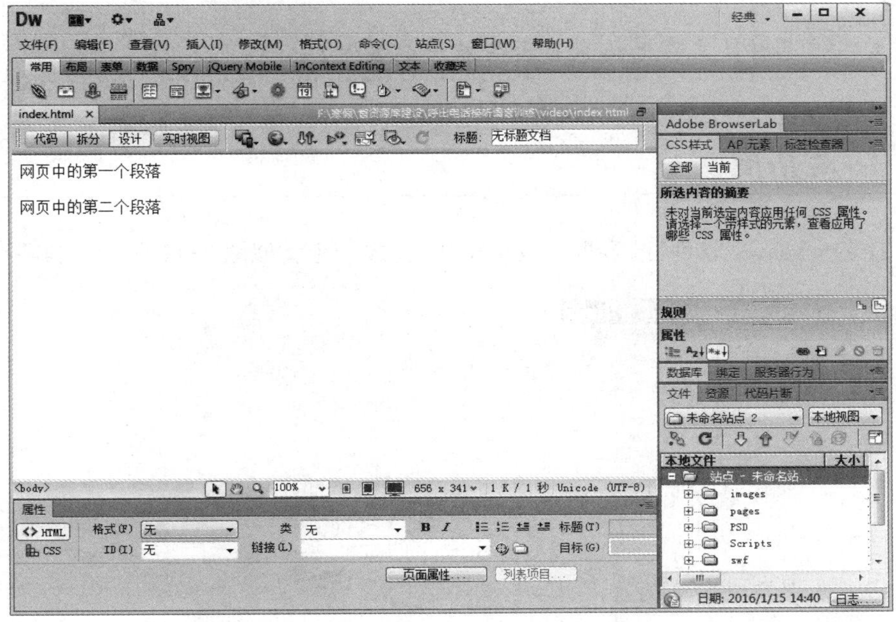

图 3-10　分段

第三步：将记事本中的文字输入到网页中，并在文字“您的客户仍旧无法访问您的网站。”后按< Enter + Shift >快捷键进行分行，如图 3-11 所示。

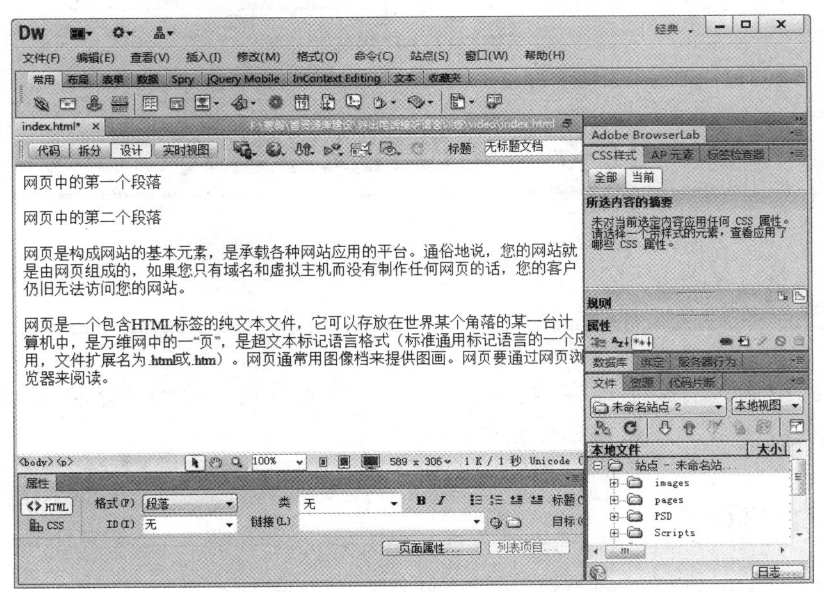

图 3-11　分行

第四步：保存并在浏览器中预览网页。

思考

复制文字信息时，文字的格式是否会被一起复制？

活动拓展

使用 Dreamweaver 软件，结合页面设置操作，完成一个类似图 3-12 所示的自我介绍网页。

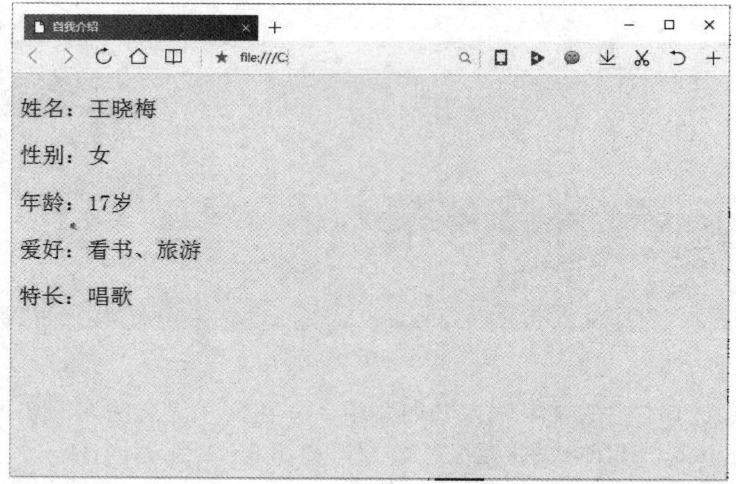

图 3-12　自我介绍

任务二　设置文本格式

问题导入

现在，我们输入的文字都堆砌在网页中，访问者看到大片的文字会感觉乏味，从而离开网站，不再停留，那么该如何留住浏览者呢？

背景知识

网页中的文本可以是多种多样的，有时是一个词语，有时是一句话，不同的文本给人们呈现不同的信息。在 Dreamweaver CS6 中可以对网页中的文本进行属性设置，使网页更加合理，便于浏览。

设置网页中文本格式的方法有两种：第一种，当用光标选中文本时，在“属性”面板中便会显示文本的各项属性，通过修改这些数值对文本进行设置；第二种，通过创建 CSS 样式，在 CSS 中定义文字的样式，然后对需要修改的文本应用 CSS 样式。这两种方式都可以快速、方便地设置文本格式。

活动　了解文本属性栏

必备知识

Dreamweaver CS6 的文本属性栏显示在“属性”面板中，用光标选中文字时就会显示，在不选择任何网页元素时，“属性”面板默认显示文本属性。文本属性栏如图 3-13 所示。

图 3-13　文本属性栏

在文本属性栏中有 HTML 和 CSS 两个分类，分别单击它们会出现不同的文本属性，下面介绍每个属性对应的功能。

一、HTML 分类

1. 格式

格式中有已经预设好的“标题 1”～“标题 6”，如图 3-14 所示，它们分别表示网页中的各级标题，对应的字体从大到小且都为加粗，其中“标题 1”最大。在代码界面中，“标题 1”显示的标记为<h1></h1>，“标题 2”为<h2></h2>，以此类推。

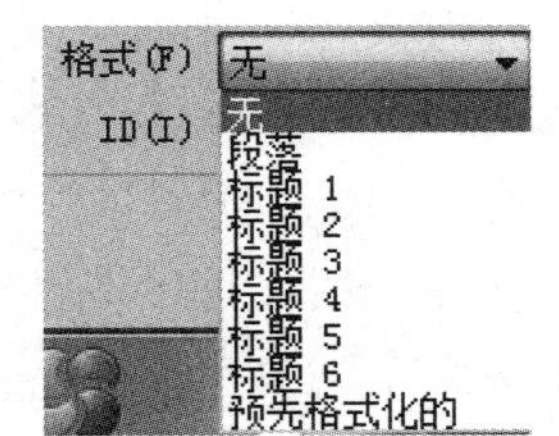

图 3-14　“格式”下拉列表框

2. ID

ID 用来标识文本。在该选项中，可以手动输入 ID 的值，也可以从下拉列表框中选择已有的 ID 值。

3. 类

给选中的文字添加相应的 CSS 样式，可在下拉列表框中选择已有的样式对文字进行设置。

4. 粗体 B 和斜体 I

对选中的文字进行粗体和斜体的修改，按下按钮表示运用效果，若不需要该效果，则再按一次该按钮即可。

5. 格式控制

1）项目列表：单击此按钮可将选中的文本转换为项目列表。

2）编号列表：单击此按钮可将选中的文本转换为编号列表。

3）文本突出和缩进：在有区别的段落中使用，可将段落向左凸出一级或向右缩进一级。

6. 链接

对选中的文本添加超链接，可以直接输入链接的地址，也可以单击指向文件按钮和浏览文件按钮进行添加。

二、CSS 分类

1. 目标规则

该属性是从 CSS 样式中分离出来的功能，用于更快速地为文本设置已经定义好的 CSS 样式。单击“编辑规则”按钮，可以对选择的 CSS 样式进行编辑，也可以在下拉列表框中新建 CSS 样式，如图 3-15 所示。

图 3-15 “目标规则”下拉列表框

2. 字体

在设置文本的字体时，下拉列表框中有许多可以选择的字体，没有修改时为默认字体，即浏览器的默认字体。下拉列表框中有 14 种预设字体，若在其中找不到需要的字体，可以单击编辑字体列表，在窗口中选择新的字体。添加新字体时需要注意，字体必须添加到选中的字体中时才会出现在下拉列表框中。

3. 大小

设置文本大小时，可以直接输入数字，也可以在下拉列表框中选择预设的数值，文本大小的单位为像素（px）。

4. 字体颜色

前面介绍过可以在“页面属性”对话框中修改文本的颜色，但那是对整个网页中所有的文本颜色进行修改，此处的文本颜色是可以仅对某一段文本进行设置的。设置颜色时，可以输入颜色代码，也可以从图 3-16 所示的拾色器中直接选择。

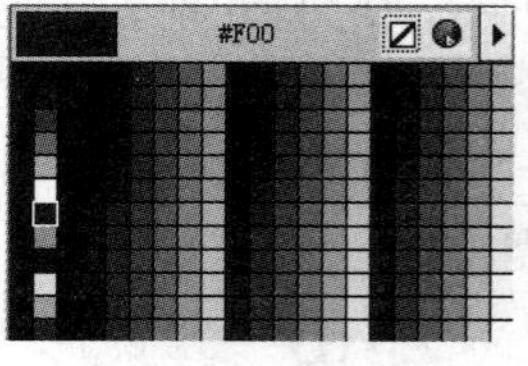

图 3-16 拾色器

5. 对齐方式

文本的对齐方式有 4 种，即“左对齐”“右对齐”“居中对齐”“两端对齐”，需要设置时按下对应的按钮即可。默认的对齐方式为“左对齐”。

活动实施

第一步：打开 Dreamweaver CS6 软件，创建站点，新建网页“index.html”并保存。

第二步：在网页中输入记事本中的文字，如图 3-17 所示。

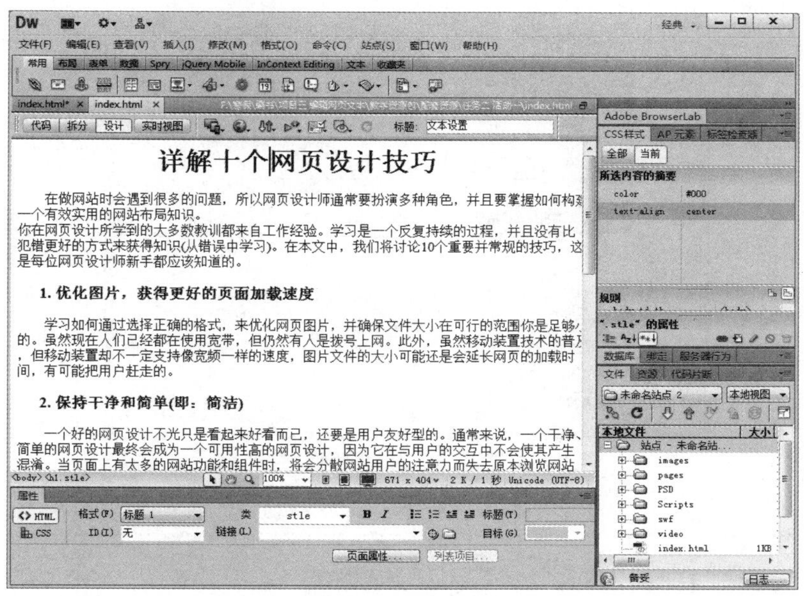

图 3-17　文本输入

第三步：按照以下要求对文本进行设置，效果如图 3-18 所示。

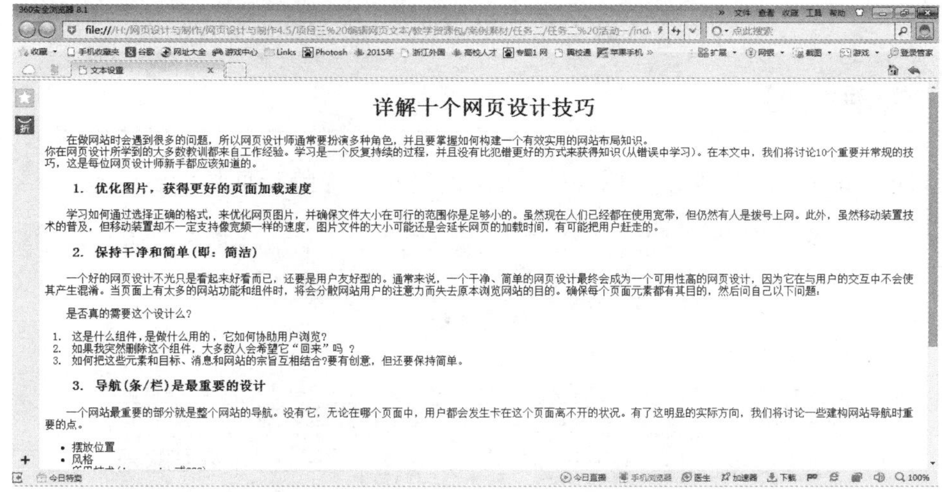

图 3-18　文本设置效果

1）选中文本中的标题和小标题，在格式中分别设置“标题 1”和“标题 3”。

2）选中小标题 2 的“是否真的需要这个设计么？”文字后的 3 行文本，设置编号列表。

3）选中小标题 3 的 4 个重要点文本，设置项目列表。

4）选中文本的最后一句话，在“属性”面板中选择“CSS”分类，设置文字颜色为红色（#F00），在弹出的“新建 CSS 规则”对话框中选择类型并输入名称，如图 3-19 所示，单击“确定”按钮后对文字设置斜体样式。

5）选中网页标题文本，设置居中对齐，在“新建 CSS 规则”对话框中选择类型并输入名称，与上一步相同。

第四步：保存并在浏览器中预览网页（预览网页的快捷键<F12>）。

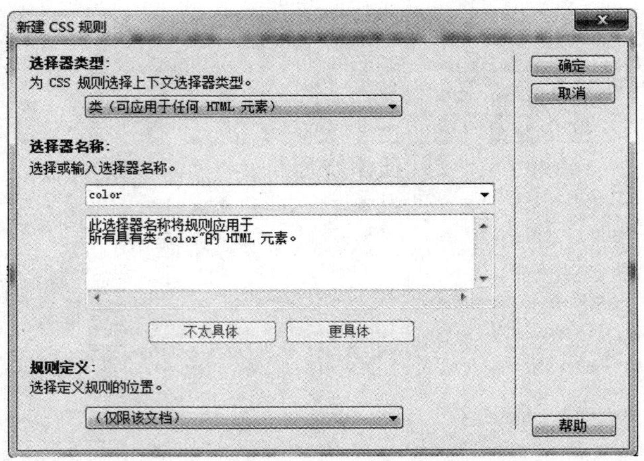

图 3-19 “新建 CSS 规则”对话框

思考

在上述【必备知识】中，网页文本的设置目的是什么？HTML 和 CSS 两个分类有什么区别？

活动拓展

利用 Dreamweaver 软件制作图 3-20 所示的网页，样版参见教学资源包。

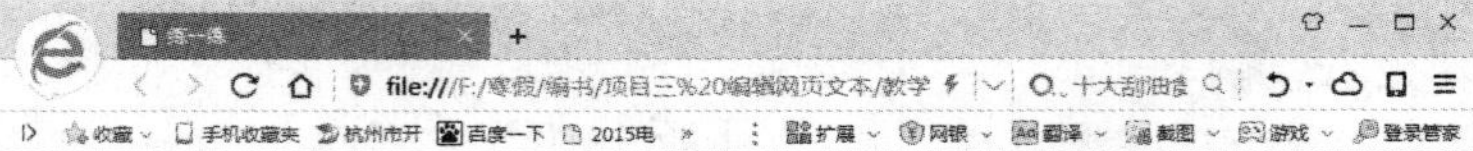

环境系统

一、历法

创作者在游戏里设定了一套按照现实时间每4小时一次昼夜更迭的真实历法系统，太阳东升西落，月亮望圆朔缺，无不参照现实世界的法则。更进一步，制作者还为每个节气设定了特殊的气候类型，例如，惊蛰春雷殷殷，清明细雨纷飞，这些天气甚至可以影响到游戏中特定玩法。玩家在剧情体验过程中，可能会遇到NPC与玩家相约几日后在某地会面的情况，很好地增加了游戏体验的进程感。很多见闻需要玩家在特定的时段和天气状况下才能遇到，营造出机缘际会的真实体验。盟会中，某些资源产量会因为不同的节气而得到加成，例如春分日，盟会木材产量就会有所上升。在身份系统里，也有与天气和时间紧密结合的玩法，例如，蔷薇测试中开放的文士绘画，通常就需要在与绘画内容契合的环境下进行。玩家绘制《雷峰夕照》，就需要在晴日酉时来到西子湖畔静候，而《天泉日出》则不仅需要在卯时进行，更兼在醉酒的状态下才有所得。

二、气候

创作者这次对天气变化进行了更加系统化，更加精细的设定，同时还新增了烈日、雷暴、雾霾、火山喷发若干天气效果。同时，创作者对20种不同的天气进行组合，形成将近50种不同的气象类型，例如*[大风、沙暴、烈阳]*、*[雪、小雪、晴]*、*[轻雾、微风、细雨]*、*[阴天、雷暴、雷雨]*等组合，以使不同天气间的过渡更加符合现实世界的情形。在对各种天气效果的拟真度上，从美术、程序方面做了不少尝试和创新，以雨天的表现举例，现实世界中，真实的雨氛围是什么样呢？

- 雨要绵密，你数不清有多少雨丝，但是可以判断出是大雨还是小雨
- 地面会潮湿、泥泞，反光增强
- 积水和水花
- 天空与场景变灰暗，起雾，能见度降低
- 乌云密布，雷电交加

针对以上特点，创作者专门做了**雨丝渲染Raindrops，水花渲染Splash，涟漪，雷电分形**等。

三、星象

北斗七星是古人用以判定方位和季节的重要依据，而北斗七星所指，就是北极星（赤经2时31分48.71秒），北极星是北方天空中最靠近地轴的一颗星，处于正北方向，视觉上位置是固定不变的，众星都绕着它逆时针旋转。《天涯明月刀OL》中以北极星作为基准，所有星星绕北极星转的，相对位置正确，北极星高度则是根据太阳斜度而定。再根据与北极星的相对位置，就绘制出了完整，翔实的《天涯明月刀OL》的星空。

图 3-20 目标页面

任务三　插入特殊字符

问题导入

网页中的文本可以是中文、英文和数字，其他的字符可以吗？

背景知识

网页中除了普通的文字以外，还可以插入一些特殊的文本，如水平线、时间等。

1. 插入水平线

水平线在网页中起到分隔内容的作用，在网页中插入水平线可以更好地对内容进行分块分类。水平线的标记为<hr>。当使用 Dreamweaver 插入水平线时，首先将光标放在要插入的位置，然后执行“插入”→“HTML”→“水平线”命令。插入水平线后可以选中它进行属性设置，如图 3-21 所示。

图 3-21　水平线属性

2. 插入时间

在制作网页时，为了便于访问者浏览网页，一般都会在网页中插入时间。插入时首先将光标放在需要插入的位置，然后执行“插入”→“日期”命令。这时会弹出“插入日期”对话框，如图 3-22 所示，在对话框中设置日期的属性，如日期显示的格式、时间显示的格式和是否自动更新时间。若勾选“储存时自动更新”复选框，则每次保存网页时会自动更新为最新的日期。

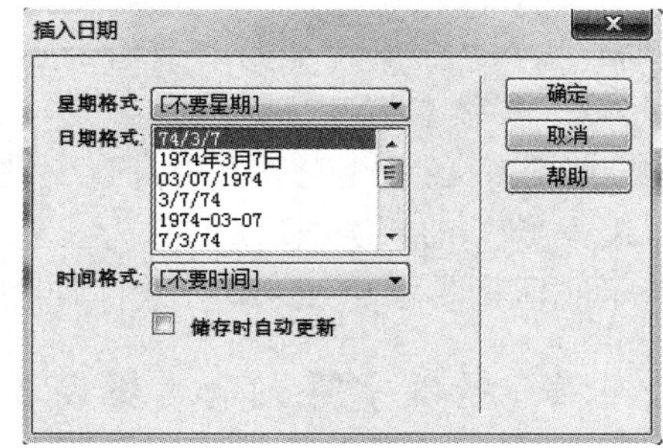

图 3-22　“插入日期”对话框

3. 插入空格

Dreamweaver 中的空格是不能直接通过键盘输入的，当插入空格时，首先要将光标放在需要插入的位置，然后执行“插入”→“HTML”→“特殊字符”→“不换行空格”命令，即可插入一个空格，或使用快捷键<Ctrl+Shift+空格>。空格的 HTML 标记为“ ”。

4. 插入特殊字符

网页中有时还会插入一些特殊的字符，这些字符不能通过键盘输入，如注册商标和版权符号等。当插入这些符号时，首先将光标放在需要插入的位置，然后执行“插入”→“HTML”命令，在“特殊符号”中找到需要插入的符号并执行。若想要插入的字符没有显示，则可以打开“插入其他字符”对话框，选择所需字符，如图 3-23 所示。

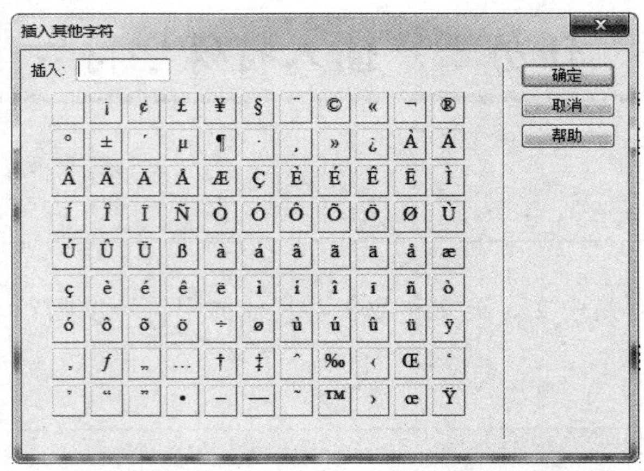

图 3-23 “插入其他字符”对话框

活动 了解常用特殊字符

必备知识

一、特殊字符的表达方式

1. 数字参考

使用数字来表示网页中的特殊字符，这种方式有一种特定的格式，即“&#D;”，其中 D 为一个数值，不同的数值表示不同的字符，如“©”为版权符号“©”。

2. 实体参考

与数字参考相对，采用有意义的名称来表示网页中的特殊字符，它也有特定的格式：前缀“&”和后缀“;”，中间为表示字符的名称，不同的字符有不同的名字，如“®”表示注册商标“®”。每一个特殊字符都有对应的数字参考和实体参考。

二、特殊字符大全（见表 3-1）

表 3-1 特殊字符大全

´	´	©	©	>	>	µ	µ	®	®
&	&	°	°	¡	¡			»	»
¦	¦	÷	÷	¿	¿	¬	¬	§	§
•	•	½	½	«	«	¶	¶	¨	¨
¸	¸	¼	¼	<	<	±	±	×	×
¢	¢	¾	¾	¯	¯	"	"	™	™
€	€	£	£	¥	¥				
„	„	…	…	·	·	›	›	ª	ª
ˆ	ˆ	“	“	—	—	’	’	º	º
†	†	‹	‹	–	–	‚	‚	”	”
‡	‡	‘	‘	‰	‰			˜	˜
≈	≈	⁄	⁄	←	←	∂	∂	♠	♠

（续）

∩	∩	≥	≥	≤	≤	″	″	∑	∑
♣	♣	↔	↔	◊	◊	′	′	↑	↑
↓	↓	♥	♥	−	−	∏	∏		‍
♦	♦	∞	∞	≠	≠	√	√		‌
≡	≡	∫	∫	‾	‾	→	→		

α	α	η	η	μ	μ	π	π	θ	θ
β	β	γ	γ	ν	ν	ψ	ψ	υ	υ
χ	χ	ι	ι	ω	ω	ρ	ρ	ξ	ξ
δ	δ	κ	κ	ο	ο	σ	σ	ζ	ζ
ε	ε	λ	λ	φ	φ	τ	τ		

A	Α	H	Η	M	Μ	Π	Π	Θ	Θ
B	Β	Γ	Γ	N	Ν	Ψ	Ψ	Y	Υ
X	Χ	I	Ι	Ω	Ω	P	Ρ	Ξ	Ξ
Δ	Δ	K	Κ	O	Ο	Σ	Σ	Z	Ζ
E	Ε	Λ	Λ	Φ	Φ	T	Τ	ς	ς

活动实施

第一步：打开 Dreamweaver CS6 软件，创建站点，新建网页“index.html”并保存。

第二步：在网页中输入记事本中的文字。

第三步：按照以下要求对文本进行设置，效果如图 3-24 所示。

西伯利亚雪橇犬

西伯利亚雪橇犬（俄语：Сибирский хаски，Sibirskiy haski，英语：Siberian husky）常见别名哈士奇。西伯利亚雪橇犬体重介于25~60磅(16~27kg)之间，身高大约20~23.5英寸(51~60cm)，是一种中型犬。西伯利亚雪橇犬是原始的古老犬种，在西伯利亚东北部、格陵兰南部生活。哈士奇名字的由来，是源自其独特的嘶哑叫声。

哈士奇性格多变，有的极端胆小，有的极端暴力，进入大陆和家庭的哈士奇，都已经没有了这种极端的性格，比较温顺，是一种流行于全球的宠物犬。与金毛犬、拉布拉多并列为三大无攻击型犬类。

阿拉斯加雪橇犬

阿拉斯加雪橇犬（学名：Alaskan Malamute），也叫阿拉斯加犬，是最古老的极地雪橇犬之一，它的名字取自爱斯基摩人的伊努伊特族的一个叫做马拉缪特的部落。这个部落生活在阿拉斯加西部一个叫做科策布(Kotzebue)的岸边。在阿拉斯加成为美国领土的一部分之前，这一地区叫做Alashak或是Alyeska，翻译出来就是“广阔的土地”，这是发现这一地区的俄国人给它取的名字。这种犬与同在阿拉斯加的其它犬种不同，四肢强壮有力，肌肉发达，培育它的目的是为了耐力而不是速度，因为它们的主要用途是拉雪橇。[1] 成年阿拉斯加犬有着安静、高雅的气质，对主人非常忠心。

©2016Baidu 使用百度前必读 | 百科协议 | 百度百科合作平台 2016年2月28日 5:54 PM

图 3-24 文字效果

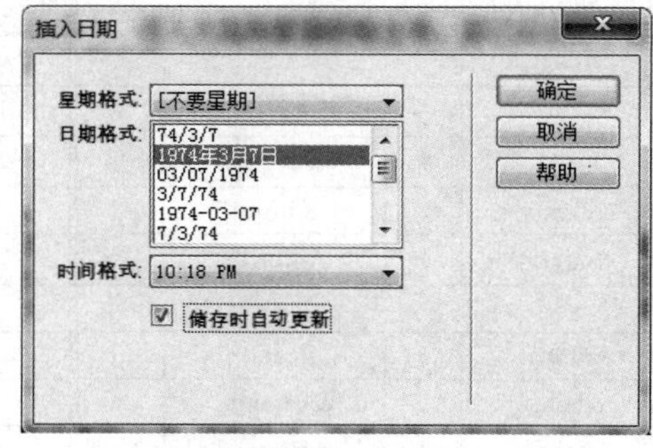

图 3-25　日期设置

1）将“西伯利亚雪橇犬”和“阿拉斯加雪橇犬”居中并设置格式为“标题 1”。

2）在每一段的开头插入两个空格。

3）在最后一行文本之前插入水平线。

4）给最后一行文字设置居中对齐，并在文字“2016 年”前面插入版权符号“©”。

5）在文本的最后插入日期，日期设置如图 3-25 所示。

第四步：保存并在浏览器中预览网页。

思考

插入特殊字符时，可以从其他网站或文档中直接复制到 Dreamweaver 软件中吗？请试一试。

活动拓展

利用 Dreamweaver 软件制作图 3-26 所示的网页。

海陆空三重奏！天涯明月刀海阔天空春节后精彩来袭！

2016-02-28 18:01

春节临近，江湖一片欢腾！天涯明月刀近日宣布，即将推出全新游戏版本“海阔天空”，该版本各项玩法近期相继在网络曝光，大轻功玩法视频更是在网络首曝后，仅20分钟点击便突破500万峰值，七大门派特色各异的轻功表现引玩家热议。除了轻功玩法，新版本中还将带来全新重制的水体、动态的海洋收益、潜水、海钓、双人骑乘、赛马等多重玩法，革新以往、颠覆传统，打造出一个更为活色生香的武侠江湖。

COPYRIGHT © 1998 - 2016 腾讯公司 版权所有

图 3-26　目标效果

项目四

编辑网页图像

一张网页中如果密密麻麻地布满文字，那么无论文字内容多么精彩，也会让人觉得乏味。那么，在网页中除了文字还可以添加哪些元素使网页更加丰富多彩，使用户的体验更加有趣呢？

学习目标

1）了解网页中常见图像的格式及属性。

2）了解在 Dreamweaver 文档中插入 Fireworks HTML 代码的作用。

3）掌握在网页中插入图像和修改图像属性的方法。

4）掌握在网页中插入占位符及制作鼠标经过图像的方法。

任务一　插 入 图 像

问题导入

在电子商务网站中，商家除了采用文字方式向消费者传递商品信息外，图像是传递商品促销信息更直观的方法，那么如何在网页中加入图像元素呢？

背景知识

一、常用网页图像

在计算机中虽然存在很多种图形文件格式，但在网页中通常使用的只有 3 种，即 GIF、JPEG 和 PNG 格式。其中，GIF 和 JPEG 文件格式的支持情况较好，大多数浏览器都可以查看它们。

1. GIF（图形交换格式）

GIF分为静态GIF和动画GIF两种，扩展名为.gif，是一种压缩位图格式，支持透明背景图像，适用于多种操作系统，“体型”很小，网上很多小动画都是GIF格式。其实GIF是将多幅图像保存为一个图像文件，从而形成动画。GIF文件最多使用256种颜色，最适合显示色调不连续或具有大面积单一颜色的图像，如导航条、按钮、图标、徽标或其他具有统一色彩和色调的图像。

2. JPEG（联合图像专家组）

JPEG文件格式是用于摄影或连续色调图像的较好格式，这是因为JPEG文件可以包含数百万种颜色。随着JPEG文件品质的提高，文件的大小和下载时间也会随之增加。通常可以通过压缩JPEG文件在图像品质和文件大小之间达到良好的平衡。用这种压缩格式的文件一般就称为JPEG，此类文件的扩展名有.jpeg、.jfif、.jpg和.jpe，其中在主流平台最常见的是.jpg。

3. PNG（可移植网络图形）

PNG文件格式是一种替代GIF格式的无专利权限制的格式，它包括对索引色、灰度、真彩色图像以及alpha通道透明度的支持。PNG是Adobe Fireworks固有的文件格式。PNG文件可保留所有原始层、矢量、颜色和效果信息（如阴影），并且在任何时候所有元素都是可以完全编辑的。文件必须具有.png文件扩展名才能被Dreamweaver识别为PNG文件。

二、常用图像处理软件

图像处理软件是用于处理图像信息的各种应用软件的总称，专业的图像处理软件有Adobe的Photoshop系列，基于应用的处理软件Picasa等，还有国内很实用的光影魔术手和美图秀秀等，动态图片处理软件有Ulead GIF Animator、Gif Movie Gear等。

Adobe Photoshop，简称“PS”，是由Adobe Systems开发和发行的图像处理软件。Photoshop主要处理以像素构成的数字图像。使用其众多的编修与绘图工具，可以有效地进行图片编辑工作，对图像做各种变换，如放大、缩小、旋转、倾斜、镜像、透视等；也可进行复制、去除斑点、修补、修饰图像的残损等。

活动　插入图像操作

必备知识

前面介绍了网页中常见的图像格式，下面就来学习如何在网页中使用图像。

图像是网页中最重要的元素之一，一幅幅精致的图像和一个个漂亮的按钮可以使网页更加美观、形象和生动，而且与文本相比能够更直观地说明问题，使所要表达的意思一目了然，能较好地增强网站生命力，加深用户对网站的认知。

一、在网页中插入图像的常用方法

在“文档”窗口中，将插入点放置在所要显示图像的地方，然后执行下列操作之一：

1）在“插入”面板的“常用”类别中，单击“图像”图标。

2）执行“插入”→“图像”命令。

3）将图像从“资源”面板拖动到“文档”窗口中的所需位置。

4）将图像从“文件”面板拖动到“文档”窗口中的所需位置。

5）将图像从桌面拖动到“文档”窗口中的所需位置。

二、插入图像过程中的注意事项

1.“选择图像源文件”对话框（见图 4-1）

如果正在处理一个未保存的文档，则 Dreamweaver 将生成一个对图像文件的 file:// 引用。将文档保存在站点中的任意位置后，Dreamweaver 将该引用转换为文档的相对路径。

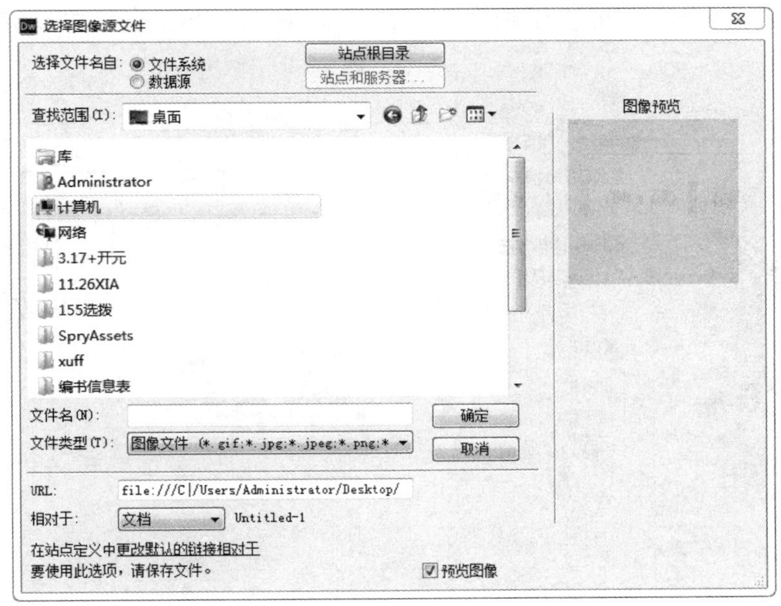

图 4-1 “选择图像源文件”对话框

2.“图像标签辅助功能属性”对话框（见图 4-2）

在“替换文本”下拉列表框中，为图像输入一个名称或一段简短描述。屏幕阅读器会阅读在此处输入的信息，输入应限制在 50 个字符左右。对于较长的描述，请考虑在“详细说明”文本框中提供链接，该链接指向提供有关该图像的详细信息的文件。

在“详细说明”文本框中，输入当用户单击图像时所显示的文件的位置，或单击文件夹图标浏览该文件。该文本框提供指向与图像相关（或提供有关图像的详细信息）的文件的链接。

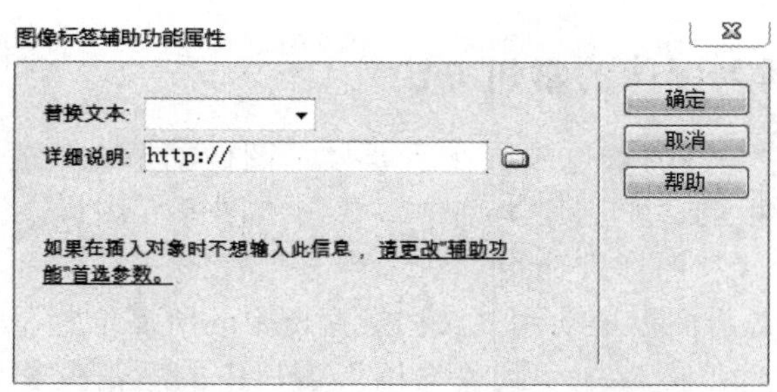

图 4-2 “图像标签辅助功能属性”对话框

三、更改现有编辑器首选参数

执行“编辑”→“首选参数”（Windows）命令或“Dreamweaver”→“首选参数”（Macintosh）命令，然后从左侧的“分类”列表框中选择“文件类型/编辑器”。在“文件类型/编辑器”的“首选参数”对话框中，在“扩展名”列表内选择要更改的文件类型以查看现有编辑器。在“编辑器”列表中，选择要对其进行操作的编辑器，单击“编辑器”列表上方的“添加（+）”或“删除（-）”按钮以添加或删除编辑器，如图 4-3 所示。

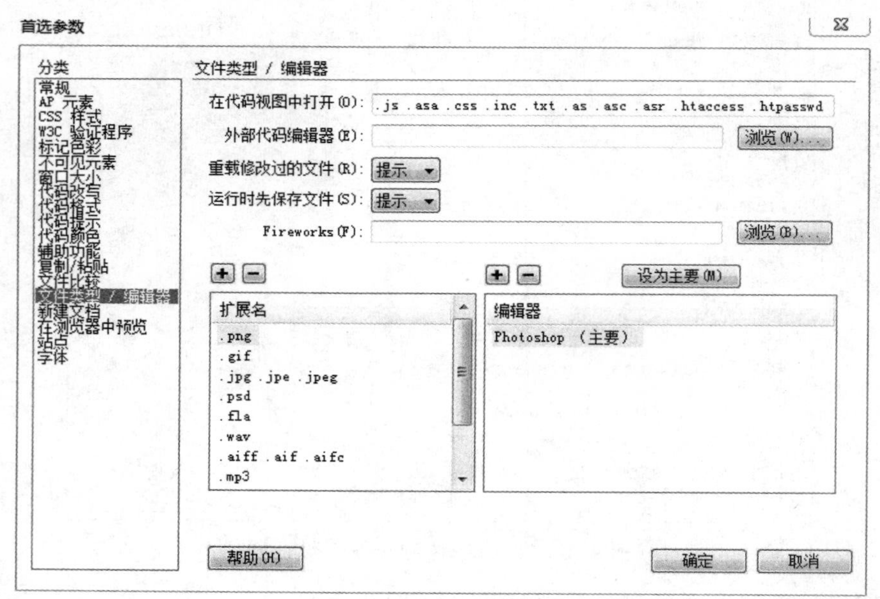

图 4-3 首选参数

活动实施

下面通过一个实例体验在网页中插入图像的过程。实例网页在教学资源包→配套资源→4.1.1 文件夹中。

第一步：用 Dreamweaver 软件打开网页文件 default2.html，将鼠标光标放在要插入

图像的位置，执行“插入”→“图像”命令，如图 4-4 所示。

第二步：弹出“选择图像源文件”对话框，在对话框中选择图像，如图 4-5 所示。

第三步：单击“确定”按钮，弹出“图像标签辅助功能属性”对话框，在“替换文本”下拉列表框中输入文字，如图 4-6 所示。

第四步：单击“确定”按钮，完成图像插入，如图 4-7 所示。

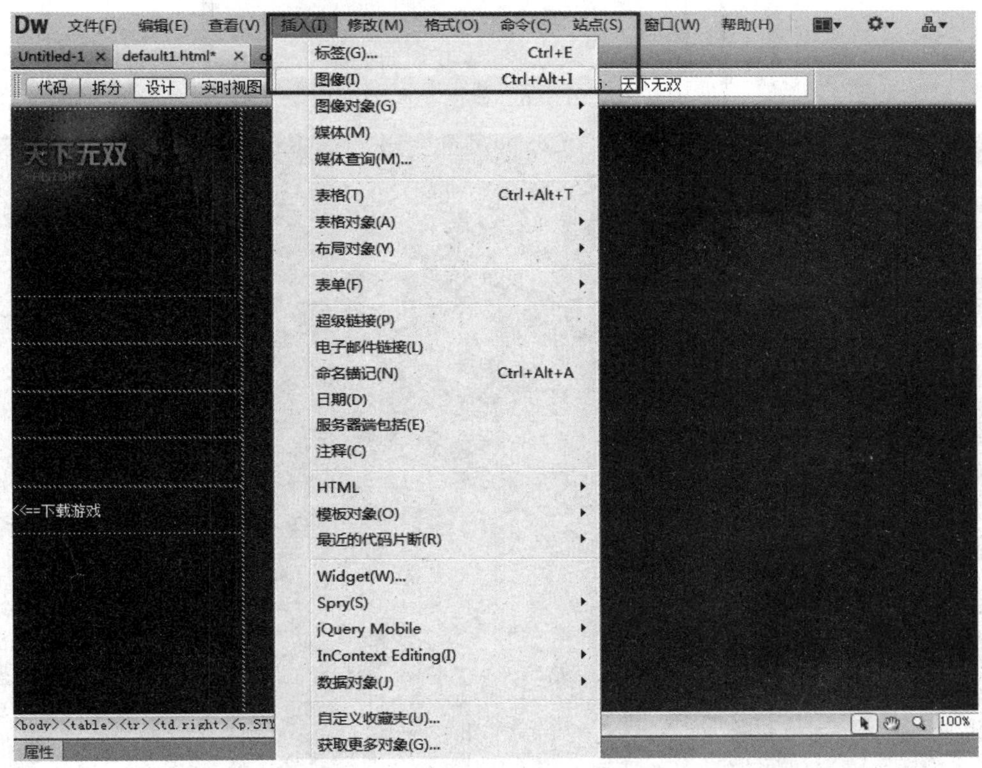

图 4-4　插入图像

图 4-5　选择图像源文件

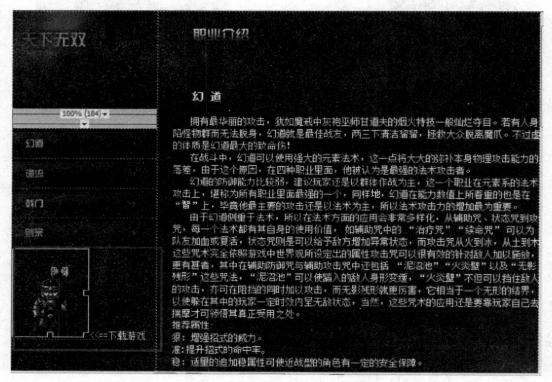

图 4-6　替换文本

图 4-7　完成插入

思考

学会了在网页中插入图像，那么当图像插入出错时应该如何删除这张图像呢？

活动拓展

请打开在教学资源包→配套资源→4.1.1 文件夹中的 default1.html 文件，按照目标样稿，如图 4-8 所示，完成导航菜单图像的插入，并将网页文件提交到教师机。

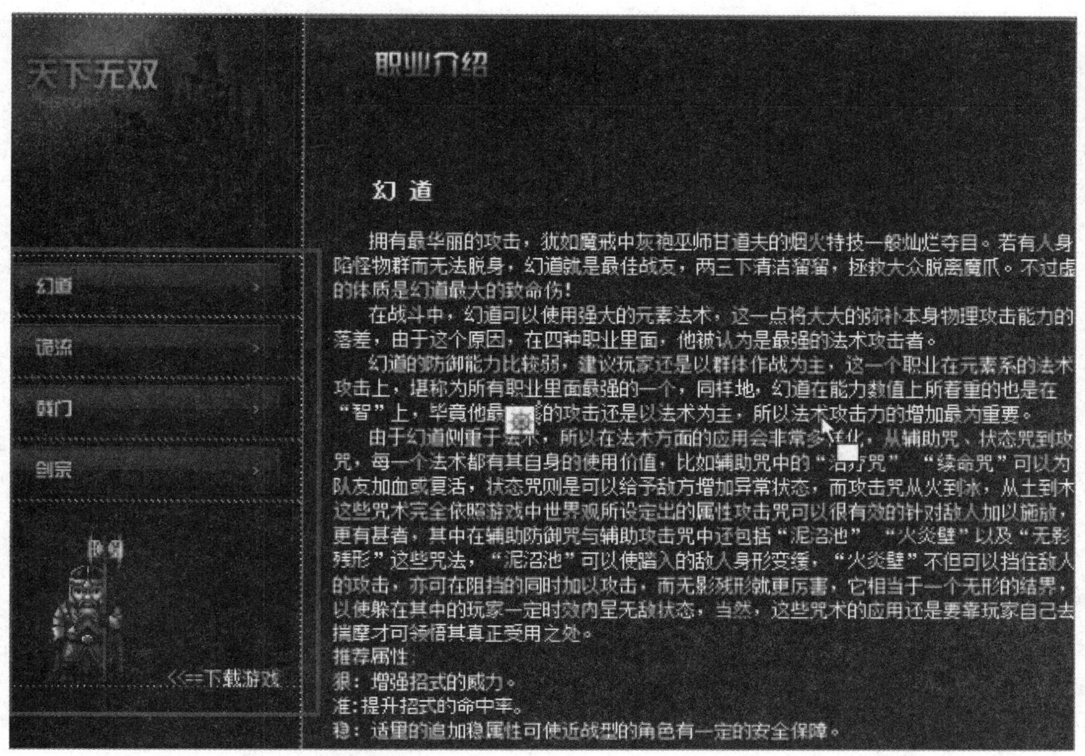

图 4-8　导航菜单

任务二　设置图像属性

问题导入

插入图像后，如果发现图像的大小、位置不符合要求，那么应该怎样进行修改呢？

背景知识

在 Dreamweaver 中选取图像后，“属性”面板上会显示该图像的相关属性，如图 4-9 所示。

图 4-9　图像“属性”面板

可以设置该面板上的属性来调节图像属性以达到要求。如果并未看到所有的图像属性，可单击位于右下角在图中用红框标出的展开箭头。具体属性说明如下：

1）“ID”在缩略图下面的文本框中，输入名称，以便在使用 Dreamweaver 行为（如“交换图像”）或脚本撰写语言（如 JavaScript 或 VBScript）时可以引用该图像。

2）“宽”和“高”图像的宽度和高度，以像素表示。在页面中插入图像时，Dreamweaver 会自动用图像的原始尺寸更新这些文本框。

3）“源文件”指定图像的源文件。单击文件夹图标以浏览源文件，或输入路径。

4）“链接”指定图像的超链接。将“指向文件”图标拖动到“文件”面板中的某个文件中，单击文件夹图标浏览站点上的某个文档，或手动输入 URL。

5）“替换”指定在只显示文本的浏览器或已设置为手动下载图像的浏览器中代替图像显示的替换文本。

6）地图名称和热点工具：允许标注和创建客户端图像地图。

7）“目标”指定链接的页应加载到的框架或窗口。当图像没有链接到其他文件时，此选项不可用。

8）“编辑”启动在“外部编辑器”首选参数中指定的图像编辑器并打开选定的图像。

9）“从原始更新”按钮：如果该 Web 图像（即 Dreamweaver 页面上的图像）与原始 Photoshop 文件不同步，则表明 Dreamweaver 检测到原始文件已经更新，并以红色显示智能对象图标的一个箭头。当在“设计”视图中选择该 Web 图像并在属性检查器中单击“从原始更新”按钮时，该图像将自动更新，以反映对原始 Photoshop 文件所做的任何更改。

10）“编辑图像设置”按钮：打开“图像优化”对话框并让用户优化图像。

11）“裁剪”：裁切图像的大小，从所选图像中删除不需要的区域。

12）“重新取样”：对已调整大小的图像进行重新取样，提高图片在新的大小和形状下的品质。

13）“亮度和对比度”：调整图像的亮度和对比度设置。

14）“锐化”：调整图像的锐度。

活动一　设置图像属性

必备知识

如果在图像插入到网页后，发现图像大小不符合要求，可以通过“属性”面板进行调整，也可以手动调整图像大小。

在“文档”窗口中选择该图像。图像的底部、右侧及右下角出现调整大小的控制点。如果未出现调整大小控制点，则单击要调整大小的元素以外的部分再重新选择它，或在标签选择器中单击相应的标签以选择该元素。若要调整元素的宽度，可拖动右侧的选择控制点；若要调整元素的高度，可拖动底部的选择控制点；若要同时调整元素的宽度和高度，可拖动顶角的选择控制点；若要在调整元素尺寸时保持元素的比例（其宽高比），可在按住<Shift>键的同时拖动顶角的选择控制点；若要将已调整大小的元素恢复为原始尺寸，可在属性检查器中删除“宽”和“高”文本框中的值，或单击图像属性检查器中的“重设大小”按钮。对已调整大小的图像进行重新取样，单击图像属性检查器中的“重新取样”按钮。

活动实施

下面通过一个实例体验在网页中修改图像属性的过程。实例网页在教学资源包→配套资源→4.2.1 文件夹中。

第一步：用 Dreamweaver 打开网页 index.html，发现该网页的 4 张图像大小不一致，影响网页美观，此时需要将 4 张图调整成一样大小，如图 4-10 所示。

图 4-10　图像大小

第二步：通过分别查看 4 张图像的大小发现，第一张图的高度和宽度比较合适，于是决定设置其他 3 张图的大小和第一张一样。单击选中第二张图，在“属性”面板中输入宽 166、高 216，如图 4-11 所示。

图 4-11　调整图像大小

第三步：使用同样的方式设置其他两张图像，设置完成后效果如图 4-12 所示。

图 4-12　图像调整完成

思考

对于图像大小的调整，如果不在 Dreamweaver 中调整，还可以用哪些工具调整图像大小呢？如何操作？

活动拓展

在上述制作完成的网页基础上继续练习，制作完成后将网页文件提交到教师机。

1）通过可视化调节的方式调整第一张图的大小为宽 100、高 100。

2）通过“属性”面板设置第二张图的大小为宽 200、高 200。

3）设置第三张图的链接为“http://www.baidu.com/”。

活动二　编 辑 图 像

必备知识

Dreamweaver 中提供了基本的图像编辑功能，使用户无须使用外部图像编辑应用程序（如 Fireworks 或 Photoshop）即可修改图像。执行“修改”→“图像”命令，可设置以下任意 Dreamweaver 图像编辑功能。注意，Dreamweaver 图像编辑功能仅适用于 JPEG、GIF 和 PNG 格式的图像，其他位图图像文件格式不能使用这些图像编辑功能进行编辑。

1）重新取样：在 Dreamweaver 中调整图像大小时，可以对图像进行重新取样，以适应其新尺寸。对位图对象进行重新取样时，会在图像中添加或删除像素，以使其变大或变小。对图像进行重新取样以取得更高的分辨率一般不会导致品质下降。但重新取样以取得较低的分辨率总会导致数据丢失，并且通常会使品质下降。

2）裁剪图像：通过减小图像区域编辑图像。通常可能需要裁剪图像以强调图像的主题，并删除图像中强调部分周围不需要的部分。注意，在裁剪图像时会更改磁盘上的源图像文件。因此，最好保留图像文件的一个备份副本，以在需要恢复到原始图像时使用。

3）优化图像：可以在 Dreamweaver 中优化 Web 页中的图像。

4）锐化图像：锐化将增加对象边缘的像素的对比度，从而增加图像清晰度或锐度。

5）调整图像的亮度和对比度：修改图像中像素的对比度或亮度。这将影响图像的高亮显示、阴影和中间色调。修正过暗或过亮的图像时，通常使用“亮度/对比度”功能。

活动实施

下面通过一个实例体验在网页中修改图像属性的过程。实例网页在教学资源包→配套资源→4.2.2 文件夹中。

第一步：用 Dreamweaver 打开网页 index3.html，发现通过设置网页中图像的高和宽得到的效果并不好，图像容易变形，如图 4-13 所示。

图 4-13　图像大小调整效果

第二步：决定采用裁剪的方式调整原始图像的大小，单击选中第二张图像，单击“属性”面板上的“重置为原始大小”按钮，如图 4-14 所示，图像恢复原始大小。

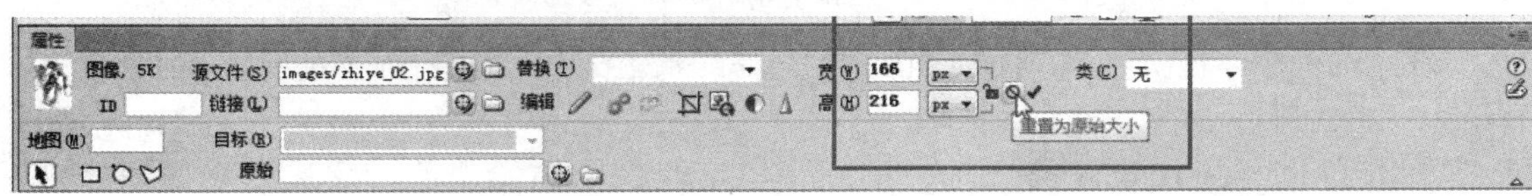

图 4-14　重置图像大小

第三步：单击“属性”面板上的“裁剪”按钮，在弹出的提醒对话框中单击“确定”按钮，如图 4-15 所示。

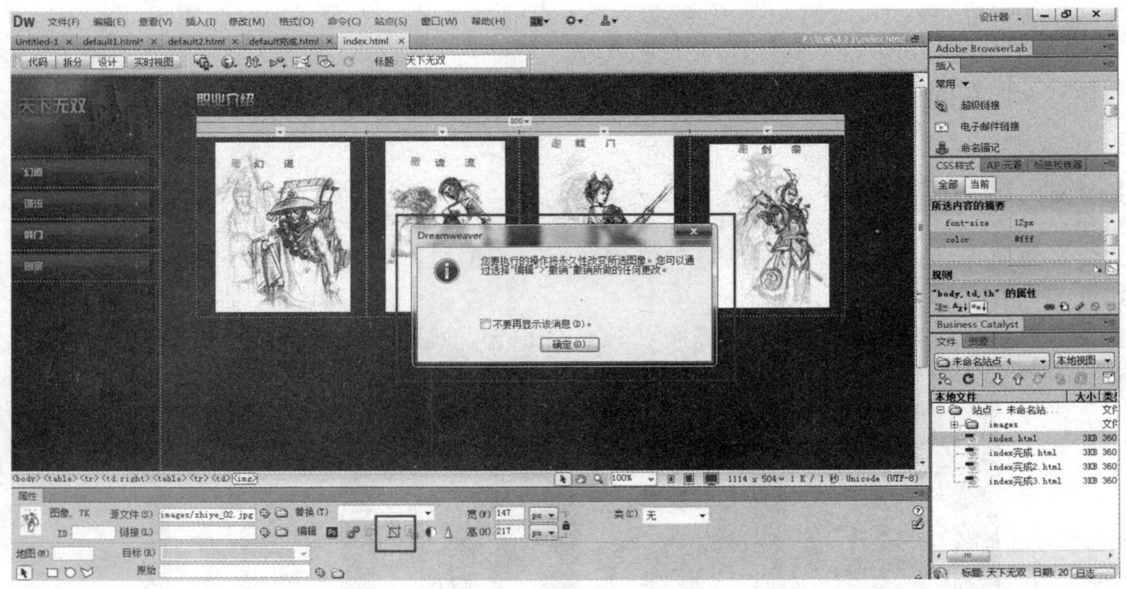

图 4-15　裁剪提醒

第四步：单击“确定”按钮后，第二张图像上出现裁剪控制点，在“属性”面板上设置宽 120、高 170，然后将鼠标光标移动到第二张图像上，移动裁剪框到合适位置，如图 4-16 所示。

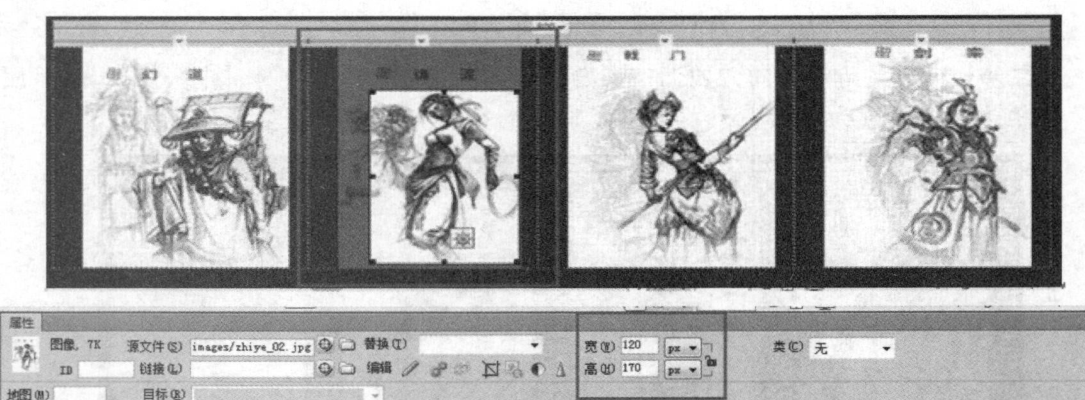

图 4-16　裁剪图像

第五步：按<Enter>键确认裁剪，完成第二张图像的指定大小裁剪，如图 4-17 所示。

第六步：同样方法设置第一张、第三张和第四张图像的裁剪，完成效果如图 4-18 所示。

图 4-17　完成指定大小裁剪

图 4-18　完成裁剪效果

思考

如何设置 Dreamweaver，使单击图像“属性”面板上的“编辑”按钮时，自动调用 Photoshop 软件来编辑图像？

活动拓展

继续采用上面完成裁剪效果后的网页，按如下要求制作完成后将网页文件提交到教师机。

1）调整第一张图的亮度和对比度。

2）锐化第二张图像并查看效果。

任务三　插入图像对象

问题导入

一张精彩的网页往往需要很多精致的图像，但在图像没有设计完成前，能不能先进行网页的布局设计呢？现在很多网页中有精彩的用户交互功能，Dreamweaver 中有没有呢？

背景知识

一、图像占位符

图像占位符是在准备好将最终图形添加到网页之前使用的图形，可以设置占位符的大小和颜色，并为占位符提供文本标签。图像占位符不在浏览器中显示图像。在发布站点之前，应该用适用于 Web 的图像文件（如 GIF 或 JPEG 格式的文件）替换所有添加的图像占位符。

二、鼠标经过图像

鼠标经过图像是一种在浏览器中查看并使用鼠标指针移过它时发生变化的图像。必须用以下两个图像来创建鼠标经过图像，即主图像（首次加载页面时显示的图像）和次图像（鼠标指针移过主图像时显示的图像）。鼠标经过图像中的这两个图像应大小相同，如果这两个图像大小不同，则 Dreamweaver 将调整第二个图像的大小以与第一个图像的属性匹配。

三、在 Dreamweaver 文档中插入 Fireworks HTML 代码

在 Fireworks 中，可以使用“导出”命令将优化后的图像和 HTML 文件导出并保存到 Dreamweaver 站点文件夹下的某个位置。然后，可以在 Dreamweaver 中插入该文件。Dreamweaver 允许将 Fireworks 生成的 HTML 代码连同相关图像、切片和 JavaScript 一起插入到文档中。

活动一　插入图像占位符

必备知识

一、插入图像占位符

图像占位符是在准备好将最终图形添加到网页之前使用的图形。可以设置占位符的大小和颜色，并为占位符提供文本标签。具体操作布置如下：

1）在“文档”窗口中，将插入点放置在要插入占位符图形的位置。

2）执行“插入”→“图像对象”→“图像占位符”命令。

3）弹出“图像占位符”对话框，设置相关属性，单击“确定”按钮完成，如图 4-19 所示。

“图像占位符”对话框中的相关属性说明如下：

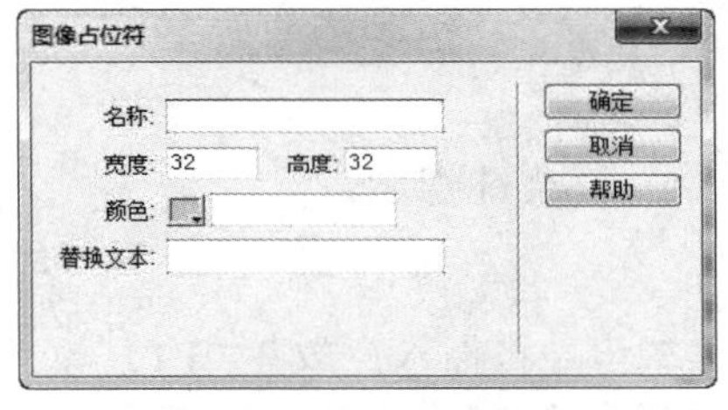

图 4-19　“图像占位符”对话框

1）“名称”（可选）：输入要作为图像占位符的标签显示的文本。如果不想显示标签，则保留该文本框为空。名称必须以字母开头，并且只能包含字母和数字；不允许使用空格和高位 ASCⅡ字符。

2）“宽度”和“高度”（必需）：输入设置图像大小的数值（以像素表示）。

3）“颜色”（可选）：使用颜色选择器选择一种颜色或输入颜色的十六进制值（如 #FF0000）或输入网页安全色名称（如 red）。

4）“替换文本”（可选）：为使用只显示文本的浏览器的访问者输入描述该图像的文本。

注意：当完成插入后，HTML 代码中将自动插入一个包含空 src 属性的图像标签。当在浏览器中查看时，不显示标签文字和大小文本。

二、替换图像占位符

图像占位符不在浏览器中显示图像。在发布站点之前，应该用适用于 Web 的图像文件（如 GIF 或 JPEG 格式的文件）替换所有添加的图像占位符。在“文档”窗口中双击图像占位符，在“选择图像源文件”对话框中找到要用其替换图像占位符的图像，然后单击“确定”按钮。

活动实施

下面通过一个实例体验在网页中插入图像占位符的过程。实例网页在教学资源包→

配套资源→4.3.1 文件夹中。

第一步：用 Dreamweaver 打开网页 index1.html，发现美工还没有将网站 Logo 和导航菜单设计完成。经过计算知道 Logo 图像大小为宽 130px 高 62px，网站菜单图像统一为宽 80px、高 62px。为更直观查看网站效果，决定先用图像占位符布局，如图 4-20 所示。

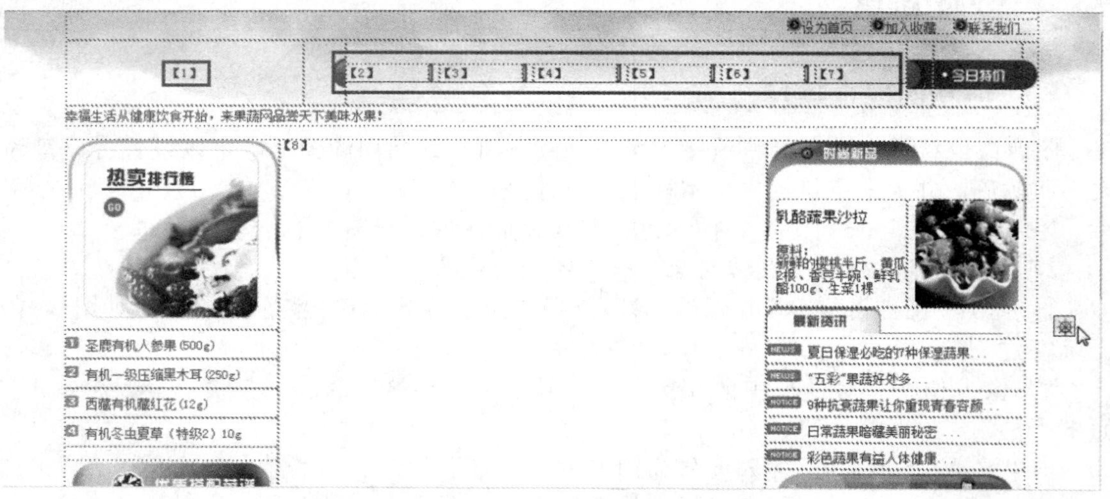

图 4-20 网站需要图像占位符

第二步：将插入点放在“【1】”位置，删除该文本，执行“插入”→“图像对象”→“图像占位符”命令，如图 4-21 所示。

第三步：在弹出的“图像占位符”对话框中设置属性，如图 4-22 所示。

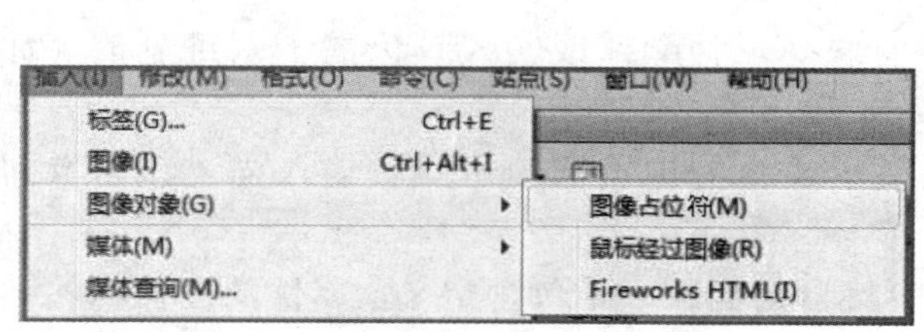

图 4-21 插入图像占位符

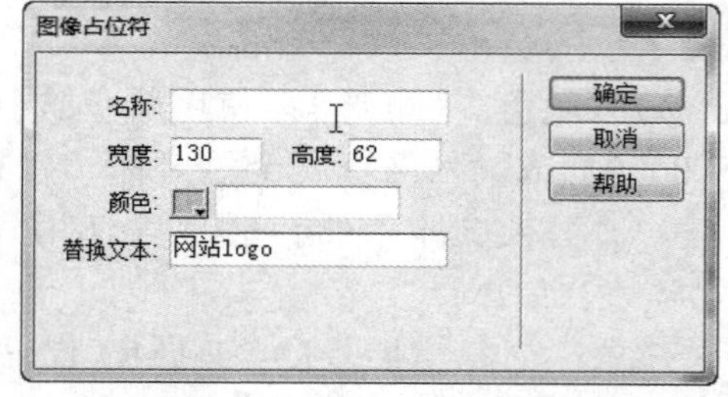

图 4-22 网站 Logo 占位符属性设置

第四步：单击“确定”按钮，完成网站 LOGO 的图像占位符插入，如图 4-23 所示。

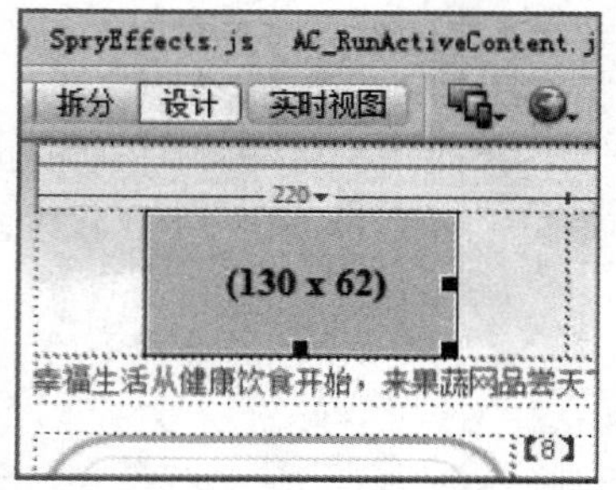

图 4-23 完成网站 LOGO 的图像占位符插入

第五步：同样方法设置，“【2】”位置图像占位符属性为“宽 80，高 62”，替换文本为“网站首页”；“【3】”位置图像占位符属性为“宽 80，高 62”，替换文本为“蔬果品种”；“【4】”位置图像占位符属性为“宽 80，高 62”，替换文本为“价格行情”；“【5】”位置图像占位符属性为“宽 80，高 62”，替换文本为“有机蔬果”；“【6】”位置图像占位符属性为“宽 80，高 62”，替换文本为“礼盒套餐”；“【7】”位置图像占位符属性为“宽 80，高 62”，替换文本为“行业资讯”，设置完成效果如图 4-24 所示。

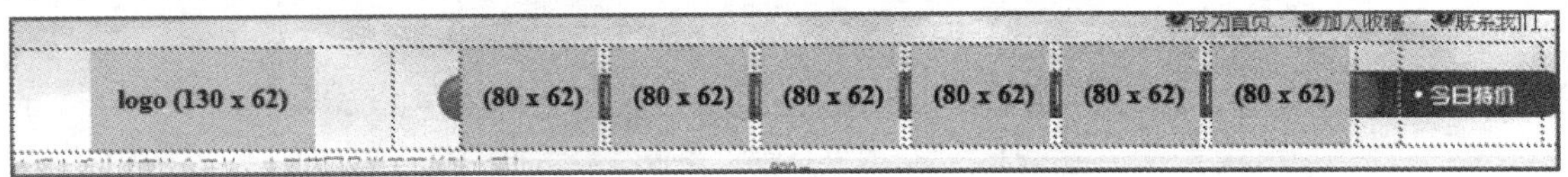

图 4-24 菜单占位符设置完成效果

思考

网页设计中除了文字和图像，还有很多其他元素，如音乐、动画、视频等，在相关素材没有设计完成的情况下，如何在页面上进行体现？

活动拓展

请打开教学资源包→配套资源→4.3.1 文件夹中的网页 index，完成 1.html，要求是在“【7】”位置插入一个 Flash 动画，该动画预计大小为宽 451px、高 502px，请在这个位置插入一个图像占位符，以便能直观查看网页效果。

活动二 插入鼠标经过图像

必备知识

一、创建鼠标经过图像

鼠标经过图像是一种在浏览器中查看并使用鼠标指针移过它时发生变化的图像。可以通过以下方法在网页中插入该效果。

1）在“文档”窗口中，将插入点放置在要显示鼠标经过图像的位置。

2）在“插入”面板的“常用”类别中，单击“图像”按钮，然后单击“鼠标经过图像”图标；或执行“插入”→“图像对象”→“鼠标经过图像”命令。

3）在弹出的“插入鼠标经过图像”对话框中设置相关选项，如图 4-25 所示，然后单击“确定”按钮。

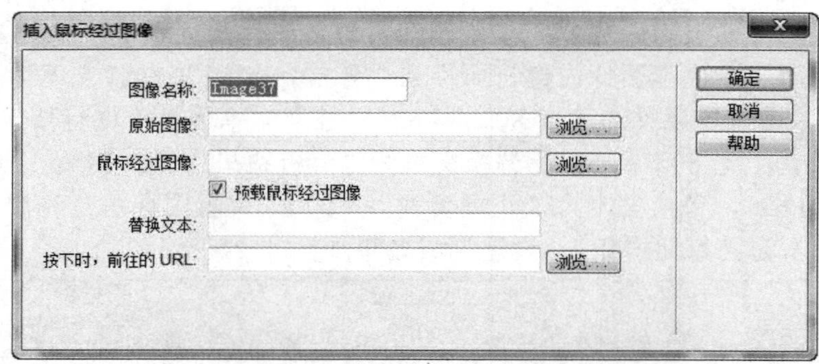

图 4-25 “插入鼠标经过图像”对话框

“插入鼠标经过图像”对话框中的相关属性说明如下。

1)“图像名称”：鼠标经过图像的名称。

2)“原始图像”：页面加载时要显示的图像。在文本框中输入路径，或单击“浏览”按钮选择图像。

3)“鼠标经过图像”：鼠标指针滑过原始图像时要显示的图像。输入路径或单击“浏览”按钮选择图像。

4)“预载鼠标经过图像”：将图像预先加载到浏览器的缓存中，以便当用户将鼠标指针滑过图像时不会发生延迟。

5)“替换文本”。这是一种（可选）文本，为使用只显示文本的浏览器的访问者描述图像。

6)“按下时，前往的 URL”。用户单击鼠标经过图像时要打开的文件。输入路径或单击“浏览”按钮选择文件。注意，如果不为该图像设置链接，则 Dreamweaver 将在 HTML 源代码中插入一个空链接（#)，该链接上将附加鼠标经过图像行为。如果删除空链接，则鼠标经过图像将不再起作用。

注意：在浏览器中，将鼠标指针移过原始图像以查看鼠标经过图像，不能在“设计”视图中看到鼠标经过图像的效果。

活动实施

第一步：网页在设计布局阶段时，因为相关图片还没有嵌入到网页中，因此采用图像占位符方式设计，现在美工已经将网站 Logo 和导航菜单图像设计完成，需要将对应的图像占位符进行替换。双击网页顶部的第一个图像占位符，在弹出的“选择图像源文件”对话框中选取“images\021.png”，如图 4-26 所示。

第二步：单击“确定”按钮后，完成 Logo 图形占位符的替换，如图 4-27 所示。

第三步：替换第一个导航菜单项“网站首页”的占位符，因为要加入鼠标经过效果，所以不能采用双击的方式，而要先删除对应占位符，然后在同一位置插入“鼠标经过图像”。选中第一个“网站首页”图像占位符，删除该图像占位符，如图 4-28 所示。

第四步：执行“插入”→“图像对象”→“鼠标经过图像”命令，如图 4-29 所示。

第五步：在弹出的“插入鼠标经过图像”对话框中按照图 4-30 所示进行设置。

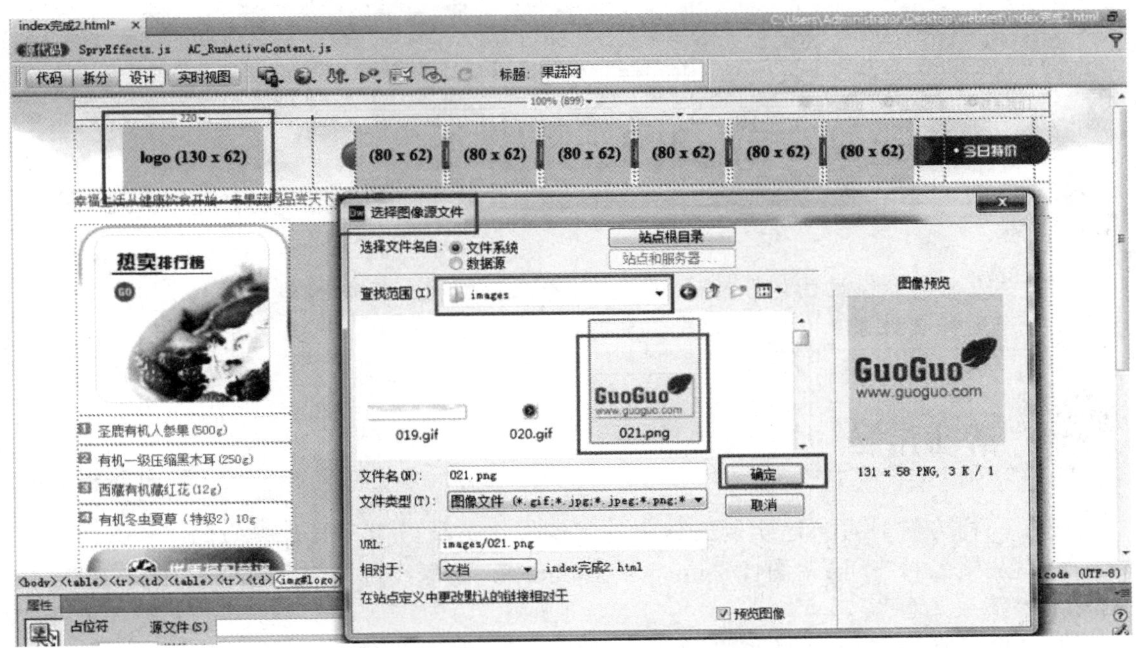

图 4-26　替换 Logo 图像

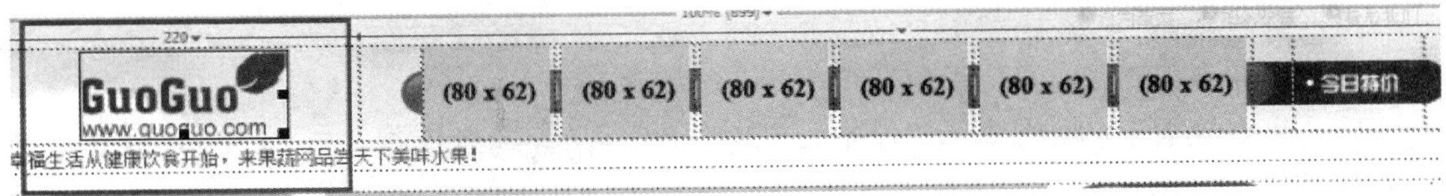

图 4-27　完成 Logo 图像替换效果

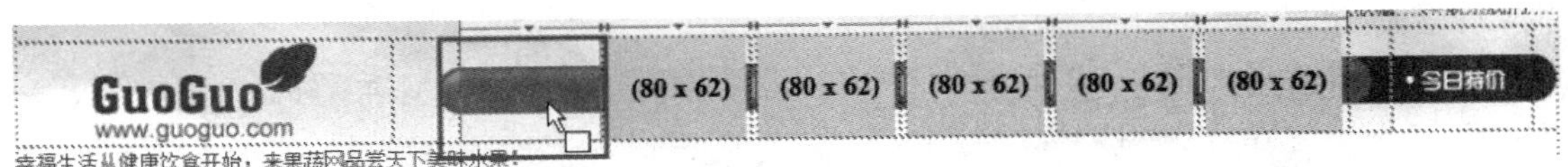

图 4-28　删除图像占位符

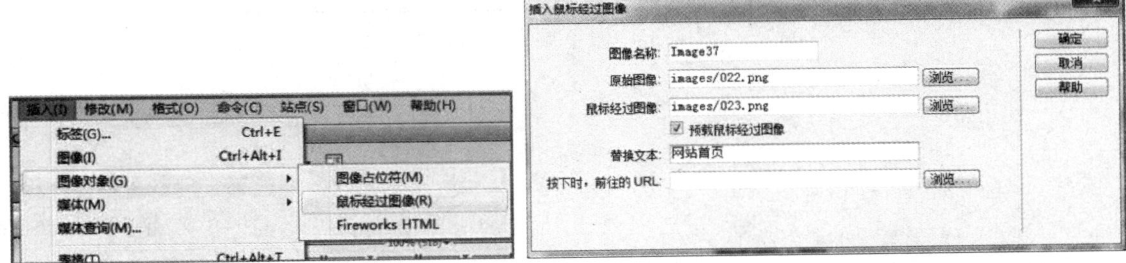

图 4-29　插入鼠标经过图像　　　图 4-30　设置“插入鼠标经过图像”对话框

第六步：单击“确定”按钮完成第一个具有鼠标经过效果的导航菜单设置，如图 4-31 所示。

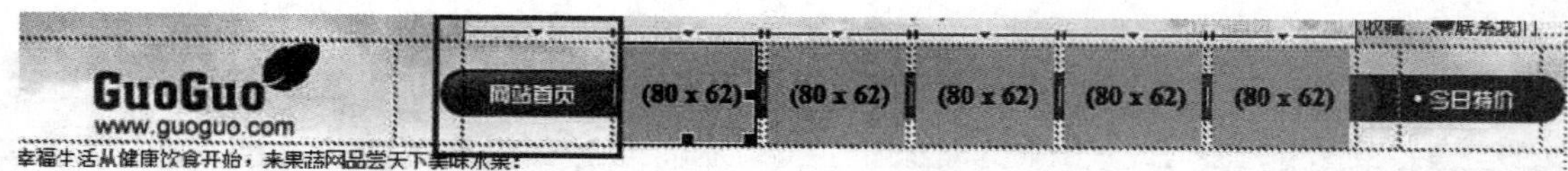

图 4-31 完成网站首页的菜单效果

思考

在“插入鼠标经过图像”对话框中，如果原始图像和鼠标经过图像的大小不一样，那么会产生什么效果？

活动拓展

使用同样方法设置上述实例文件中的其他 5 个菜单效果，具体参数如下。

1）“蔬果品种”：原始图像“images\024.png”、鼠标经过图像“images\025.png”、替换文本“蔬果品种”。

2）“价格行情”：原始图像“images\026.png”、鼠标经过图像“images\027.png”、替换文本“价格行情”。

3）“有机蔬果”：原始图像“images\028.png”、鼠标经过图像“images\029.png”、替换文本“有机蔬果”。

4）“礼盒套餐”：原始图像“images\030.png”、鼠标经过图像“images\031.png”、替换文本“礼盒套餐”。

5）“行业资讯”：原始图像“images\032.png”、鼠标经过图像“images\033.png”、替换文本“行业资讯”。

设置完成效果如图 4-32 所示，制作完成后将网页文件提交到教师机。

图 4-32 菜单效果全部完成

项目五

应用网页多媒体

网页中可以包含各种各样的对象，其中多媒体是表现力最强的部分。在网页中合理使用声音和视频效果，是现代网页设计师必须掌握的一项内容。本项目将学习如何在网页中插入多媒体元素。

学习目标

1）熟悉 Flash 动画、常见视频相关格式及特点。

2）学会在网页中插入 SWF 动画和 FLV 视频。

3）学会在网页中插入声音的方法和设置背景音乐的方法。

4）学会在网页中插入 Applet。

任务一　插入视频

问题导入

企业网站中如果只使用文字和图像来介绍商品，则显得比较单调，很多产品的使用说明都以视频形式展现，那么网页中能不能插入视频呢？哪些视频格式适合在网络上传播呢？

背景知识

一、Flash 简介

Flash 是由 Macromedia 公司推出的交互式矢量图和 Web 动画的标准，被 Adobe 公司收购。网页设计者使用 Flash 创作出既漂亮又可改变尺寸的导航界面以及其他奇特的效果。Flash 广泛用于创建吸引人的应用程序，它们包含丰富的视频、声音、图形和动画。设计人员和开发人员可使用它来创建演示文稿、应用程序和其他允许用户交互的内容。

二、常见的媒体格式

1. RM 格式

RM 格式是 RealNetworks 公司开发的一种流媒体视频文件格式，它主要包含 RealAudio、RealVideo 和 RealFlash 3 部分。Real Media 可以根据网络数据传输的不同速率制订不同的压缩比率，从而实现低速率的 Internet 上进行视频文件的实时传送和播放。

2. MOV 格式

MOV 格式是美国 Apple 公司开发的一种视频格式，播放软件是苹果的 QuickTimePlayer，具有较高的压缩比率和较完美的视频清晰度等特点，最大的特点还是跨平台性，既能支持 Mac OS，同时也能支持 Windows 系列。

3. ASF 格式

ASF 格式最大的优点就是体积小，因此适合网络传输。ASF 是一个开放标准，它能依靠多种协议在多种网络环境下支持数据的传送。它是专为在 IP 网上传送有同步关系的多媒体数据而设计的，所以 ASF 格式的信息特别适合在 IP 网上传输。

4. SWF 格式

SWF 格式是基于 Macromedia 公司 Shockwave 技术的流媒体动画格式，是用 Flash 软件制作的一种格式，源文件为 FLA 格式，由于其具有体积小、功能强、交互能力好、支持多个层和时间线程等特点，因此越来越多地被应用到网络动画中。

5. WMV 格式

WMV 格式的英文全称为 Windows Media Video，是微软推出的一种采用独立编码方式并且可以直接在网上实时观看视频节目的文件压缩格式。WMV 格式的主要优点包括：本地或网络回放、可扩充的媒体类型、部件下载、可伸缩的媒体类型、流的优先级化、多语言支持、环境独立性、丰富的流间关系以及扩展性等。

6. FLV 流媒体格式

FLV 流媒体格式是一种新的视频格式，全称为 Flash Video。它是随着 Flash MX 的推出发展而来的视频格式，是在 Sorenson 公司的压缩算法基础上开发出来的。FLV 格式不仅可以轻松地导入到 Flash 中，速度极快，并且能起到保护版权的作用，并且可以不通过本地的微软或 REAL 播放器播放视频。Flash MX 2004 对其提供了完美的支持，由于它形成的文件极小、加载速度极快，使得网络观看视频文件成为可能，它的出现有效地解决了视频文件导入 Flash 后，使导出的 SWF 文件体积庞大，不能在网络上很好地使用等缺点。

活动一 插入 SWF

必备知识

一、Flash 动画相关文件类型及说明

在 Dreamweaver 中使用的由 Adobe Flash 创建的动画有以下几种文件类型：

1）FLA 文件（.fla）：所有项目的源文件，使用 Flash 创作工具创建。此类型的文件只能在 Flash 中打开，无法在 Dreamweaver 或浏览器中打开。

2）SWF 文件（.swf）和 FLA（.fla）：文件的编译版本，已进行优化，可以在 Web 上查看。此文件可以在浏览器中播放并且可以在 Dreamweaver 中进行预览，

3）FLV 文件（.flv）：一种视频文件，它包含经过编码的音频和视频数据，用于通过 Flash Player 进行传送，可以使用编码器（如 Flash Video Encoder 或 Sorensen Squeeze）将其他类型的视频文件转换为 FLV 文件。

二、网页中插入和预览 SWF 文件的方法

使用 Dreamweaver 可向页面添加 SWF 文件，使网页具有动画效果，具体步骤如下：

1）在“文档”窗口的“设计”视图中，将插入点放置在要插入内容的位置，然后执行“插入”→“媒体”→“SWF”命令。

2）在弹出的对话框中，选择一个 SWF 文件（扩展名为.swf）。单击“确定”按钮，将在“文档”窗口中显示一个 SWF 文件占位符。

3）可以单击 SWF 文件的“属性”面板中的“播放”按钮，在网页编辑框中显示动画。

三、设置 SWF 文件属性

选择一个 SWF 文件或 Shockwave 影片，然后在属性检查器（“窗口”→“属性”）中设置选项。若要查看所有属性，可单击属性检查器右下角的扩展器箭头，如图 5-1 所示，具体属性说明如下。

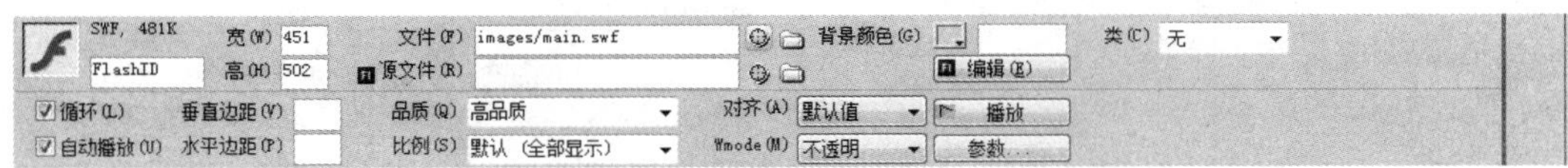

图 5-1　SWF 属性

1）“ID”：为 SWF 文件指定唯一 ID。在属性检查器最左侧的未标记文本框中输入 ID。从 Dreamweaver CS4 起，需要唯一 ID。

2）“宽”和“高”：以像素为单位指定影片的宽度和高度。

3）“文件”：指定 SWF 文件或 Shockwave 文件的路径。单击文件夹图标以浏览到某一文件，或直接输入路径。

4）“源文件”：指定源文档（FLA 文件）的路径。

5）“背景颜色”：指定影片区域的背景颜色。在不播放影片时（在加载时和在播放后）也显示此颜色。

6）“编辑”：启动 Flash 以更新 FLA 文件（使用 Flash 创作工具创建的文件）。如果计算机上没有安装 Flash，则会禁用此功能。

7）“类”：可用于对影片应用 CSS 类。

8）“循环”：使影片连续播放。如果没有选择循环，则影片将播放一次，然后停止。

9）“自动播放”：在加载页面时自动播放影片。

10）“垂直边距”和“水平边距”：指定影片上、下、左、右空白的像素数。

11）“品质”：在影片播放期间控制抗失真。高品质设置可改善影片的外观。但高品

质设置的影片需要较快的处理器才能在屏幕上正确呈现。

12）“比例”：确定影片如何适合在“宽”和“高”文本框中设置的尺寸。默认设置为显示整个影片。

13）“对齐”：确定影片在页面上的对齐方式。

14）“Wmode”：为 SWF 文件设置 Wmode 参数，以避免与 DHTML 元素（如 Spry Widget）相冲突。默认值是不透明。如果 SWF 文件包括透明度，并且用户希望 DHTML 元素显示在它们的后面，则选择“透明”选项。

15）“播放”：在“文档”窗口中播放影片。

16）“参数”：打开一个对话框，可在其中输入传递给影片的附加参数。影片必须已设计好，可以接收这些附加参数。

活动实施

下面通过一个实例体验在网页中插入 Flash 动画的过程。实例网页在教学资源包→配套资源→5.1.1 文件夹中。

第一步：用 Dreamweaver 打开资源文件夹下的网页 index，完成 3.html，发现在网页布局设计时预留了一个表示 Flash 动画的图像占位符，现在需要删除该图像占位符，插入由动画设计师设计好的 Flash 动画“main.swf”。选中并删除该图像占位符，执行“插入”→“媒体”→“SWF”命令，如图 5-2 所示。

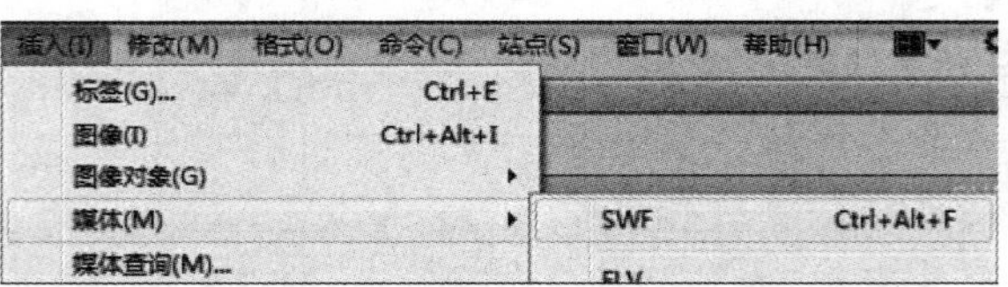

图 5-2　插入 SWF

第二步：在弹出的“选择 SWF”对话框中选取“images\main.swf”文件，如图 5-3 所示。

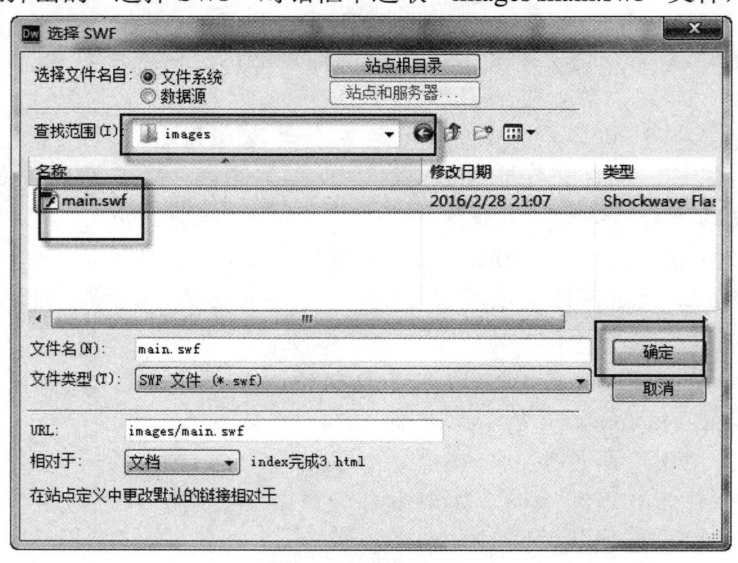

图 5-3　选择 SWF

第三步：单击“确定”按钮，如果弹出“对象标签辅助功能属性”对话框就继续单击“确定”按钮，完成 SWF 动画的插入，如图 5-4 所示。

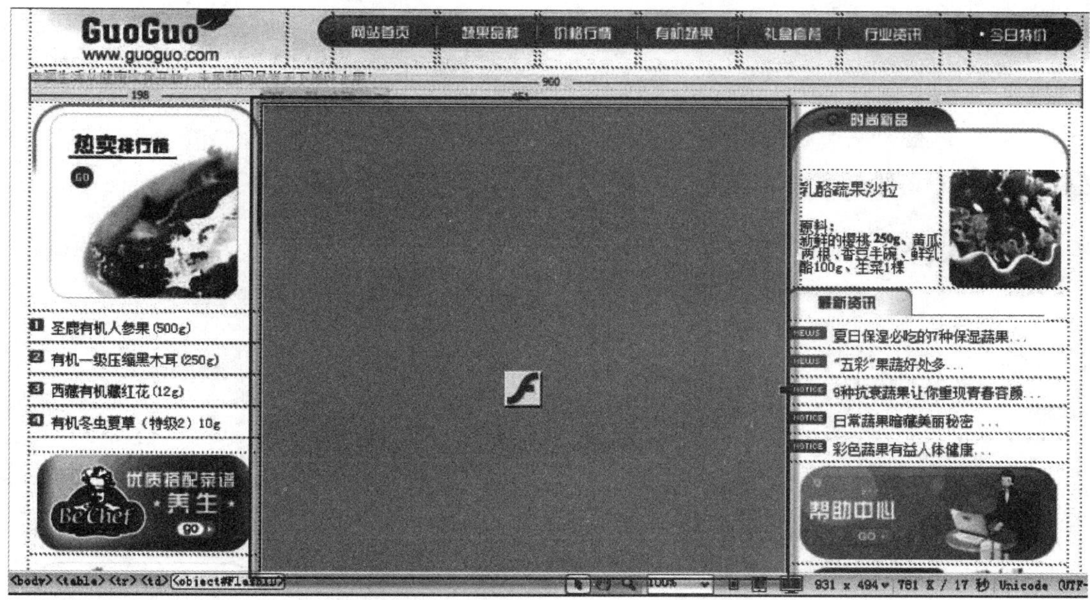

图 5-4　完成插入 SWF

第四步： 单击 SWF“属性”面板中的“播放”按钮，在 Dreamweaver 中预览 Flash 效果，如图 5-5 所示。

图 5-5　预览 Flash 效果

思考

可以从网页中发现，Flash 动画非常漂亮，那么如果发现 Flash 动画不让人满意，那么能不能在 Dreamweaver 中编辑修改呢？

活动拓展

请打开教学资源包→配套资源→5.1.2 文件夹中的 index.html，在这张网页中缺少菜单 Flash 和内容 Flash，请将“menu.swf”和“content.swf”文件正确插入到合适位置，完成后将网页文件提交到教师机。

活动二　插入 FLV

必备知识

一、插入 FLV 文件的方法

1）将鼠标光标停留在要插入视频的地方。

2）执行“插入”→“媒体”→“FLV”命令。

3）在“插入 FLV”对话框中，从“视频类型”下拉列表框中选择“累进式下载视频”或“流视频”选项。

4）设置对话框中的其他相关选项，然后单击“确定”按钮，完成插入。

二、设置“插入 FLV”对话框中的选项

在插入 FLV 视频时会弹出“插入 FLV”对话框，如图 5-6 所示，具体参数说明如下。

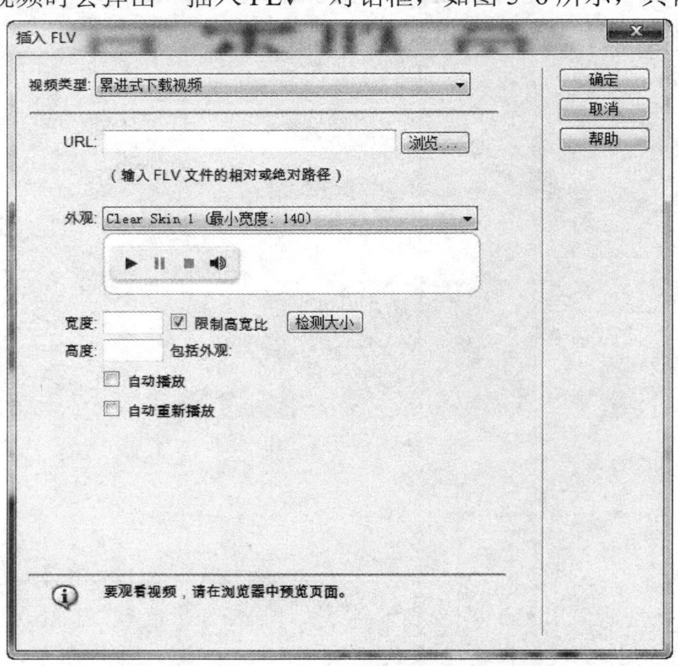

图 5-6　插入 FLV 对话框设置

1）“视频类型”：选择“累进式下载视频”选项，将 FLV 文件下载到站点访问者的硬盘上，然后进行播放；选择“流视频”选项，对视频内容进行流式处理，并在一段可确保流畅播放的很短的缓冲时间后在网页上播放该内容。若要在网页上启用流视频，则必须具有访问 Adobe Flash Media Server 的权限。

2）“URL”：指定 FLV 文件的相对路径或绝对路径。若要指定相对路径（如 mypath/myvideo.flv），可单击“浏览”按钮，找到 FLV 文件并将其选定。若要指定绝对路径，可直接输入 FLV 文件的 URL（如 http://www.example.com/myvideo.flv）。

3）“外观”：指定视频组件的外观。所选外观的预览会显示在“外观”弹出菜单的下方。

4）“宽度”：以像素为单位指定 FLV 文件的宽度。若要让 Dreamweaver 确定 FLV 文件的准确宽度，可单击“检测大小”按钮。如果 Dreamweaver 无法确定宽度，则必须输入宽度值。

5）“高度”：以像素为单位指定 FLV 文件的高度。若要让 Dreamweaver 确定 FLV 文件的准确高度，可单击“检测大小”按钮。如果 Dreamweaver 无法确定高度，则必须输入高度值。

注意：“包括外观”是 FLV 文件的宽度和高度与所选外观的宽度和高度相加得出的和。

6）“限制高宽比”：保持视频组件的宽度和高度之间的比例不变。默认情况下会勾选此复选框。

7）“自动播放”：指定在网页中打开时是否播放视频。

8）“自动重新播放”：指定播放控件在视频播放完之后是否返回起始位置。

活动实施

下面通过一个实例体验在网页中插入 FLV 视频的过程。实例网页在教学资源包→配套资源→5.1.3 文件夹中。

第一步：用 Dreamweaver 打开资源文件夹下的网页 index.html，发现这是一个音乐欣赏网页，下面将在网页中插入“江南 Style”的 MTV 视频。将插入点停留在指定位置，执行“插入”→“媒体”→“FLV”命令，如图 5-7 所示。

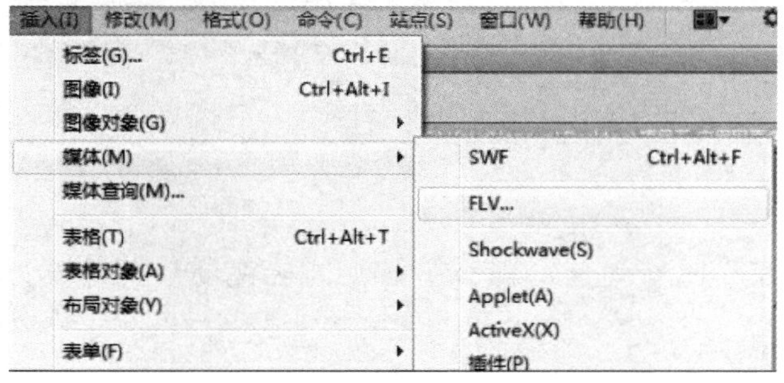

图 5-7　插入 FLV

第二步：在弹出的“插入 FLV”对话框中，在“视频类型”下拉列表框中选择“累进式下载视频”选项。单击“浏览”按钮选择“videos/江南 style.flv”，然后单击“检测大小”按钮自动获得视频大小，如图 5-8 所示。

第三步：单击“确定”按钮完成视频插入，如图 5-9 所示。

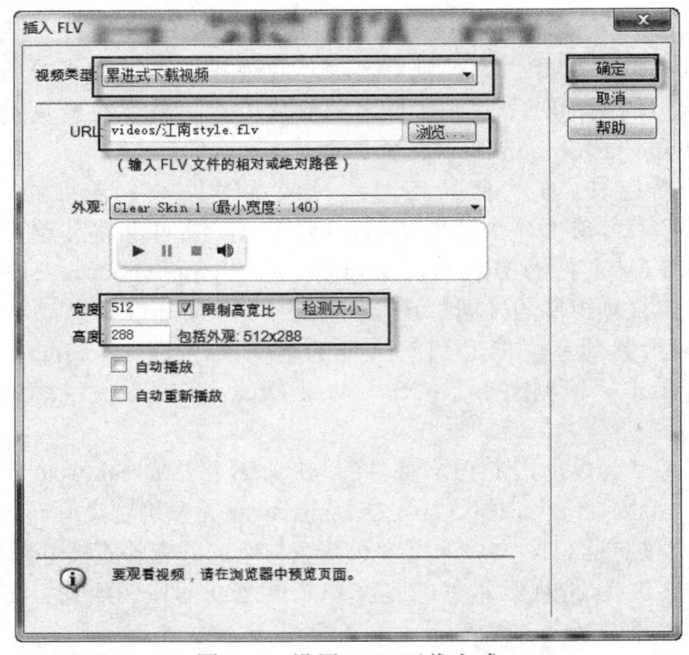

图 5-8　设置 FLV 下载方式

音乐欣赏

图 5-9　完成 FLV 插入

思考

在网页中可以插入 FLV 视频，那么如何把其他视频格式转换为 FLV 视频呢?

活动拓展

请打开教学资源包→配套资源→5.1.3 文件夹中的网页 index，完成 index .html，发现还有 3 位歌手缺少相应的 MTV，请通过网络下载，制作 MTV 并插入到网页的合适位置，完成后将网页文件提交到教师机。

任务二　插入音频

问题导入

优雅的音乐能给消费者带来美好的体验，那么如何在网页中添加音乐效果呢？哪些音频格式适合在网页中呈现呢？

背景知识

可以向网页添加多种不同类型的声音文件和格式，如.wav、.midi 和.mp3。在确定采用哪种格式和方法添加声音前，需要考虑以下一些因素：添加声音的目的、页面访问者、文件大小、声音品质和不同浏览器的差异。同时要注意，浏览器不同，处理声音文件的方式也会有很大差异。所以最好将声音文件添加到 SWF 文件中，然后嵌入该 SWF 文件以改善一致性。

下面描述了较为常见的音频文件格式以及每一种格式在 Web 设计中的一些优缺点。

1）.midi 或.mid（乐器数字接口）：此格式用于器乐。许多浏览器都支持 MIDI 格式的文件，并且不需要插件。尽管 MIDI 文件的声音品质非常好，但也可能因访问者的声卡而异。

2）.wav（波形扩展）：这些文件具有良好的声音品质，许多浏览器都支持此类格式文件，并且不需要插件。但是，其较大的文件严格限制了可以在网页上使用的声音剪辑长度。

3）.aif（Audio Interchange File Format，音频交换文件格式，或称为 AIFF）：AIFF 格式与 WAV 格式类似，也具有较好的声音品质，大多数浏览器都可以播放它并且不需要插件。但是，其较大的文件严格限制了可以在网页上使用的声音剪辑长度。

4）.mp3（Motion Picture Experts Group Audio Layer-3，运动图像专家组音频第 3 层，或称为 MPEG 音频第 3 层）：一种压缩格式，它可使声音文件明显缩小。其声音品质非常好，MP3 技术可以对文件进行“流式处理”，以便访问者不必等待整个文件下载完成即可收听该文件。若要播放 MP3 文件，访问者必须下载并安装辅助应用程序或插件，如 QuickTime、Windows Media Player 或 RealPlayer。

注意：除了上面列出的比较常用的格式外，还有许多不同的音频文件格式可在 Web 上使用。

活动　插入插件操作

必备知识

一、链接到音频文件

链接到音频文件是将声音添加到网页的一种简单而有效的方法。这种集成声音文件的方法可以使访问者选择是否要收听该文件，并且使文件用于最广范围的听众。链接步骤如下：

1）选择要用作指向音频文件的链接的文本或图像。

2）在属性检查器中，单击“链接”文本框旁的文件夹图标以浏览音频文件，或在“链接”文本框中输入文件的路径和名称。

二、嵌入声音文件

嵌入音频可将声音直接集成到页面中，但只有在访问站点的访问者具有所选声音文件的适当插件后，声音才可以播放。如果希望将声音用作背景音乐，或希望控制音量、播放器在页面上的外观、声音文件的开始点和结束点，就可以嵌入文件。嵌入步骤如下：

1）在“设计”视图中，将插入点放置在要嵌入文件的地方，然后执行“插入”→“媒体”→“插件”命令。

2）浏览音频文件，然后单击“确定”按钮。

3）在“文档”窗口中调整插件占位符的大小，输入宽度和高度。

活动实施

下面通过一个实例体验在网页中插入音乐的过程。实例网页在教学资源包→配套资源→5.2.1 文件夹中。

第一步：用 Dreamweaver 打开资源文件夹下网页 index.html。这是一个音乐欣赏网页，第一个“江南 Style”是一个视频，现在要在“汪峰”的对应栏目中插入一个 MP3 音乐。将鼠标光标停留在指定位置，执行“插入”→“媒体”→“插件”命令，如图 5-10 所示。

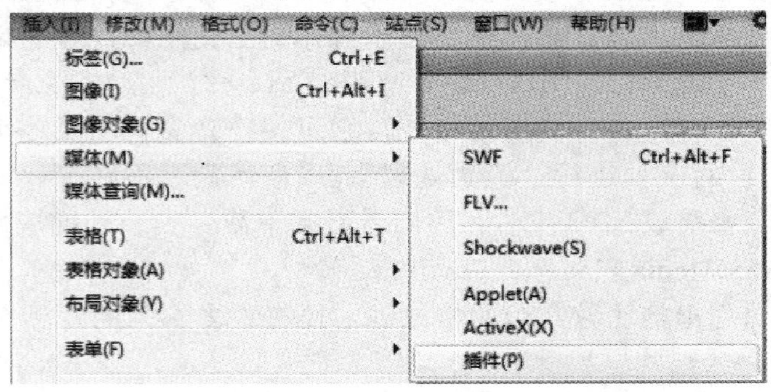

图 5-10　插入插件

第二步：在弹出的“选择文件”对话框中，选取声音文件，如图 5-11 所示。

第三步：单击“确定”按钮，完成音乐文件的插入，修改占位符“属性”面板上的大小，如图 5-12 所示。

第四步：右键单击声音占位符，在弹出的快捷菜单中选择“编辑标签<embed>”选项，如图 5-13 所示。

第五步：在弹出的“标签编辑器-embed”对话框中，勾选“自动开始”和“循环”两个复选框，如图 5-14 所示。

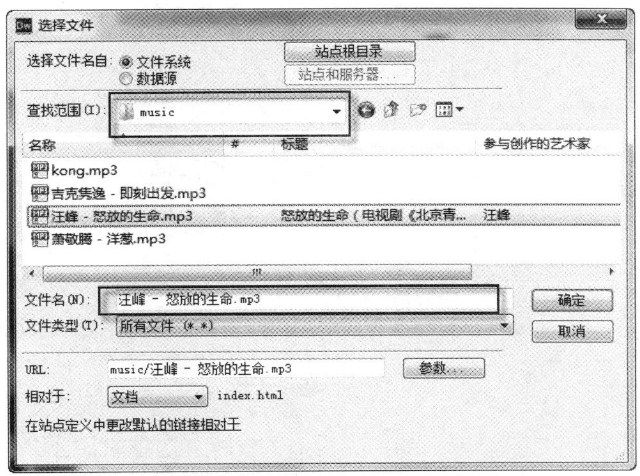

图 5-11　选取声音文件

图 5-12　修改占位符“属性”面板

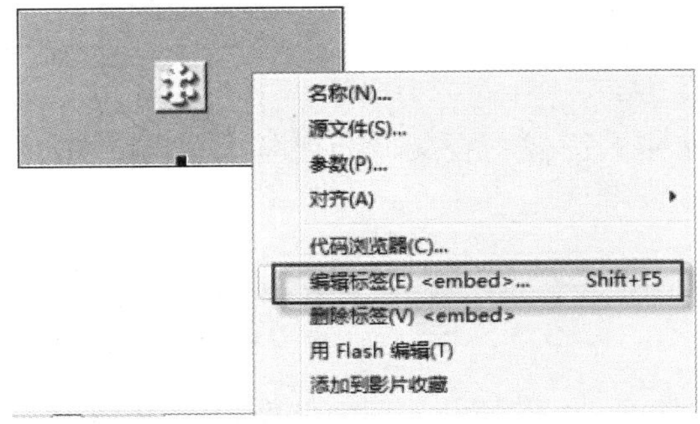

图 5-13　编辑标签<embed>

第六步：单击“确定”按钮完成音乐设置，如果需要隐藏音乐控制界面，则可以勾选“隐藏”复选框，使音乐作为背景音乐播放。

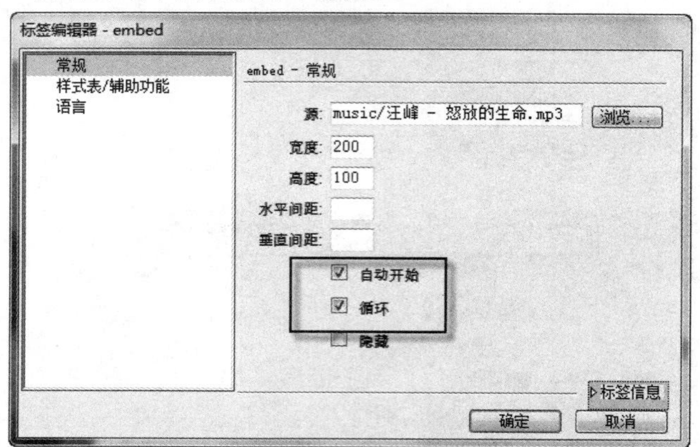

图 5-14　设置自动播放和循环播放

思考

除了采用插件的方式插入背景音乐，还有没有其他方法可以实现背景音乐的播放呢？

活动拓展

打开教学资源包→配套资源→5.2.1 文件夹中的网页 index2.html，给剩余的两位歌手在相应位置处插入相应音乐，要求占位符都是宽 200 像素、高 100 像素，不自动播放，完成后将网页文件提交到教师机。

任务三　插入网页其他多媒体元素

问题导入

在一张网页中除了文字、图像、视频、声音等媒体外，还有哪些元素可以增强网页的表现力呢？

背景知识

除了 SWF 和 FLV 文件之外，还可以在 Dreamweaver 文档中插入 Java Applet、ActiveX

控件或其他音频和视频对象。如果插入了媒体对象的辅助功能属性，则可以在 HTML 代码中设置辅助功能属性并编辑这些值。

一、添加视频（非 FLV）

1）将插入点放在“文档”窗口中希望插入对象的位置。

2）执行“插入”→“媒体”→“插件”命令，将显示一个对话框，可从中选择源文件并为媒体对象指定某些参数。

3）完成“选择文件”对话框的设置，然后单击“确定”按钮。

二、插入 Shockwave 影片

可以使用 Dreamweaver 将 Shockwave 影片插入到文档中。Adobe Shockwave 是 Web 上用于交互式多媒体的一种标准，并且是一种压缩格式，可使在 Adobe Director 中创建的媒体文件能够被大多数常用浏览器快速下载和播放。

三、插入 ActiveX 控件

可以在页面中插入 Active X 控件。ActiveX 控件（以前称作 OLE 控件）是功能类似于浏览器插件的可复用组件，有些像微型的应用程序。ActiveX 控件在 Windows 系统上的 Internet Explorer 浏览器上运行。在“文档”窗口中，将插入点放置在要插入内容的位置，执行“插入”→“媒体”→“ActiveX”命令。出现的图标表示 Internet Explorer 中 ActiveX 控件将在页面上出现的位置。

活动 插入 Applet

必备知识

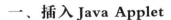

一、插入 Java Applet

可以使用 Dreamweaver 将 Java Applet 插入到 HTML 文档中。Java 是一种编程语言，通过它可以开发可嵌入网页中的小型应用程序。在网页中插入 Applet 的方法如下：

1）在“文档”窗口中，将插入点放置在要插入 Applet 的位置，然后执行“插入”→“媒体”→“Applet”命令。

2）选择包含 Java Applet 的文件。

3）单击“确定”按钮后，完成 Applet 的插入。Applet 的“属性”面板如图 5-15 所示。

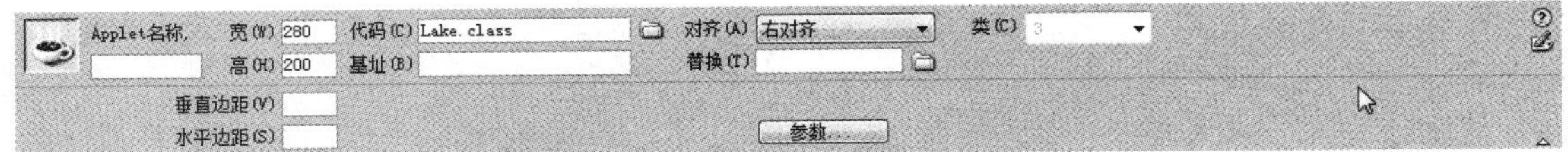

图 5-15 Applet 的“属性”面板

Applet“属性”面板中各属性说明如下：

1）“Applet 名称”：指定用来标识 Applet 以撰写脚本的名称。在属性检查器最左侧的未标记文本框中输入名称。

2）“宽”和“高”：指定 Applet 的宽度和高度（以像素为单位）。

3）“代码”：指定包含该 Applet 的 Java 代码文件。单击文件夹图标以浏览到某一文件，或输入文件名。

4）“基址”：标识包含选定 Applet 的文件夹。在选择了一个 Applet 后，此文本框被自动填充。

5）“对齐”：确定对象在页面上的对齐方式。

6）“替换”：指定在用户的浏览器不支持 Java Applet 或已禁用 Java 的情况下要显示的替代内容（通常为一个图像）。如果输入文本，则 Dreamweaver 会插入这些文本并将它们作为 Applet 的 alt 属性的值。如果选择一个图像，则 Dreamweaver 将在开始和结束 Applet 标签之间插入 img 标签。

7）“垂直边距”和“水平边距”：以像素为单位指定 Applet 上、下、左、右的空白量。

8）“参数”：打开一个用于输入要传递给 Applet 的其他参数的对话框。许多 Applet 都受特殊参数的控制。

活动实施

下面通过一个实例体验在网页中插入 Applet 的过程。实例网页在教学资源包→配套资源→5.3.1 文件夹中。

第一步：用 Dreamweaver 打开资源文件夹下的 index.html，发现这是一张 T 恤销售网页，现在将网页左边的服装图片用 Applet 动画代替，使其具有水波效果。单击该图像并删除，然后执行“插入”→“媒体”→“Applet”命令，如图 5-16 所示。

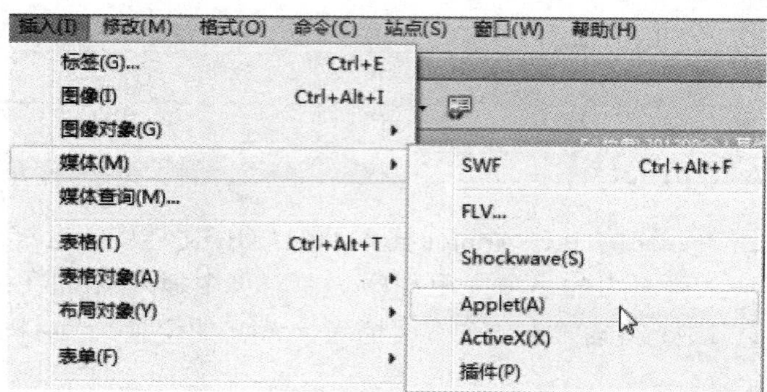

图 5-16　插入 Applet

第二步：在弹出的“选择文件”对话框中选取“Lake.class”文件，如图 5-17 所示。

第三步：单击“确定”按钮，在弹出的“Applet 标签辅助功能属性”对话框中输入提示文字，如图 5-18 所示。

第四步：单击“确定”按钮完成 Applet 插入，在 Applet“属性”面板上输入宽 449 像素、高 600 像素，如图 5-19 所示。

图 5-17 选取 Applet 文件

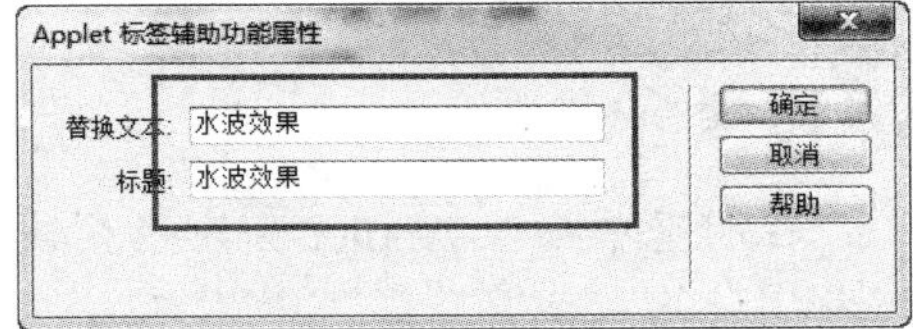

图 5-18 “Applet 标签辅助功能属性”对话框

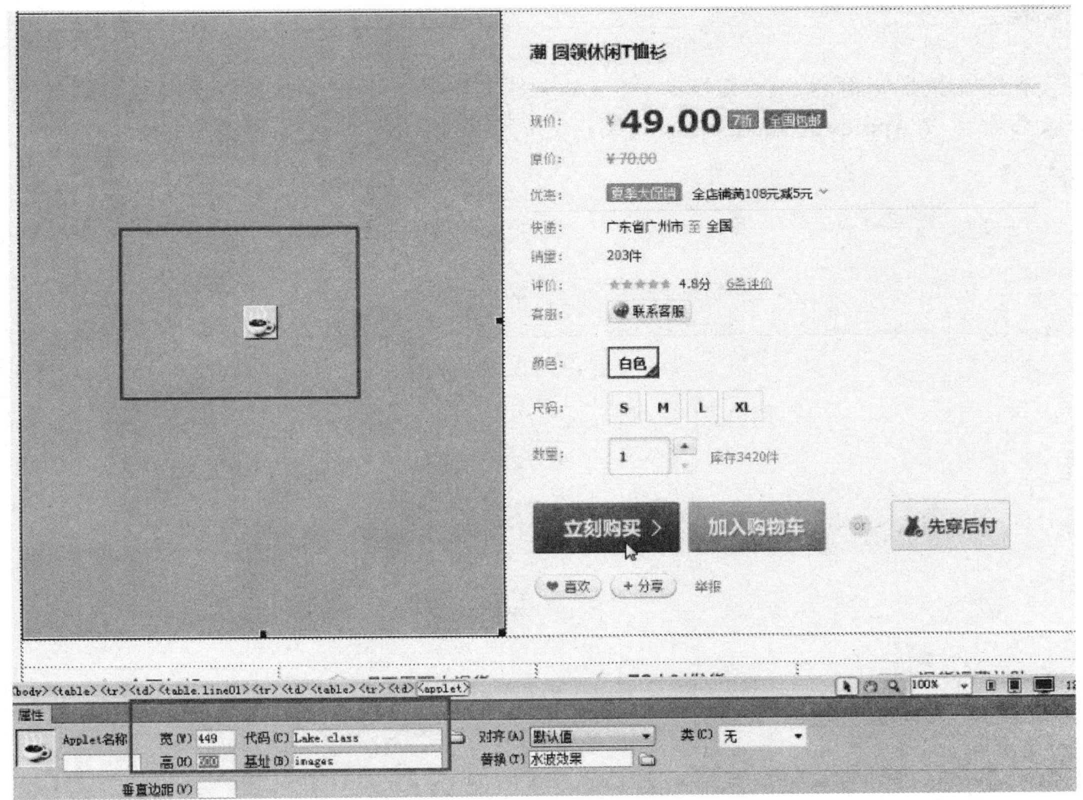

图 5-19 设置 Applet 的宽和高

第五步： 单击该 Applet“属性”面板上的“参数”按钮，在弹出的“参数”对话框中输入“image”“images\yifu.jpg”，如图 5-20 所示。

第六步： 单击“确定”按钮完成 Applet 的插入和设置。预览网页查看效果。

图 5-20 设置 Applet 参数

思考

在网页中插入 Applet 会让网页具有更多动态效果，那么 Applet 是如何开发出来的呢？

活动拓展

请打开教学资源包→配套资源→5.3.1 文件夹中的 index2.html，将该网页右边的 3 张图像都设置成 Applet 的 Lake.class 效果，完成后将网页文件提交到教师机。

项目六

设置网页超链接

HTML 文件中最重要的应用之一就是超链接，超链接是一个网站的灵魂，Web 上的网页是互相链接的，单击被称为超链接的文本或图形就可以链接到其他页面。超文本具有的链接能力，可层层链接相关文件，这种具有超链接能力的操作即称为超级链接（超链接）。超链接除了可链接文本外，还可链接各种媒体，如声音、图像、动画，通过它们就可以享受丰富多彩的多媒体世界。

学习目标

1）能够设置文字、图像超链接。
2）能够设置锚点链接。
3）能够对图像的不同区域、不同形状设置超链接。
4）能够设置邮件超链接。

任务一　设置文字和图像超链接

问题导入

在网页中，我们经常会看见文字和图像的超链接，单击它们会直接跳转到其他网页，那么你知道如何在网页中设置超链接吗？

背景知识

一、超链接概述

超链接是 WWW 技术的核心，是网页中最重要、最根本的元素之一。超链接能够使多个孤立的网页之间产生一定的相互联系，从而使单独的网页形成一个有机的整体。

1．超链接的含义

超链接是指从一个网页指向一个目标的连接关系，这个目标可以是另一个网页，也可以是相同网页上的不同位置，还可以是一个图片、一个电子邮件地址、一个文件，甚至是一个应用程序。而在一个网页中用来超链接的对象，可以是一段文本或一张图片。当浏览者单击已经链接的文字或图片后，链接目标将显示在浏览器上，并且根据目标的类型来打开或运行，Dreamweaver 中设置超链接的对话框如图 6-1 所示。

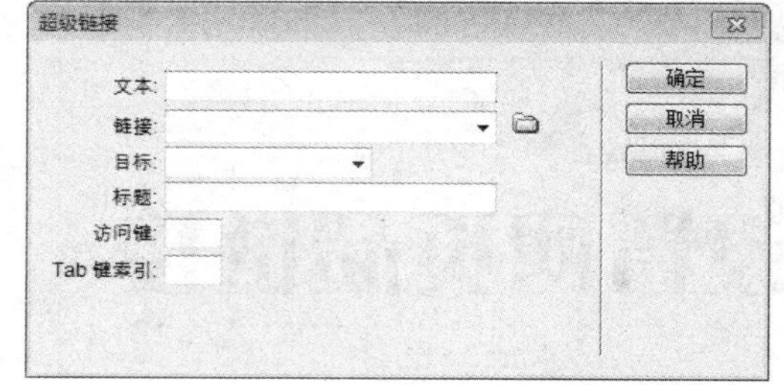

图 6-1 “超链接”对话框

1）按照链接路径的不同，网页中的超链接一般分为以下两种类型，即内部链接和外部链接。

2）如果按照使用对象的不同，网页中的链接可以分为文本超链接、图像超链接、E-mail 链接、锚点链接、多媒体文件链接、空链接等。

2．超链接标签

超链接标签<a></a>用于在网页中建立超链接，基本格式如下：

<a href="资源地址">链接文字</a>

标签<a>表示一个链接的开始，</a>表示链接的结束；属性“href”定义了这个链接所指的地方，可以指向任何一个文件源，如一个 HTML 网页、一张图片、一个影视文件等。

浏览者通过单击“链接文字”可以到达指定的文件。例如，<a href="http://www.sina.com">新浪主页</a>，浏览器运行时，网页中显示“新浪主页”为带有下画线的文字，当浏览者单击它时，可以到达新浪网站的主页。

在各种链接的各个要素中，资源地址是最重要的，一旦路径上出现差错，则该资源就无法从用户端获得。

二、相对路径和绝对路径

超链接简称链接，就是由源端点指向目标端点的一种跳转。目标端点可以是页面、图像、声音等任意网络资源。链接分为内部链接和外部链接，内部链接指同一网站文件之间的链接；外部链接指不同网站文件之间的链接。

网页中的超链接按照链接路径的不同，可以分为绝对路径、相对路径和基于根目录的路径。

1．绝对路径

完整地描述文件存储位置的路径是绝对路径，如 D:\tu\Rose.jpg。在 Internet 中，绝对路径是指包括服务器协议和域名的完整 URL（Uniform Resource Locator，统一资源定位器）路径。绝对路径如 http://www.sina.com.cn 和 ftp://www.sohu.com.cn 等。

内部链接可以使用绝对路径，但是一旦将站点移动到其他服务器，则所有内部绝对路径链接都将断开。绝对路径同链接的源端点无关。只要网站的地址不变，无论文件在站点中如何移动，都可以正常实现跳转。另外，如果希望链接其他站点上的内容，则必须使用绝对路径，如图 6-2 所示。

绝对路径也会出现在尚未保存的网页上，如果在没有保存的网页上插入图像或添加链接，则 Dreamweaver 会暂时使用绝对路径，如图 6-3 所示。网页保存后，Dreamweaver 会自动将绝对路径转换为相对路径。

图 6-2　绝对路径

图 6-3　暂时使用绝对路径

当从一个网站的网页链接到另一个网站的网页时，必须使用绝对路径，以保证当网站的网址发生变化时，被引用的页面的链接还是有效的。

2．相对路径

对于大多数内部链接来说，相对路径是较适用的链接方式。在当前文档与所链接的文档处于同一文件夹内时，使用文档的相对路径。链接到其他文件夹中的文档，也可以使用相对路径，方法是利用文件夹层次结构，指定从当前文档到所链接文档的路径。如果链接到同一目录下，则只需要输入要链接文档的名称。如果要链接到上一级目录中的文件，则先输入“../”，再输入目录名和文件名。要链接到下一级目录中的文件，只需先输入目录名，然后加“/”，再输入文件名。

如果链接的源端点不变，即站点的结构和文档的位置不变，那么可以将整个网站移植到另一个地址的网站中，而不需要修改文档中的链接路径，链接不会出错。如果修改了站点的结构，或移动了文档，即改变了链接的源端点，则文档中的链接关系就会失效，因为相对路径是由文档间的相对位置而决定的。在 Dreamweaver 的站点面板中移动文档时，Dreamweaver 会自动对文档中链接的相对路径进行更新，从而确保链接正确。

3．基于根目录的路径

站点根目录路径是指从站点的根文件夹到文档的路径。它与源端点的位置无关。基于根目录的路径以一个正斜线“/”开始，该斜线表示站点根文件夹。

如果经常在不同的文件夹之间移动 HTML 文件，则通常使用站点根目录路径指定链接。在移动含有根目录相对链接的文档时，不需要更改这些链接；在移动该 HTML 文件后，其相关文件链接依然有效。但是，如果移动或重命名根目录相对链接所链接的文档，则即使文档彼此之间的相对路径没有改变，也必须更新这些链接。

活动一　设置文字超链接

必备知识

在网页中，文字超链接设置有以下 3 种方法。

方法一：在网页上选择需要添加超链接的文本，此时“属性”面板成为文本“属性”面板。可以直接在文本“属性”面板中输入要链接的地址或从文件夹中直接选择，如图 6-4 所示。

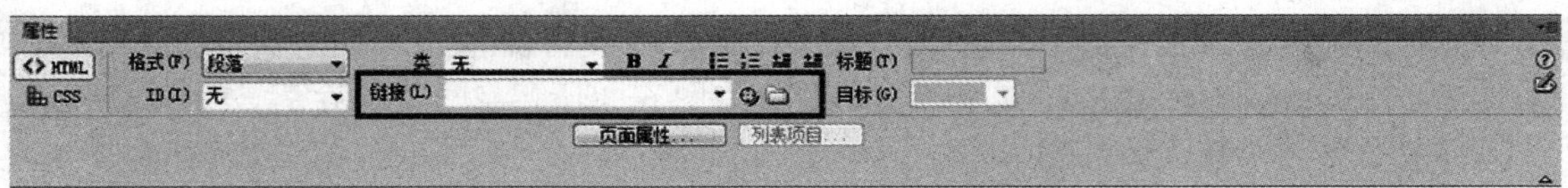

图 6-4　文本“属性”面板设置超链接

方法二：在网页上选择需要添加超链接的文本，然后执行“插入”→“超级链接”命令，就能针对文本进行超链接设置，如图 6-5 和图 6-6 所示。

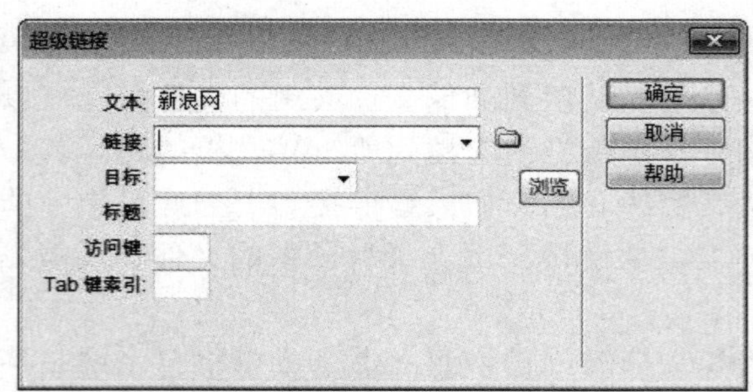

图 6-5　超链接选项

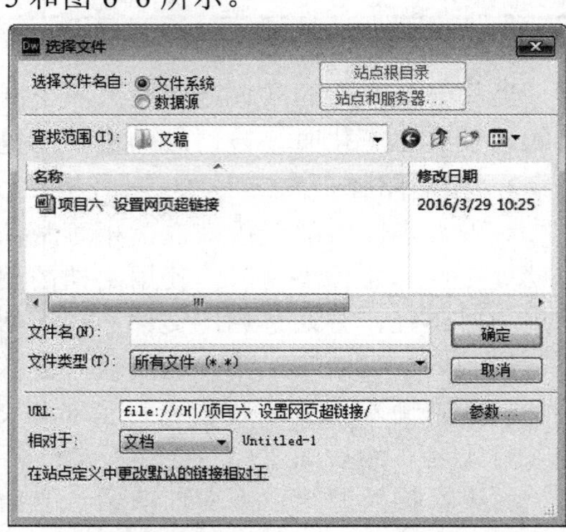

图 6-6　超链接设置

方法三：在网页上选择需要添加超链接的文本，单击鼠标右键，在弹出的快捷菜单中选择“创建链接”选项，可以方便快捷地对文字进行超链接设置，如图 6-7 所示。

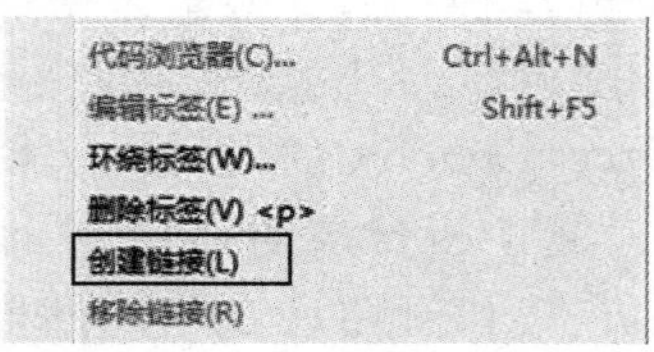

图 6-7　创建链接

 活动实施

下面为机票页面中的“更新航班”设置文本超链接，具体步骤如下。

第一步：为该机票页面中的“更换航班”设置文本超链接。选中文字后单击鼠标右键，在弹出的快捷菜单中选择“创建链接”选项，即可设置文本超链接，如图 6-8 和图 6-9 所示。

机票 默认推荐优质机票资源，您也可单击“更换航班”选择其他价格

2016-03-28	东方航空 *MU205* 320	10:30*上海浦东*	14:00*清迈清迈*	4h30m	经济舱	*退改签及购票说明*
2016-04-01	东方航空 *MU206* 320	15:35*清迈清迈*	20:55*上海浦东*	4h20m	经济舱	*退改签及购票说明*
更换航班						

图 6-8　机票页面

第二步：在弹出的“选择文件”对话框中设置要链接的页面，选中“更换套餐链接”单选按钮，如图 6-10 所示。

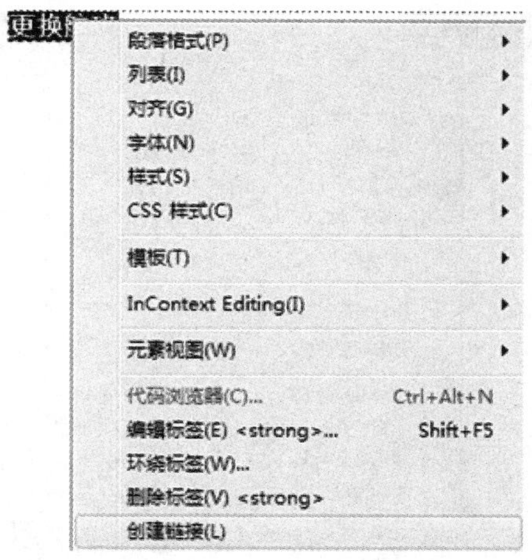

图 6-9　创建链接

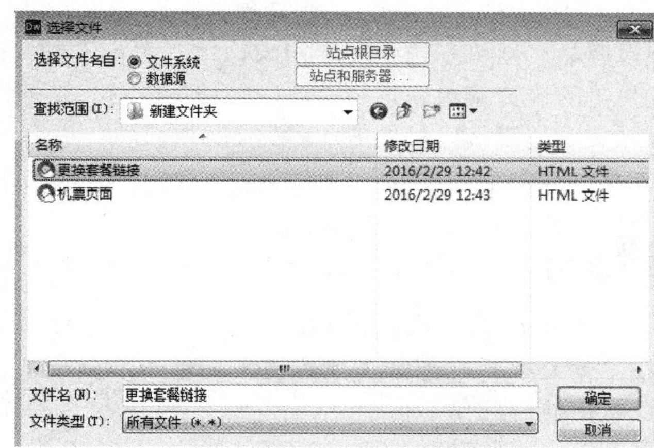

图 6-10　设置链接到新页面

第三步：在“属性”面板中单击“页面属性”按钮，在“页面属性”对话框中设置超链接的颜色，这里设置初始链接为蓝色，已访问过的链接为玫红色，如图 6-11 和图 6-12 所示。

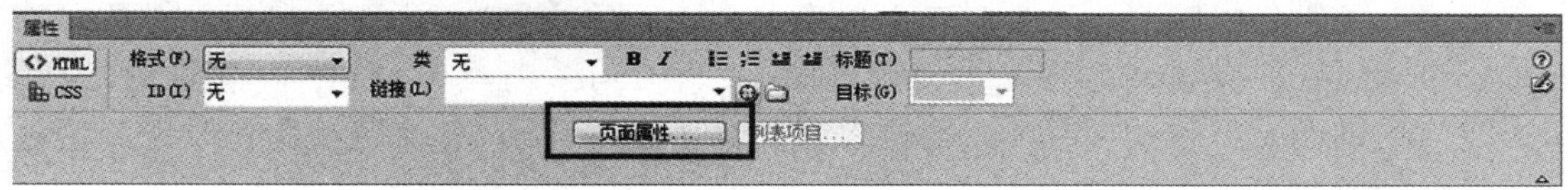

图 6-11　进行页面设置

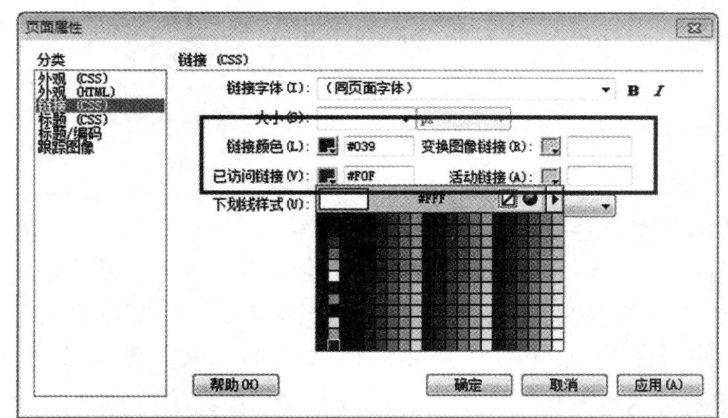

图 6-12　设置链接状态的颜色

第四步：设置完成后，按<F12>键预览网页，链接的状态不同，颜色也相应根据设置进行了变化，如图 6-13 所示。

机票 默认推荐优质机票资源，您也可单击“更换航班”选择其他价格

2016-03-28	东方航空 *MU205* 320	10:30*上海浦东*	14:00*清迈清迈*	4h30m	经济舱	*退改签及购票说明*
2016-04-01	东方航空 *MU206* 320	15:35*清迈清迈*	20:55*上海浦东*	4h20m	经济舱	*退改签及购票说明*

更换航班

图 6-13　链接颜色发生变化

在 Dreamweaver CS6 中要删除一个文本超链接很容易，用鼠标选中文本对象，单击鼠标右键，在弹出的快捷菜单中选择“移除链接”选项，即可删除文本超链接，如图 6-14 所示。

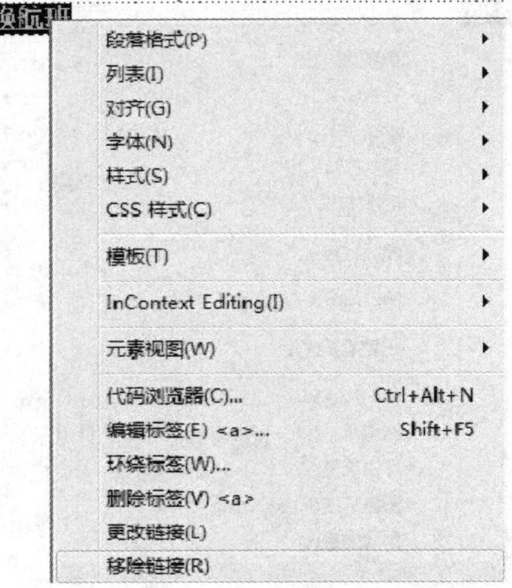

图 6-14　删除超链接

思考

请回顾超链接的 3 种设置方法，以及超级链接字体大小、颜色等属性的设置，你可以独立完成超链接的制作了吗？

活动拓展

新建“微信营销标题.html”页面，里面输入“微信营销”4 个字，请为“微信营销”设置一个超链接，单击标题进入另一个页面——“微信营销内容.html”，里面有一些简单的微信营销的文字说明（通过网络搜索选取合适的材料），并将链接颜色设置为紫色，已访问过的链接设置为绿色。

活动二　设置图片超链接

必备知识

1. 插入图像标签<img>

插入图像标签的格式为：<img src="图形文件地址">。src 属性指明了所要链接的图像文件地址，这个图像文件可以是本地机器上的图像文件，也可以是位于远端主机上的图像文件。地址的表示方法可以沿用文件链接中的 URL 地址表示方法。例：<img src="images/ball.gif">。表 6-1 列举了插入图片标签<img>中经常使用的属性。

表 6-1　标签<img>中的常用属性及其描述

属　性	描　述
src	图像的 URL 路径
alt	提示文字（假如浏览器没有载入图片的功能，则浏览器就会转而显示 alt 属性的值）
width	图像的宽度
height	图像的高度
align	图像和周围文字之间的排列属性，取值有 letf、centre、right、top、middle、bottom
border	设置图像的边框
hspace	设置图像与周围对象的水平间距
vspace	设置图像与周围对象的垂直间距

2. 图片超链接案例

代码呈现：

```
<html>
<head>
<title>图像标签的应用示例</title>
</head>
<body>
<h3 align=center>爱在深秋</h3>
<img src="1.gif"  width=100 heigth=100 align="left" hspace="30" vspace="20">
秋雨无声无息地下着。<br>
飒飒的秋风不可一世地横行在萧条的郊外。无力与秋风抗争的枯叶，只能带着丝丝牵挂，无可奈何地飘离留恋的枝头。秋蝉哀弱的残声逐渐地少了，地上落叶多了……<br>
黄昏，我漫步在郊外的林间，想细细地品味秋雨的凄冷。然而，“雨到深秋易作霖，萧萧难会此时心”，此时，又有谁能听我诉说心中的那份情怀呢?<br>
</body>
</html>
```

浏览器呈现效果如图 6-15 所示。

图 6-15 图像标签的应用示例

图像的超链接就是当网页浏览者在图像上单击时，能连接到另一个地址。实现的方法和文字的链接方法是一样的，都是用<a>标签来完成的。只要将<img>标签放在<a>和</a>之间就可以了。其基本格式如下：

```
<a href="资源地址"><img src="图形文件地址"></a>
```

例如，<a href="index.htm"><img src="1.gif"></a>，显示结果为：在网页中显示图像 1.gif，当浏览者单击这个图像时，便可连接到网页 index. htm。

活动实施

创建图片超链接的步骤如下。

第一步：选中所需建立超链接的图片，此时“属性”面板为图片“属性”面板。

第二步：在图片“属性”面板中，为图片添加文档相对路径的链接。具体方法可参考为文本添加超链接的操作，如图 6-16 所示。

第三步：按<F12>键预览网页。

图像链接不像文本链接那样会弹出许多提示，图像本身不会发生改变，只是在预览网页时，当鼠标指针经过带链接的图像时，指针的形状变为“👆”。单击图像就会打开所链接的文档。

思考

创建文字和图片超链接其实是非常简单的操作，那么都有哪几种方法呢？你都掌握了吗？在实践操作中，其实大家可以选择自己最熟练的一种方法来设置超链接。

图 6-16　将图片链接到机票页面

活动拓展

新建“校园介绍.html”页面，插入某学校的图片，为页面中的图片设置超链接，效果是单击图片能链接到该学校的网页。

任务二　设置锚点链接

问题导入

你知道锚点吗？知道锚点链接吗？在超链接的设置中有一种非常实用的链接方式——锚点链接。

背景知识

在一些内容很多的网页中，设计者常常在该网页的开始部分以网页内容的小标题作为超链接。当浏览者单击网页开始部分的小标题时，网页将跳到内容中对应的小标题上，免去浏览者翻阅网页寻找信息的麻烦。其实，这是在网页的小标题中添加了锚点，再通过对锚点的链接来实现的。

一、锚点链接的定义

锚点也称为书签，用于标记文档中的特定位置，使用其可以跳转到当前文档或其他文档中的标记位置。在网页中加入锚点包括两方面的工作，一是在网页中创建锚点，二是为锚点建立链接。

在命名锚点时，必须遵循以下规定：

1）只能使用字母和数字，锚点命名不支持中文。虽然在“插入锚点”对话框中能输入中文，但在“属性”面板上显示的则是一堆乱码，且在为锚点添加链接的时候也无法工作。

2）锚点名称的第 1 个字符最好是英文字母，一般不要以数字作为锚点名称的开头。

3）锚点名称区别英文字母的大小写。

4）锚点名称间不能含有空格，也不能含有特殊字符。

二、创建命名锚记

1）将光标移到需要加入锚点的地方，一般是将光标放置在一行或一段文字的开头部分。

2）单击“对象”面板“Invisibles”类上的“插入锚点”按钮，将弹出“Insert Named Anchor（插入命名锚点）”对话框。

3）在对话框的“Anchor Name”文本框输入锚点的名称。

4）单击“OK”按钮。

执行完上述操作后，在光标处会出现一个代表锚点的图标。

三、链接到命名锚记

创建锚点后，还必须链接锚点。选择想要链接到锚点的文字或图片，然后按如下方法中的任意一种进行操作。

1）在“属性”面板上的“Link”文本框中输入符号“#”和锚点名称。

2）选择文字或图片后，按住<Shift>键，然后拖动鼠标指向锚点。在“属性”面板上的“Link”文本框中将自动出现符号“#”和该锚点的名称。

3）按住“属性”面板上的“Point to File（指向文件）”按钮并拖动鼠标指向锚点，“属性”面板上的“Link”文本框中会自动出现符号“#”和该锚点的名称。

在链接锚点时，应注意以下事项：

1）在“#”和锚点名之间不要留有空格，否则链接会失败。

2）当在不同文件夹中为锚点创建链接时，其文件名后缀必定是“.htm”，不能写成“.html”，否则链接会失败。

3）符号“#”必须是半角符号，不能为全角符号。

活动　为文章标题设置锚点链接

必备知识

我们平时在浏览网页时经常会看见信息含量很大的文章，为了让用户能够快速浏览到自己想要了解内容的部分，使用锚点链接是很方便的做法。

为文章标题设置锚点链接的具体做法有以下几个关键步骤：

1）在信息量大的文章中提炼出每段的标题。

2）为标题设置锚点链接。

3）将文章信息内容链接到对应的标题。

活动实施

第一步：将插入点置于第一篇文章标题“一、‘播撒和平友谊’——刘淇致函慰问火炬接力运行团队”前面，如图 6-17 所示。

第二步：执行“插入”→“命名锚记”命令或单击“插入”栏的“常用”类别中的“命名锚记”按钮。

第三步：弹出“命名锚记”对话框，在“锚记名称”文本框中输入“article”，如图 6-18 和图 6-19 所示。

第四步：单击“命名锚记”对话框中的“确定”按钮，则在页面中光标所在位置插入一个锚记图标，如图 6-20 所示。

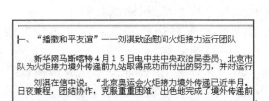

图 6-17 光标定位

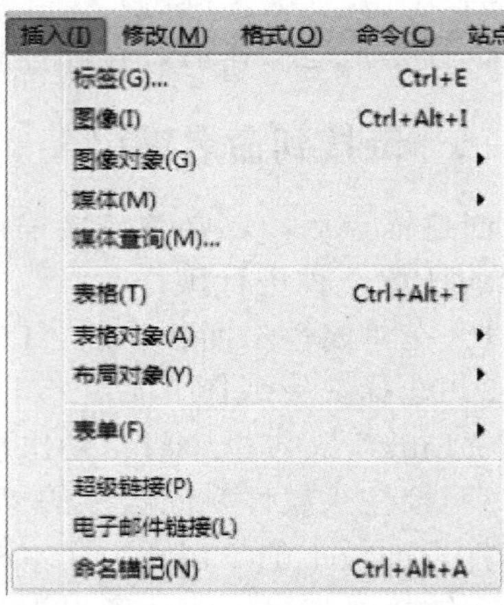

图 6-18 命名锚记

图 6-19 “命名锚记”对话框

图 6-20 插入锚记图标

提示：如果需要重新定义锚记名称，则可以在页面中单击选中锚记图标，在“属性”面板上对锚记名称重新定义，如图 6-21 所示。

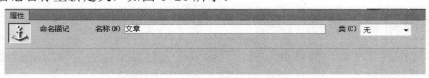

图 6-21 锚记“属性”面板

提示：如果在 Dreamweaver 的“设计”视图中看不到插入的锚记图标，则可以执行“查看”→“可视化助理”→“不可见元素”命令，勾选该选项，即可在 Dreamweaver 的“设计”视图中看到锚记图标，如图 6-22 所示。在页面中插入的锚记图标，在浏览器中预览页面时是看不见的。拖动锚点标记，可以改变锚点的位置。

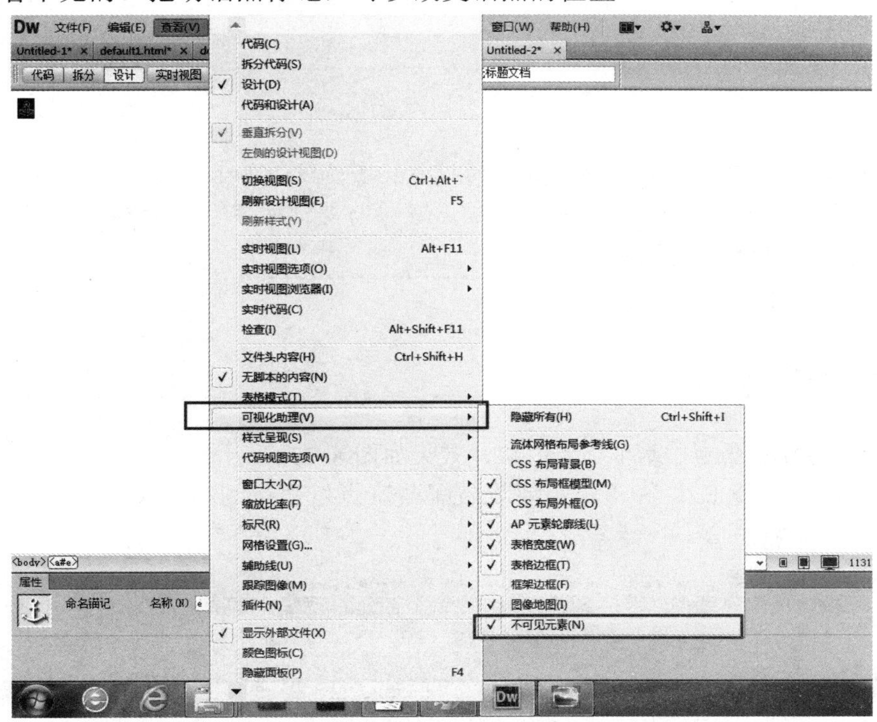

图 6-22　设置可见锚记图标

第五步：选中页首目录中的“一、‘播撒和平友谊’——刘淇致函慰问火炬接力运行团队”文本，如图 6-23 所示。

在“属性”面板上的“链接”文本框中输入“#article”。在“属性”面板中拖动“指向文件”按钮到“article”锚点上面，直到“属性”面板上的“链接”文本框中出现“#article”为止，如图 6-24 所示。此时，“一、‘播撒和平友谊’——刘淇致函慰问火炬接力运行团队”文本变成蓝色，下面出现一条下画线，表示锚点链接制作完成。

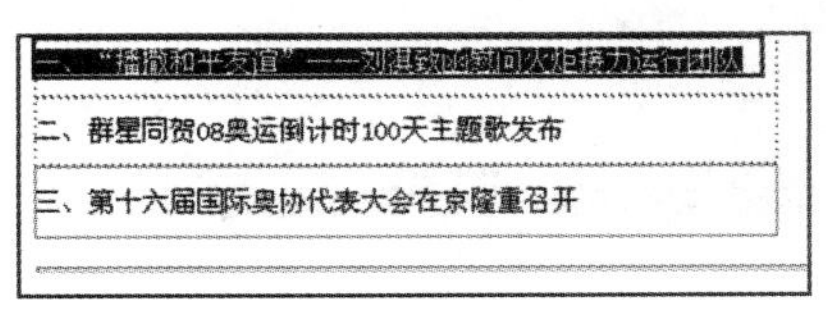

图 6-23　选择文本

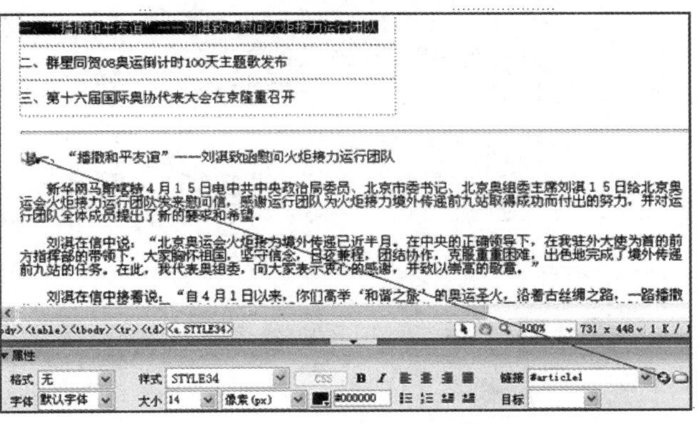

图 6-24　创建锚点链接

提示：锚记名称区分大小写。链接属性中，“#”和锚记名称之间不能有空格，并且一定要以“#”开头。

第六步：设置返回页首链接。选中正文中的“Go Top”文本，在“属性”面板的“链接”文本框中输入“#top”，保存并预览网页。当单击“Go Top”链接时，可以返回到页首。

思考

通过活动操作可以发现，锚点链接的设置比普通文字和图片的超链接要复杂。请回顾锚点链接设置的具体步骤，并思考锚点链接与普通文字、图片链接在页面跳转时到底有何不同？最本质的区别是什么？

活动拓展

请为如下网页文章制作两个锚点链接，效果如图 6-25 所示。

1）将“二、跨境 B2C 经营中需要攻破哪些难点”链接到第二段文章。

2）返回链接到页首。

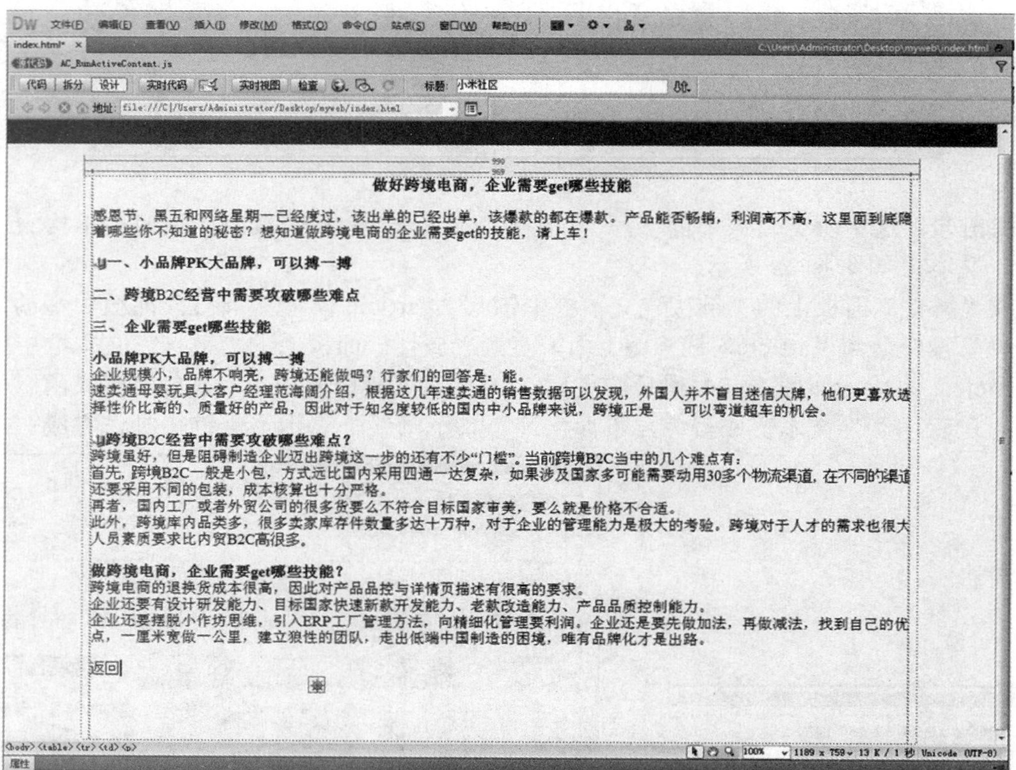

图 6-25　制作效果图

任务三　设置其他超链接

问题导入

有的时候我们在浏览网页时，经常会遇到单击图片不同区域就能链接到不同页面的情况，你知道这是怎么做到的吗？

背景知识

热点链接是网页设置超链接中用处较多的一种超链接形式，它主要有两种类型：

1. 不同区域热点链接

在图像的不同区域分别设置热点链接，鼠标单击图片的不同区域可以进入不同的页面。

2. 不同形状热点链接

在图像中，利用热点工具绘制出不同的形状，如矩形、圆形、多边形，然后针对不同形状分别设置热点链接，鼠标单击图片的不同形状就可以进入不同的页面。

活动一　图像不同区域设置热点链接

必备知识

在日常网页中，我们经常会看见一张图片上设置了好几个热点链接，不同形状的超链接单击后都能进入一个新的界面，这其实就是利用热点工具绘制了不同的形状并设置了热点链接。图 6-26 中左右两个商品广告图可分别进入不同的网页。

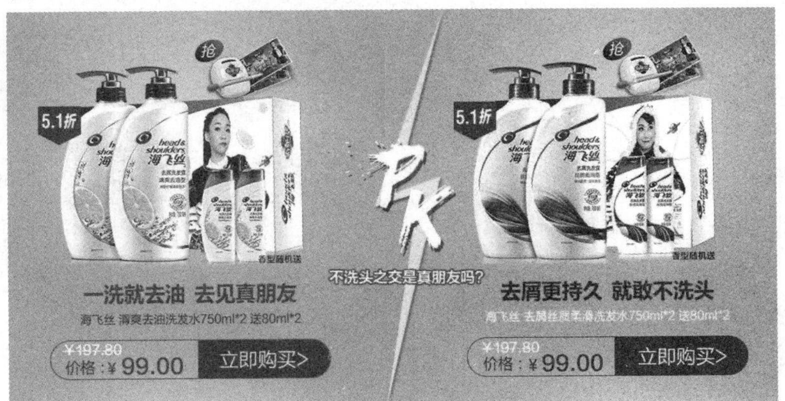

图 6-26　不同形状的热点链接

1. 热点链接工具介绍

在图像上可以利用方块、圆形、多边形来对图片中的不同区域进行热点设置，使用不同的热点工具可以绘制出不同形状的热点区域，热点链接“属性”面板如图 6-27 所示。

图 6-27　热点链接“属性”面板

1）矩形热点工具 ：在图片上利用矩形工具制作矩形热点。

2）圆形热点工具 ：在图片上利用圆形工具制作圆形热点。

3）多边形热点工具 ：在图片上利用多边形工具制作多边形热点。

2. 关键词含义

1）链接：单击此处跳转的链接地址。

2）目标：单击此处时窗口的打开方式。

3）替换：鼠标悬停在该区域时提示的文字。

活动实施

在图片中设置热点链接。

第一步：利用素材插入图像，制作三亚旅游网页，并另存为“三亚旅游.html”，如图 6-28 所示。

图 6-28　三亚旅游网页

第二步：利用素材分别插入图像，简单制作网页“经典游.html”与“海景游.html”，如图 6-29 和图 6-30 所示。

图 6-29　经典游

图 6-30　海景游

第三步：为“三亚旅游.html”制作不同形状的热点链接，需要用到热点链接“属性”面板中的图形符号。选取圆形和矩形，为三亚旅游图片制作不同形状的热点链接，其中圆形链接到“海景游.html”，矩形链接到“经典游.html”，如图 6-31 和图 6-32 所示。

第四步：保存网页，按<F12>键预览，当光标停在矩形和圆形区域内时即会出现“👆”，至此即设置了图片不同形状的热点链接。

图 6-31　热点链接 1

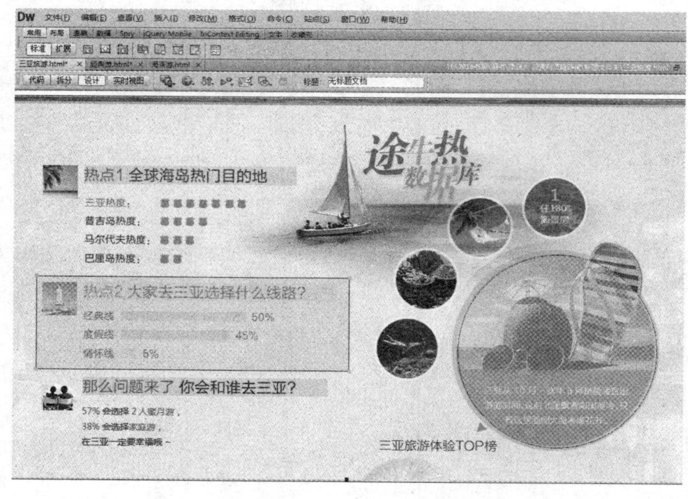

图 6-32　热点链接 2

思考

利用矩形、圆形或多边形等形状制作热点链接，单击该块区域就能实现网页的跳转。请思考一下，在生活中，中国地图是否也能做热点链接呢？即单击某块区域，可直接跳转到相应的省市地点。

活动拓展

按照如下要求制作地图链接（素材详见教学资源包）。

1）制作中国地图网页，另存为“中国地图.html”。

2）为“中国地图.html”中的北京制作方框形状的热点链接。

3）在地图上单击“北京”就能跳转到“北京地图.html”。

活动二　设置邮件超链接

必备知识

1. 邮件链接概述

电子邮件已经成为人们相互沟通的重要工具，因此网页中设置电子邮件已经非常普遍，邮件链接可以设置在图片上，也可以设置在文本上。单击链接可以打开系统中已经安装的邮件应用程序，如 Outlook，并且可以设置自动生成收件人地址，用户填完其他邮件内容后，就可以发送邮件了。

2. 邮件链接格式

邮件链接的书写格式如下：

mailto:邮件地址?subject=邮件主题&cc=抄送地址

例如，mailto:chenhengyue.2008@163.com?subject=你好&cc=emily2009emily@126.com。其中 subject=邮件主题，cc=要抄送的电子邮件地址，“？”表示分隔符，“&”表示链接。

活动实施

创建电子邮件链接。

第一步：在文档中选中文字“联系我们”，然后执行“插入”→“电子邮件链接”命令。接着弹出“电子邮件链接”对话框，在“电子邮件”文本框中输入链接到的邮件地址“xinlang123@163.com”，如图 6-33 和图 6-34 所示。

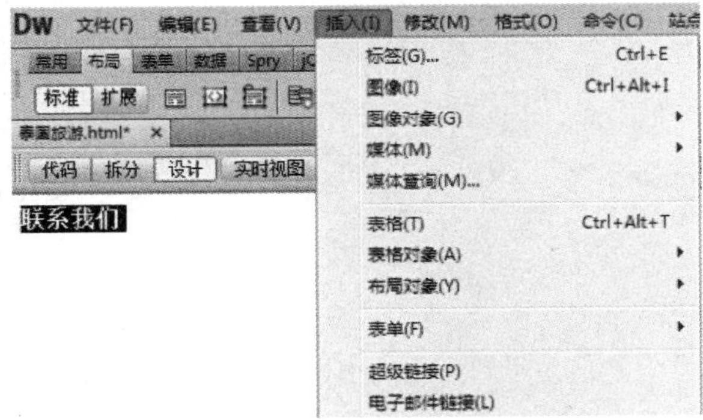

图 6-33 “属性”面板中的“电子邮件链接”命令

图 6-34 “电子邮件链接”对话框

第二步：设置完毕后，文档窗口中的“联系我们”即显示下画线，并且字体颜色显示为蓝色，如图 6-35 所示，至此即完成了一个邮件超链接。

友情链接 | 联系我们

图 6-35　邮件超链接完成效果

思考

其实在生活中，邮件超链接有许多用途，如“联系客服”直接给客服发送邮件，再如“招聘邮箱”，给企业人力资源经理发送简历。请思考一下，邮件超链接还有其他适用的场景吗？

活动拓展

一家网店正在招聘客服，有意向的可以将自己的简历发送至招聘邮箱。现在该网店请你为他们制作“招聘邮箱”的邮件超链接，超链接地址为你自己的 QQ 邮箱。

项目七

布局网页

在日常浏览的网页中，人们总喜欢去看那些页面元素丰富而又漂亮精美的网页，如何布局出这样的页面呢？通常可以使用表格、层、框架来布局定位网页。表格可用于精确定位，层可以灵活定位，框架在定位的基础上可以引入多个 HTML 文件。

学习目标

1）熟练创建表格及嵌套表格。

2）插入层并设置层。

3）熟练创建框架及框架集。

任务一　运用表格布局网页

问题导入

表格是网页设计中一个非常有用的工具，它不仅可以将相关数据有序地排列在一起，还可以精确定位文字、图像等网页元素在页面中的位置，以实现各种不同的网页布局效果。你会利用表格布局网页吗？

背景知识

站点规划的主要目的是为了明确建站的功能和确定实现这一目标所采用的方式。规划时需要明确网站的主题，同时设计制作网页时要围绕实现网站的各项功能，确立网站的栏目和内容，按照先大后小、先简单后复杂的顺序进行，即先把大的结构设计好，然后再逐步完善和细化小的结构设计。先设计出简单的内容，再设计复杂的内容，以便出现问题时可以及时修改。

一、网页布局设计原则

1. 重点突出

注重考虑页面的视觉中心，即屏幕的中央或中间偏上的位置处。通常，一些重要的文字信息和图片可以安排在这个位置，稍微次要的内容可以安排在视觉中心以外的位置。

2. 平衡协调

需要充分考虑访问用户的视觉接受度，和谐地运用页面色块、颜色、文字、图片等信息形式，力求达到一种稳定、诚实、信赖的页面效果。

3. 图文并茂

注意文字与图片的和谐统一。文字与图片互为衬托，既能活跃页面，又能丰富页面内容。

4. 简洁清晰

网页内容的编排应便于阅读。通过使用醒目的标题，限制所用的字体和颜色的数目，以保持版面的简洁。

二、网页布局的基本类型

网页的布局是有一定规则的，这种规则使得网页布局结构通常有以下几种：左右对称布局、“同”字形布局、“回”字形布局、“国”字形布局、“T”字形布局、自由式布局、标题正文型布局、“三”字形布向、POP 布向等。

1.“国”字形布局（见图 7-1）

“国”字形布局由“同”字形布局进化而来，因布局结构与汉字“国”相似而得名。其页面的最上部分一般放置网站的标志和导航栏或广告，页面中间主要放置网站的主要内容，最下部分一般放置网站的版权信息和联系方式等。其主要优点是页面容纳内容很多，信息量大；缺点是容易造成网页初次打开速度慢。

图 7-1 “国”字形布局简化示意图

2.“T”字形布局（见图 7-2）

“T”字形布局结构因与英文大写字母“T”相似而得名。其页面的顶部一般放置横网站的标志或广告，下方左侧是导航栏菜单，下方右侧则用于放置网页正文等主要内容。这种布局的优点是页面结构清晰，主次分明，是初学者最容易上手的布局方法之一；缺点是规矩呆板，如果不注意细节色彩，则很难吸引访问者。

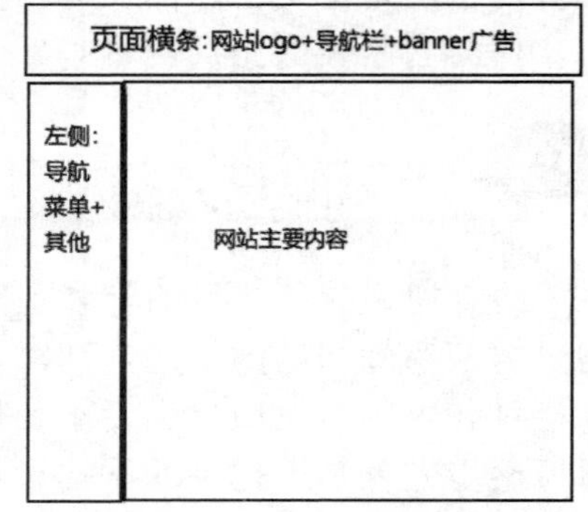

图 7-2 “T”字形布局简化示意图

3．标题正文型布局（见图 7-3）

标题正文型布局一般用于显示文章页面、新闻页面和一些注册页面等。其优点是简洁明快，干扰信息少，较为正规；缺点是页面所能呈现的内容较少。

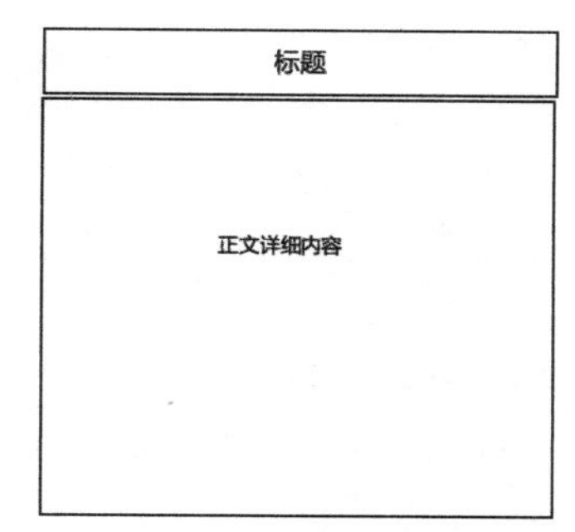

图 7-3　标题正文型布局简化示意图

4．“三”字形布局

“三”字形布局结构的特点是在页面上有横向 3 条或 3 条以上的色块，将页面整体分割为上下至少 3 个部分，上部色块中大多放导航栏或广告条，下部色块中放入相关链接、网站提示、版权信息等内容，网站的主要栏目和内容放在中间色块内。其优点是结构清晰，主体内容突出；缺点是内容较多时不利于浏览者在单屏显示状态下看到更多的内容信息。

5．POP 布局

“POP”引自广告术语，就是指页面布局像一张宣传海报，以一张精美图片作为页面的设计中心，常用于时尚类站点。其优点是能够快速吸引浏览者的注意力；缺点是网页打开速度相对较慢。

三、页面尺寸

一般分辨率在 800px×600px 的情况下，页面显示尺寸为 780px×428px；分辨率在 640 px×480px 的情况下，页面显示尺寸为 620px×311px；分辨率在 1024px×768px 的情况下，页面显示尺寸为 1007px×600px。分辨率越高，页面尺寸越大。

活动一　使用表格布局简单网页

必备知识

一张表格横向称为行，纵向称成为列，行列交叉部分称为单元格；单元格中的内容和边框之间的距离称为边距；单元格和单元格之间的距离称为间距；整张表格的边缘称为边框。

在网页中可以插入的对象都可以在表格或单元格中插入，插入的方法基本相同。对于单元格既可以进行合并、拆分操作，也可以设置背景色与背景图片。

精确实现定位可以通过设置单元格的宽度或高度来实现：一个 n 列表格的宽度=2×表格边框+（n+1）×单元格间距+2n×单元格边距+n×单元格宽度+2n×单元格边框宽度（1 个像素）。

一、插入表格

执行“插入”→“表格”命令，打开“表格”对话框，如图 7-4 所示。

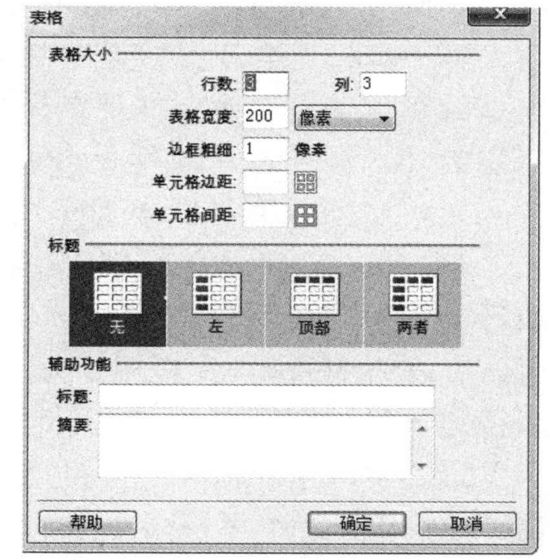

图 7-4　“表格”对话框

对话框中各参数的含义如下。

1）“行数”“列”“表格宽度”：分别用于设置表格的行数、列数和宽度。

2）“边框粗细”：以像素为单位设置表格边框的宽度，为“0”时，在设计状态下为虚线，即浏览器中不显示边框。

3）“单元格边距”：设置单元格边框与单元格内容之间的像素数。

4）“单元格间距”：设置相邻的单元格之间的像素数（对于大多数浏览器此项的值设置为“2”，浏览页面时没有间距则设为“0”）。

5）标题：设置表格标题，显示在表格的外面。

二、表格属性

选中表格后，在文件下方就会显示表格属性，如图 7-5 所示。

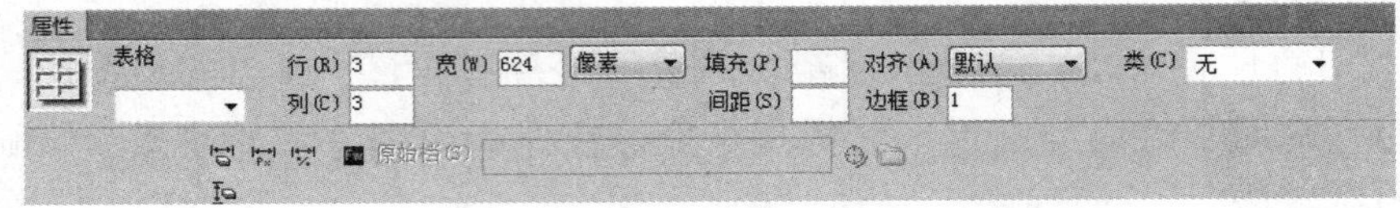

图 7-5　表格属性

1）表格 id：用于设置表格的名称。

2）“行”和“列”：用于设置表格中行和列的数目。

3）“宽”：以像素为单位或以浏览器窗口宽度的百分比来设置表格的宽度和高度。

4）“填充”：用于设置表格中的单元格内容和单元格边框之间的像素数。

5）“间距”：用于设置表格中相邻单元格之间的距离。

6）“对齐”：用于设置表格的对齐方式。

7）“边框”：以像素为单位设置表格边框的宽度。为“0”时，在设计状态下为虚线，浏览器中不显示边框。

活动实施

制作“足球明星”网页，利用表格实现网页的简单布局，效果如图 7-6 所示。

第一步：建立站点，设置网页标题。将项目七对应的素材（见教学资源包）复制到本地站点文件夹，建立文件名为 photo.html 的页面，页面属性设置为上、下、左、右边距均为 0，设置背景颜色（#00900），标题栏内输入“足球明星”，完成网页标题设置，并输入正文标题为“足球明星”，字体大小为 36px。

第二步：创建表格，设置属性。根据图 7-6，该表格有两张表格，表格一为 1 行 5 列。执行“插入”→“表格”命令，在弹出的“表格”对话中，按照图 7-7 所示，设置 1 行 5 列，宽度为 600px，边框粗细为 1px，单元格间距为 0px。设置表格属性，表格居中排列，表格背景色为#FFFFFF。输入文字，并设置文字颜色为#0F0，效果如图 7-8 所示。

第三步：在表格一下方再插入一张表格（表格二），为 4 行 5 列。宽度为 600px，边框粗细为 0px，单元格间距为 5px，表格居中排列，设置表格背景颜色为#00900，第 1、3 行单元格背景颜色为米白色，第 2、4 行单元格背景颜色为橙黄色，如图 7-9 所示。

图 7-6　最终效果

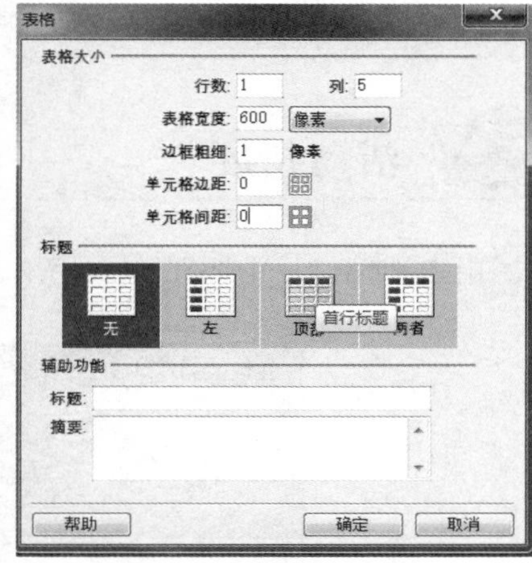

图 7-7　设置表格一

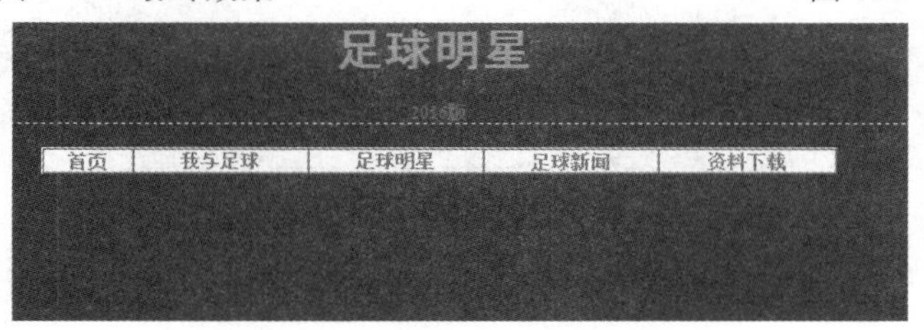

图 7-8　表格一效果

第四步：输入表格内容。根据图 7-6 所示的表格内容，在表格中插入相应的图片，并输入相应的文字，将文字的垂直对齐设置为“底端”对齐，文字大小为 14px，最终效果如图 7-6 所示。

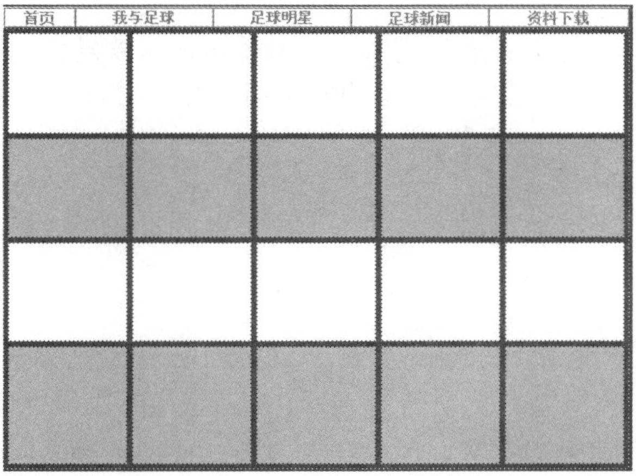

图 7-9　表格二效果

思考

1）网页表格的主要作用是什么？
2）表格是由哪些基本组件构成的？
3）如何取消表格边框线的显示？

活动拓展

用表格创建一个如图 7-10 所示的展馆汽车详情图，完成后将网页文件提交到教师机。

展馆一览表

展馆	品牌	展馆	品牌
A展馆	奔驰	C展馆	保时捷
	大众		法拉利
	奥迪		阿斯顿·马丁
	宝马	D展馆	沃尔沃
	吉利		标志
B展馆	比亚迪		雷铁龙
	福特		本田
	别克		丰田
	雪佛兰		尼桑

图 7-10 展馆汽车详情图

活动二 使用表格布局复杂网页

必备知识

在使用表格布局时，对于表现形式多样、内容丰富、布局相对复杂的网页，可以使用嵌套表格将页面进行划分布置，使页面内容显得更加有层次，也便于页面元素的修饰。

一、表格嵌套

表格嵌套是指在一个表格中插入另一个表格，在网页制作过程中往往需要在表格中不断插入表格来实现网页的布局。

二、表格宽度

在定义表格宽度时，宽度单位是选择百分比还是像素，应视具体情况而定。一般情况下，如果是网页最外层的表格，则应选择像素为单位，否则表格的宽度将随浏览器的大小而变化，网页上显示的内容将出现混乱。而内嵌表格，选择百分比和像素为单位均

可，因为该表格所在的单元格的宽度是固定的。

活动实施

制作“我的足球网”网页，利用表格实现网页的复杂布局，效果如图 7-11 所示。

图 7-11　我的足球网

第一步：在活动一的站点文件夹下新建网页，命名为“index.html”，在标题栏中输入“我的足球网”，设置页面属性中的上、下、左、右边距均为“0”px，背景色为#00900。

第二步：插入 6 行 1 列的表格并设置表格属性，表格宽度为“1000”px，边框间距为 0，边框粗细为 0，边距为 0。其中，在表格第 1 行插入图片文件 01.jpg，并对第 3、4 行进行单元格拆分，效果如图 7-12 所示。

图 7-12　效果 1

第三步：插入嵌套表格，制作导航部分，在第 2 行插入 1 行 6 列的嵌套表格，设置表格宽度为 100%，如图 7-13 所示。在第一个单元格中插入日期，在其他单元格中分别输入相应的文字，效果如图 7-14 所示。

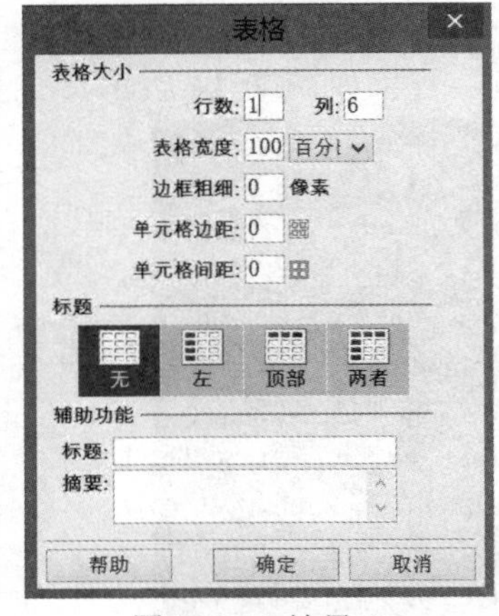

图 7-13 效果 2

2016年1月29日 首页 我与足球 足球明星 足球新闻 资料下载

图 7-14 效果 3

第四步：在第 4 行的第一个单元格中插入素材中的 saishi.swf 文件，并设置水平居中对齐；在第二个单元格中输入素材“赛事公告”文件中的文字；在第三个单元格中插入嵌套表格，为 5 行 4 列，表格宽度为 100%，边框为 0，并适当调整各个单元格的宽度，输入相应的文字，效果如图 7-15 所示。

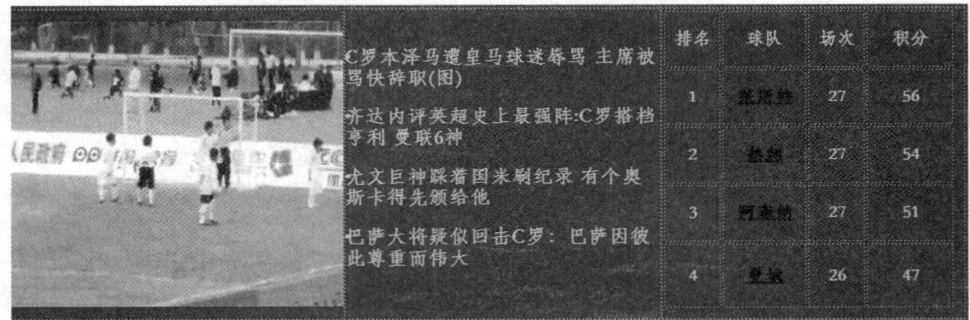

图 7-15 效果 4

第五步：在第 6 行中插入嵌套表格，为 1 行 4 列，表格宽度为 100%，边框为 0，边框粗细为 0，在单元格中插入相应的图片，效果如图 7-16 所示。

图 7-16 效果 5

思考

1）网页表格是由哪些基本组件构成的？
2）网页中表格内的数据能否进行排序？合并单元格后的表格能否进行排序？
3）什么是嵌套表格？嵌套表格有什么作用？
4）如何取消表格边框线的显示？

活动拓展

用给定的素材包利用表格布局制作如图 7-17 所示的网页，完成后将网页文件提交到教师机。

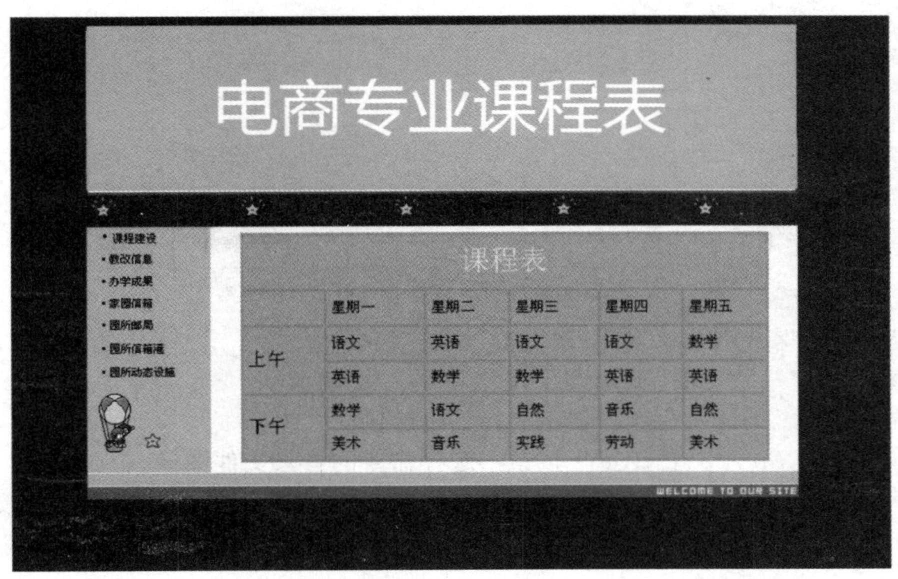

图 7-17　电商专业课表

任务二　运用层布局网页

问题导入

层是一种网页元素定位技术，使用层可以以像素为单位精确定位页面元素，层在 Dreamweaver 中相当于一个容器，可以在层中放置文本、图像等对象甚至其他层。层可以放置在页面的任何位置，用层可以实现页面元素的重叠，那么层是如何布局网页的呢？

背景知识

若想利用层来定位网页元素，则先要创建层，再根据需要在层内插入其他元素，有时为了布局，还可以显示或隐藏层。

设置层的首选参数：执行“编辑”→“首选参数”命令，显示“首选参数”对话框，从左边的“分类”列表框中选择“AP 元素”选项，如图 7-18 所示。

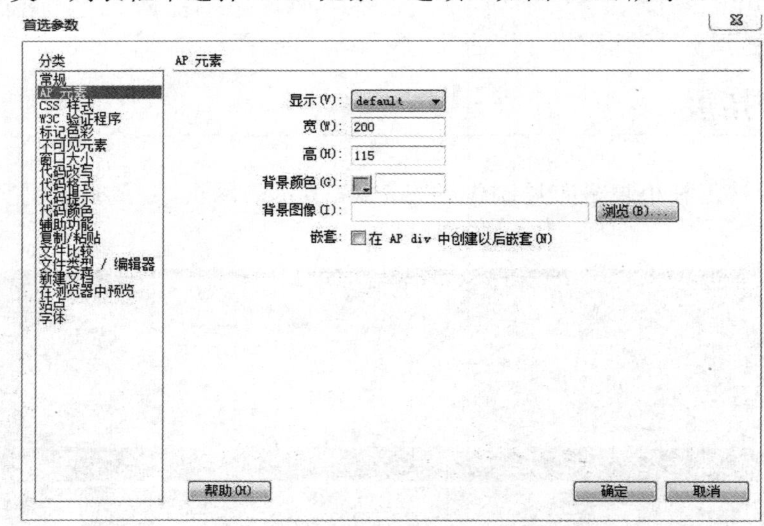

图 7-18 “首选参数”对话框中选择“AP 元素”

1)“显示”：保持默认设置即可。

2)“宽”和“高”：保持默认设置即可。

3)“背景颜色”：从颜色选择器中选择一种颜色。

4)“背景图像”：单击“浏览”按钮，选择需要的背景文件图像。

5)“嵌套”：勾选“在 AP div 中创建以后嵌套”复选框，单击“确定”按钮，完成首选参数的设置。

活动 运用层布局网页操作

必备知识

一、创建层

执行“插入”→“布局对象”→“AP Div”命令，界面如图 7-19 所示。

默认情况下，每当创建一个新的层，都会使用 Div 标识它，并将层标记显示到网页左上角的位置，如图 7-20 所示。

若要显示层标记，首先执行“查看”→“可视化助理”→“不可见元素”命令，使不可见元素处于被选中状态，再执行“编辑”→“首选参数”命令，在弹出的“首选参数”对话框的“分类”列表框中选择“不可见元素”选项，勾选“AP 元素的锚点”复选框，如图 7-21 所示。单击“确定”按钮完成设置。

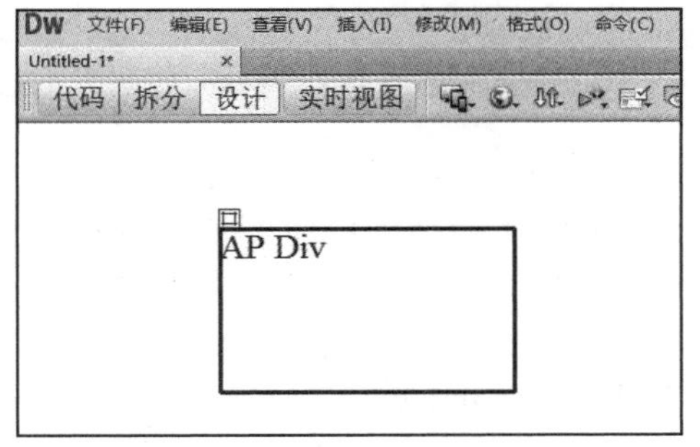

图 7-19　AP Div

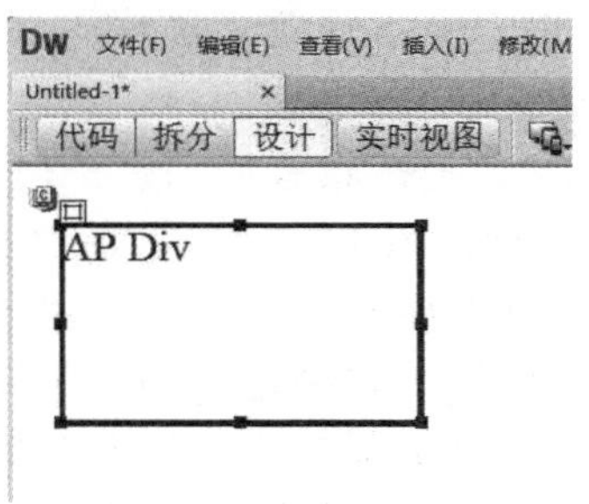

图 7-20　Div 标志

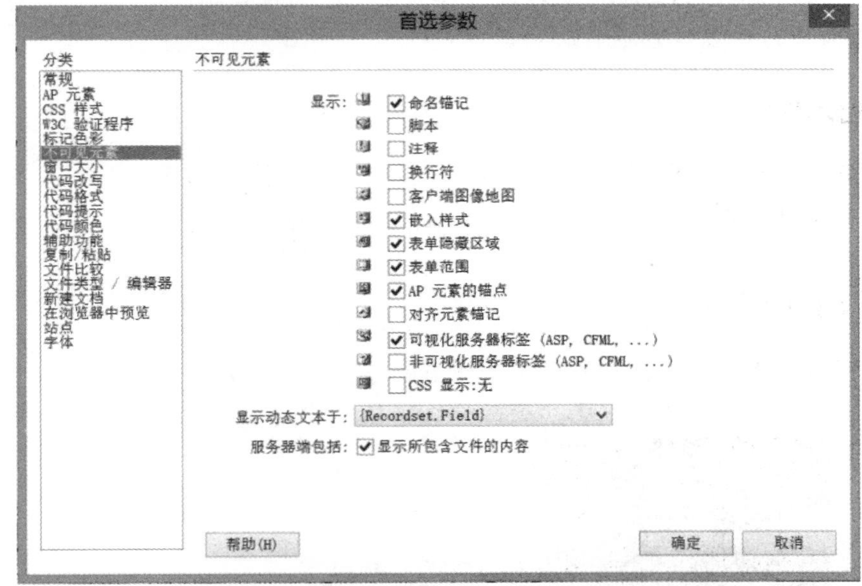

图 7-21　显示层标记

若要显示或隐藏层边框，可执行“查看”→“可视化助理”→“隐藏所有”命令。

二、“AP 元素”面板

通过“AP 元素”面板可以管理网页文档中的层，可以更改层的可见性，将层嵌套或层叠，以及选择一个或多个层，也可对层进行重命名，如图 7-22 所示。

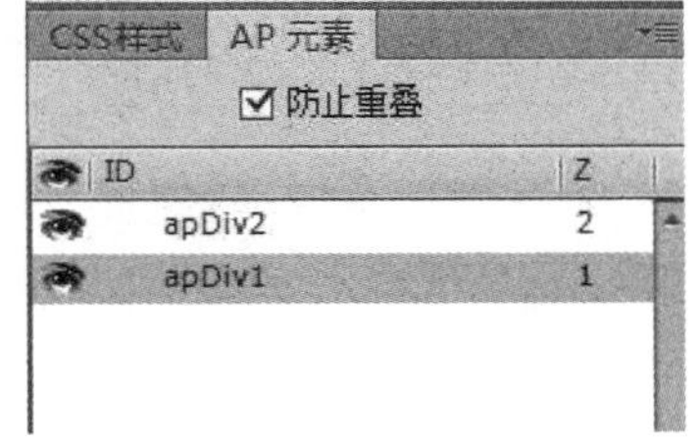

图 7-22　更改层的可见性

三、层“属性”面板

层“属性”面板如图 7-23 所示，各选项含义如下。

1）层编号：用于指定当前层的名称，可以输入任意字符作为层的名称。

图 7-23　层“属性”面板

2）上、左：设置当前层距离页面上、左边界的距离，单位是像素（px），只允许输入数字。

3）宽、高：设置当前层的宽度和高度，单位是像素（px），只允许输入数字。

4）Z 轴：用于指定当前层 Z 轴上的编号，主要控制当前层的层叠顺序，只允许输入数字。当网页中有多个层时，可设置 Z 轴上编号为 1、2、3…，“1”表示该层位于最底层，Z 轴编号的数字越大则表示该层的级别越高。

5）可见性：设置当前层是否隐藏或显示，默认值为“default”，表示显示；“hidden”表示隐藏；“visible”表示可见。

6）背景图像：可以指定某一个图像文件为当前层的背景图像。

7）背景颜色：可以设置当前层的背景颜色。

四、创建嵌套层

将光标放在已建立层的内部，然后执行“插入”→“布局对象”→“层”命令插入层，插入后该层即为嵌套层。

活动实施

制作“环游世界”网页，利用层实现网页的布局，效果如图 7-24 所示

图 7-24　“环游世界”网页

第一步：创建站点，并将所有素材复制到站点文件夹中，新建“huanyou.html”文件。

第二步：添加层，执行“插入”→“布局对象”→“AP Div”命令，创建 8 个层，并在“AP 元素”面板中重命名，层名称不能有中文，必须是字母加数字或纯字母的形式，如图 7-25 和图 7-26 所示。

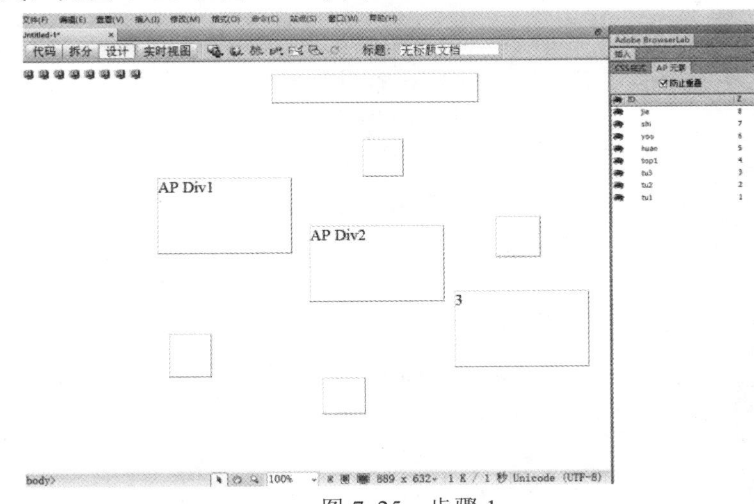

图 7-25　步骤 1

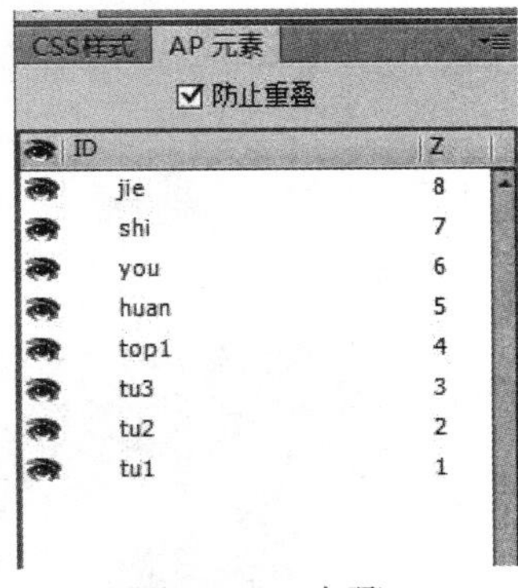

图 7-26　步骤 2

第三步：插入图片或文字。单击层内任意位置，层中将出现闪烁的光标，执行“插入”→“图像”命令，选择素材中相应的图片，并在其余层中输入并编辑文字，然后适当调整层的大小及位置，如图 7-27 所示。

第四步：调整 Z 轴数值。如图 7-26 所示，层“tu2”叠放在层“tu1”和“tu3”上，调整层“tu2”的 Z 轴数值高于层“tu1”和“tu3”即可，如图 7-28 所示。

图 7-27　步骤 3

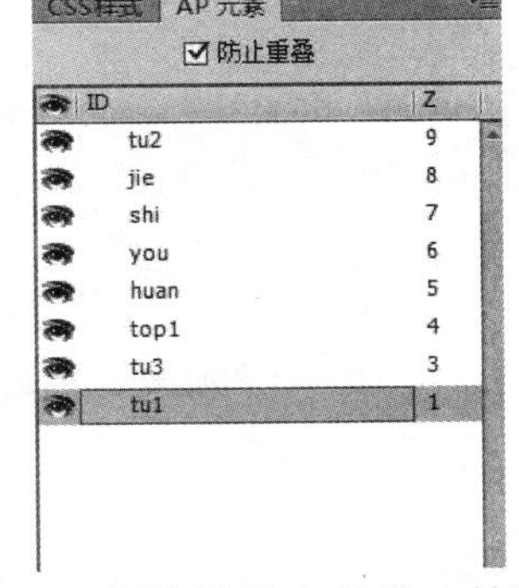

图 7-28　调整层“tu2”的 Z 轴数值

思考

1）如何同时调整多个层的大小？

2）表格能转换成层吗？

活动拓展

利用层布局制作如图 7-29 所示的页面，所需素材在素材资料包中。

图 7-29 练习页面

任务三 运用框架布局网页

问题导入

框架的出现大大地丰富了网页的布局手段以及页面之间的组织形式。浏览者通过框架可以更为方便地在不同的页面之间跳转及操作，如 BBS 论坛以及网站中邮箱的操作页面都是通过框架来实现的。那么常见的网页有哪些框架类型呢？

背景知识

一、框架

框架是把一个浏览器窗口划分为多个区域，每个区域都可以显示不同的 HTML 文档的网页布局方式，并且这些 HTML 文档都是独立保存在站点中的，框架好比是提供了显示这些文档的容器。因此在使用框架结构时，框架中的网页均可以独立拖动滚动条来显示更多的内容，而不会影响框架的内容。

二、框架集

框架集是 HTML 文件中他定义一组框架的布局和属性，包括框架的数目、大小和位置等。

三、框架中文件的命名规范

一个框架包含了框架集文件和与框架各部分相对应的子文件，对这些文件进行命名时应遵守一定的规范，通常采用“模块名称_内容概要”的命名方式。

活动一 创建保存和修改框架及框架集

必备知识

一、插入框架

插入框架的操作步骤：

1）新建一个 HTML 网页文件。

2）执行“插入”→“HTML”→“框架”命令，通过单击选择一种框架。

二、框架属性

1）框架名称：设置当前框架的名称。

2）源文件：设置包含的网页文件。

3）滚动：设置当前的框架是否显示滚动。

4）边框：设置是否显示当前框架的边框。

5）边框高度：设置当前框架的边界高度，只允许设置数字。

6）边框宽度：设置当前框架的边界宽度，只允许设置数字。

三、选择框架与框架集

框架和框架集都是独立的 HTML 文件。要修改框架或框架集，必须先选中框架或框架集，方法如下：

1）直接在文档窗口中选择。在框架的边框上单击鼠标左键，选中框架集。被选中的框架或框架集边框将出现虚线框，称为“选择线”。

2）使用框架面板进行选择。

四、拆分框架

选中框架，按住<Alt>键拖动框架边框，可将框架纵向或横向拆分。在需要拆分的框架内单击，然后执行“修改”→“框架集”命令，在子命令中选择对框架的操作。

五、删除框架

删除框架时，可直接将框架拖动到其他框架的边框上。

六、保存框架和框架集

1. 单独保存框架集文件

1）在框架面板或文档窗口选中框架集。

2）执行下列操作之一，保存框架集文件。

① 执行“文件”→“保存框架页”命令。

② 若要将框架集文件另存为一个新文件，则执行“文件”→“框架集另存为”命令。

2. 保存框架文件

1）在文档窗口单击需要保存的框架。

2）执行“文件”→“保存框架页”命令。

3. 保存框架集中的所有文件

1）执行“文件”→“保存全部”命令，保存所有框架与框架集文件。

2）Dreamweaver 将依次提示需要保存的内容，首先保存的是框架集文件，然后是其他框架文件。当前执行保存操作的框架或框架集边框上将出现有若干黑粗斜线的线框。

活动实施

本活动主要通过对框架和框架集的插入、修改、保存，以及框架集面板的使用等知识技能，实现图 7-30 所示的效果。

图 7-30　最终效果图

第一步：新建网页，创建框架。新建一个 HTML 网页，执行“插入”→“HTML”→“框架”→“对齐上缘”命令，如图 7-31 所示。在弹出的“框架标签辅助功能属性”对话框中为每个框架指定一个标题，方便识别。

第二步：调整框架集，设置属性。在当前网页中，当鼠标光标指向框架线时会自动出现一个双向箭头，此时按下鼠标左键并上下拖动可调整框架的大小，如图 7-32 所示。

在下方的框架集“属性”面板中设置“边框”为“否”，表示不显示边框。“边框宽度”表示边框的宽度，直接输入准确数字即可。

图 7-31　步骤 1

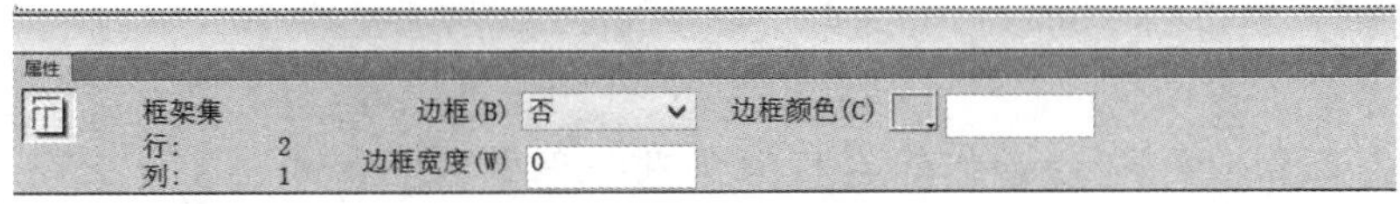

图 7-32　步骤 2

第三步：调整框架，设置属性。首先按<Shift+F2>快捷键打开“框架”面板，如图 7-33 所示。在“框架”面板中选择上侧框架，在“属性”面板中将“滚动”设置为“否”。然后选择下方框架，将“滚动”设置为“自动”。

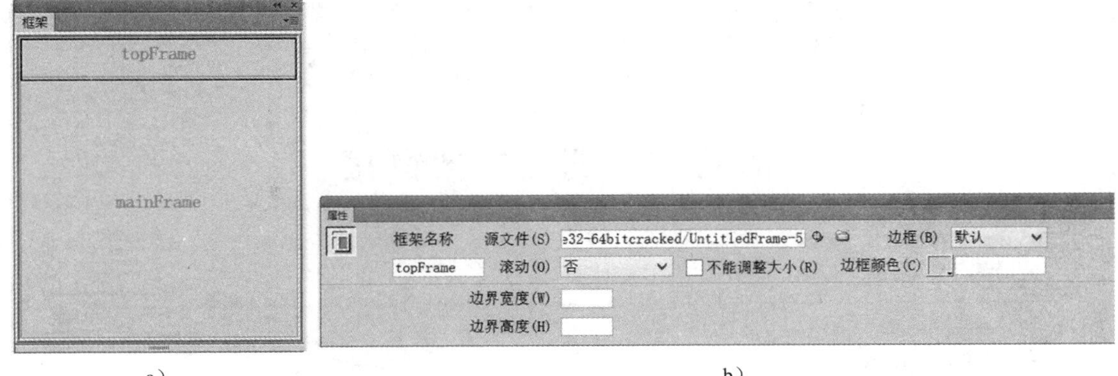

a）　　　　b）

图 7-33　步骤 3

a）“框架”面板　b）“属性”面板

第四步：预览并保存框架。执行“文件”→“保存全部”命令，将框架集命名为“spzs_Frameset.html”并保存，上侧框架命名为“spzs_list.html”，下侧框架命名为“spzs_expression.html”，如图 7-34 所示。

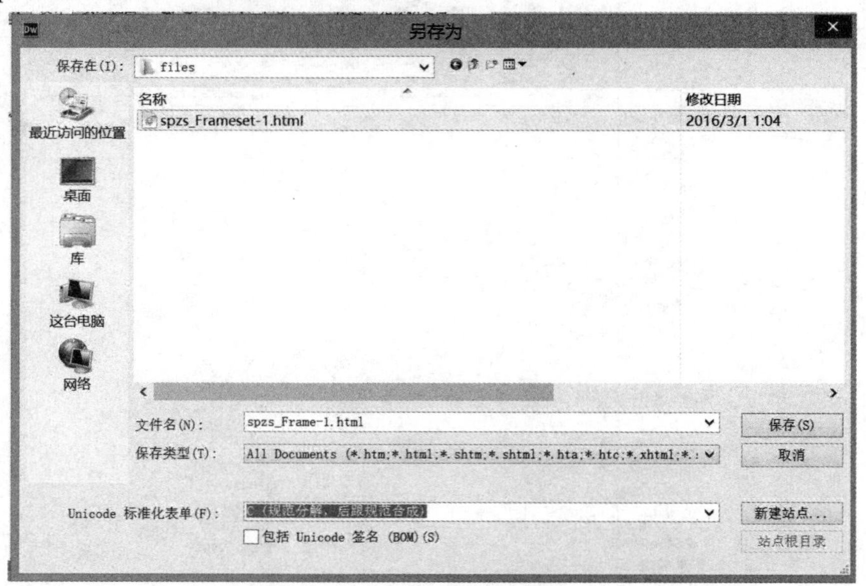

图 7-34　预览并保存框架

思考

1）“保存框架页”命令如何保存框架集及框架？

2）使用框架的优点是什么？

活动拓展

练习创建框架及框架集并保存。

活动二　创建框架链接

必备知识

一、浮动框架

浮动框架是一种较为特殊的框架，它是在浏览器窗口中嵌套子窗口，即整个页面并不是框架页面，但是却包含一个框架窗口，在框架窗口内显示相应的页面内容。

二、链接目标

1）_parent：在上一级窗口中打开，一般使用分帧的框架页会经常用到。
2）_blank：在新窗口中打开。
3）_self：在同一个框架或窗口中打开。
4）_top：在浏览器的整个窗口中打开，会删除所有框架。
5）_mainFrame：在当前框架集的主框架中打开所链接的文档。
6）_topFrame：在当前框架集的顶部框架中打开所链接的文档。

活动实施

本活动主要通过对框架内容的插入及建立各页面的链接来布局网页，实现如图 7-35 所示的效果。

第一步：在活动一的基础上往框架中添加内容。在上侧框架中插入一个 1 行 3 列的表格并输入文字，如图 7-36 所示。

图 7-35　最终效果图

图 7-36　步骤 1

第二步：在此站点文件夹下新建 3 个网页，分别命名为 shouji.html、xiangji.html、jisuanji.html 并保存。在 shouji.html 页面中插入一个 1 行 3 列的表格，各单元格中分别插入 3 张手机图片并保存，其他两个页面中也做相同操作，分别插入相机图片和计算机图片并保存，如图 7-37 所示。

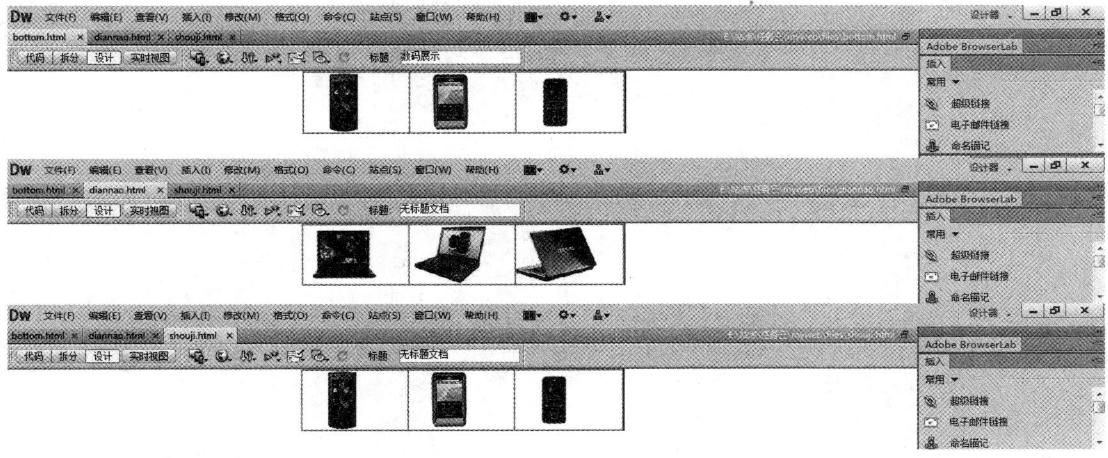

图 7-37　步骤 2

第三步：设置上框架页面中的超链接。选中“手机展示”，在“属性”面板中设置超链接到 shouji.html 页面，并将链接目标设置为“_mainFrame”，“相机展示”和“计算机展示”使用同样的方法分别链接 xiangji.html 和 jisuanji.html 页面，并将链接目标设置为“_mainFrame”，如图 7-38 所示。

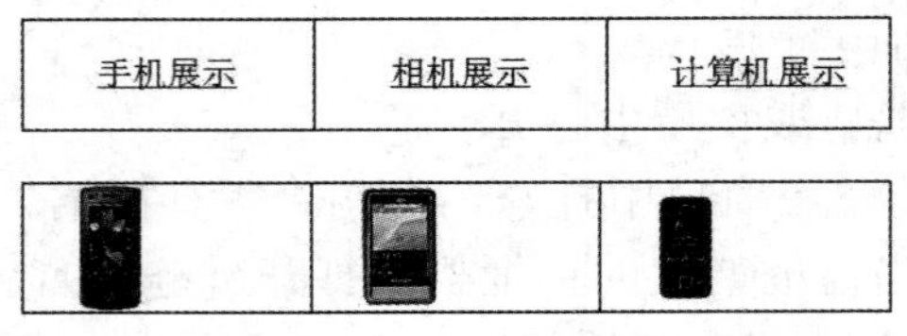

图 7-38　步骤 3

第四步：预览并保存框架。

思考

1）框架链接参数的含义分别是什么？

2）创建基于框架的网页大致包括哪些步骤？

活动拓展

练习框架内容的插入及框架链接的操作。

应用网页表单

在常见的网页中，除了呈现信息之外，有的网页还需要收集用户信息，实现与用户的交互。表单是收集用户信息和访问者反馈信息的有效方式，在网页制作中应用非常广泛。本项目将从表单、表单的创建和设置、表单对象的添加等基础知识与操作开始，介绍如何在网页中制作与应用表单。

学习目标

1）了解表单和表单对象，学会创建和设置表单。

2）能在表单中添加常用的表单对象。

3）学会制作用户注册页面和站内搜索栏。

4）利用 Spry 表单构件制作具有验证功能的登录页面。

任务一 制作表单

问题导入

在很多网站中都提供了用户登录和注册功能，那么你知道网站的用户注册页面是如何制作的吗？

背景知识

一、网页的交互性

网站和电视、广播等都是信息传播的工具，但它们有很大的不同，其中最重要的不同点在于网站不是一个“被动”的媒体，不是一味地向访问者传播信息，网页需要浏览者用鼠标去单击，自主控制浏览进度。同时，通过网站还可以与用户进行交互，收集用户的访问信息，获取第一手的数据。网站通过用户注册和登录功能，为不同的用户推送不同的网页内容，实现信息的准确传播。这就是网页的交互性。

例如，搜索引擎的搜索页面、论坛回复页面、用户登录页面、用户注册页面等都使用了表单来收集用户信息，如图 8-1 所示。

图 8-1 表单的应用

二、表单的定义

表单通常由多个表单对象组成，如文本字段、隐藏域、文本区域、复选框、单选按钮等，在 html 中的标签为<form></form>。通过表单，网站可以非常方便地收集访问者的相关信息。图 8-2 所示为注册 QQ 账号时需要填写的一个表单页面。

一个表单一般包括 3 个组成部分：

1）表单标签，包含了如何处理表单数据的方法。

2）表单域，包含了文本字段、隐藏域、文本区域、复选框、单选按钮等。

3）表单按钮，包含了提交按钮、复位按钮和一般按钮。

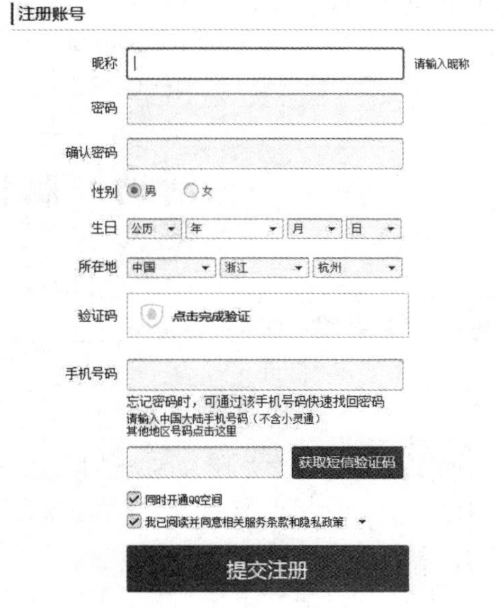

图 8-2　注册 QQ 时的表单页面

三、创建和设置表单

1. 创建表单

在 Dreamweaver CS6 中，如图 8-3 所示，执行“插入”→“表单”→“表单”命令，即可插入表单，“设计”视图中表现为一个红色的虚线框，代码视图中显示<form id="form1" name="form1"method="post"action=""></form>。

注意：表单对象需要包含在表单中，故通常需先插入表单，再在表单中添加表单对象。设计视图中的红色虚线框在网页中是不显示的，即当选择实时视图时，红色虚线框不显示。

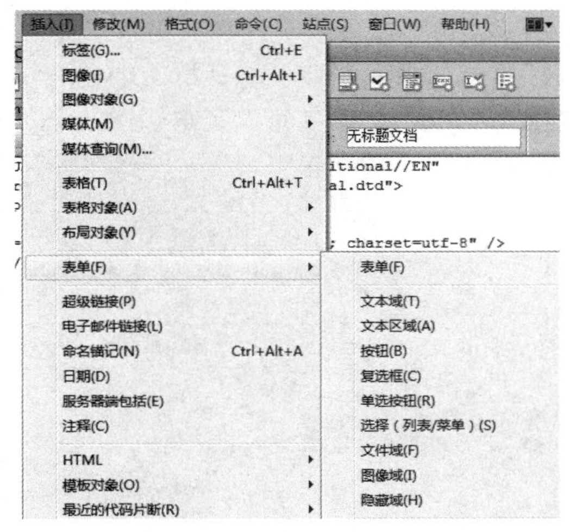

图 8-3　插入表单

2. 设置表单属性

单击红色虚线框选中表单，在“属性”面板中就可以对表单属性进行设置，如图 8-4 所示。

表单“属性”面板中各选项的含义如下：

1）表单 ID：设置表单的名称，以便在脚本语言中控制该表单。

图 8-4　表单“属性”面板

2）动作：设置处理表单数据的程序。

3）方法：设置表单数据上传到服务器的方法。“GET”表示将表单中的数据以追加到处理程序地址后面的方式进行传送；“POST”表示将表单中的数据嵌入到处理程序中进行传送。

4）目标：设置服务器反馈数据的显示方式。

5）编码类型：设置提交服务器处理数据所使用的 MIME 编码类型。默认为

application/x-www-form-urlencoded，通常与 POST 方式协同使用。如果要创建文件上传表单，则应选择 multipart/form-data。

6）类：设置需要调用的 CSS 样式。

活动 制作用户注册页面

必备知识

一、添加表单对象

在创建表单之后，还需要添加表单对象来收集访问者数据，表单对象包括文本字段、文本区域、隐藏域、复选框、单选按钮等。

1. 添加文本字段

在表单中添加文本字段后，访问者可以在网页中输入各种信息，常被用作“用户名”“密码”的输入。在表单中添加文本字段，首先单击红色虚线框，然后在“插入”工具栏的“表单”选项卡下选择“文本字段”，如图 8-5 所示。此时 Dreamweaver 会弹出“输入标签辅助功能属性”对话框，如图 8-6 所示。根据需要输入“ID”和“标签”，单击“确定”按钮，即可完成文本字段的添加。

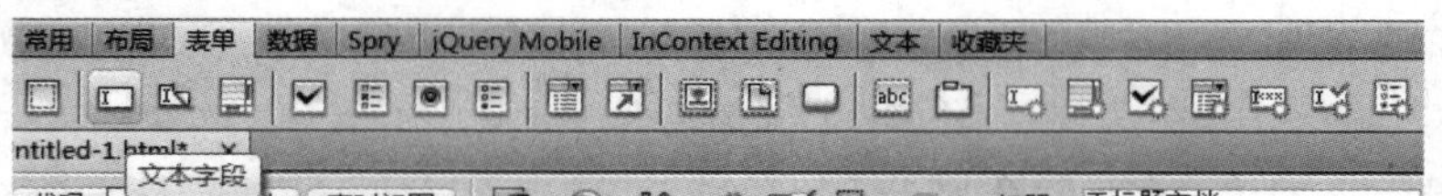

图 8-5 插入工具栏表单模块

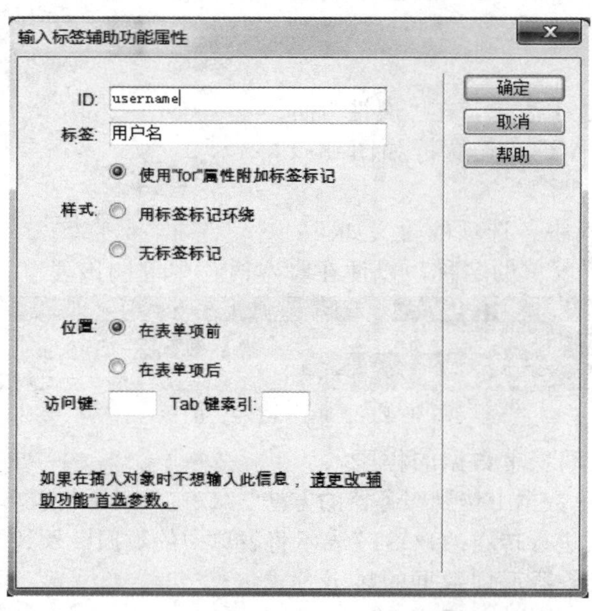

图 8-6 “输入标签辅助功能属性”对话框

注意：添加文本字段时填写的 ID 为文本字段名称，以便在脚本语言中控制文本字段的内容。标签为可在网页页面看到的文本字段前的文字，可以直接在页面中输入。

单击添加的文本字段，在 Dreamweaver 中显示文本字段“属性”面板，可以在这里对插入的文本字段的属性进行设置，如图 8-7 所示。

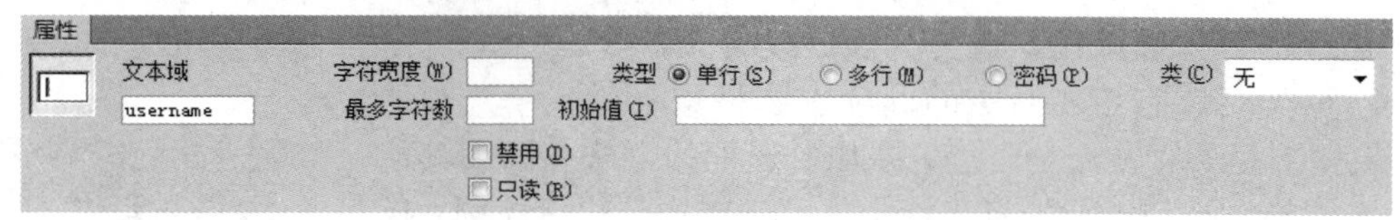

图 8-7　文本字段“属性”面板

文本字段“属性”面板中各个设置项的作用如下。

1）文本域：设置文本域的名称，即插入时输入的“ID”，用于脚本语言调用文本字段中的信息。

2）字符宽度：设置文本字段所占的宽度为多少个字符。

3）最多字符数：设置单行文本字段中所能输入的最大字符数。

4）类型：设置文本字段的类型，可以设置为单行、多行或密码。

5）初始值：设置文本字段中默认状态时显示的内容，若为空，则文本字段将显示空白。

6）类：设置需要调用的 CSS 样式。

2．添加文本区域

在表单中添加文本区域有两种方法：一是在“插入”工具栏单击“文本区域”按钮；二是插入文本字段后，在文本字段“属性”面板的“类型”中选择“多行”单击按钮。插入文本区域后，单击文本区域，在文本字段“属性”面板中即出现文本区域的属性，可以对文本区域的属性进行设置，如图 8-8 所示。

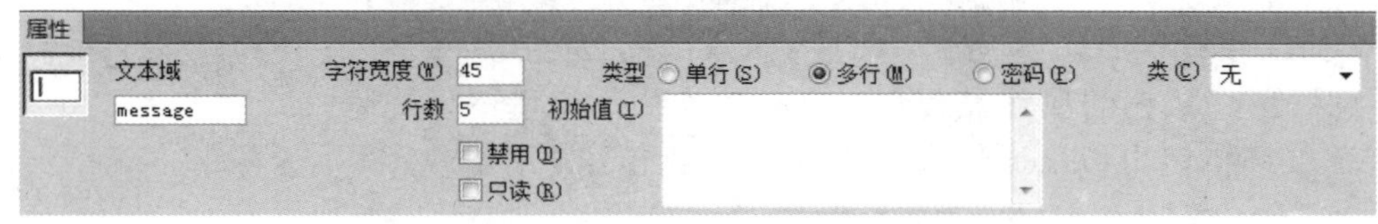

图 8-8　文本区域“属性”面板

文本区域“属性”面板中部分设置项的作用如下。

1）字符宽度：设置文本区域中单行文本的最大字符宽度。

2）行数：设置文本区域的可见行数，即文本框高度。

注意：在文本字段“属性”面板中，可以设置文本字段为文本区域，也可以在“类型”中选择“密码”单选按钮。此时在文本字段中输入的数据不可见，通常用“*”代替。

3．添加隐藏域

隐藏域用来收集或发送信息的不可见元素，用户访问网页时，隐藏域是不可见的。当表单被提交时，隐藏域中的信息就会被发送到服务器上。添加隐藏域可以在工具栏中选择“插入”→“表单”→“隐藏域”选项，或在“插入”工具栏中选择“隐藏域”。隐藏域的属性主要包括隐藏域 ID 和值，如图 8-9 所示。

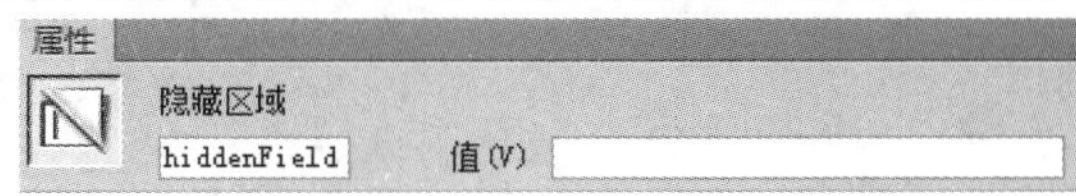

图 8-9　隐藏域“属性”面板

隐藏区域指隐藏域的名称，该名称可以被脚本或程序锁引用；值指隐藏域的值。

4. 添加复选框

在网页中，网页与访问者的交互除了输入文本信息之外，还可以在给定的选项中进行选择，并提交选择的结果给服务器，从而实现交互性功能。实现选择功能的表单对象主要有复选框、单选按钮、选择列表、跳转菜单等。

当网页需要访问者在给定的选项中选择一个或多个选项的时候，就需要用到“复选框”。添加复选框的办法和添加其他表单对象的方法类似，首先将光标定位到表单中，然后找到“插入”工具栏下面的“复选框”，单击即可在表单中添加一个复选框，如图 8-10 所示。在添加复选框时，Dreamweaver 会要求输入复选框的 ID 和标签。ID 指脚本语言调用复选框的名称，标签指复选框后的标签文字。

图 8-10　添加复选框

添加复选框之后，单击复选框，在“属性”面板中可以对复选框的属性进行调节，其中各设置项的作用如下。

1）复选框名称：设置复选框的名称。

2）选定值：设置该复选框被勾选时向服务器发送的值。

3）初始状态：设置浏览器中首次加载该表单时复选框是否处于勾选状态。

注意：如果需要添加多个复选框，则可以使用复选框组一次性添加多个复选框。

5. 添加单选按钮

在网页中，除了复选框外，有时还需要用户在多个选项中只选择一个选项提交到服务器，这时就需要使用“单选按钮”。单选按钮只允许用户选择一个选项，可用于性别等唯一选项信息的选择。插入单选按钮的方法和插入复选框类似，将光标定位到表单后，在“插入”工具栏中选择“单选按钮”，输入 ID 和标签后就完成了单选按钮的添加，如图 8-11 所示。

男 ◉ 女 ○

图 8-11　选中和未选中的单选按钮

注意：单选按钮的属性设置和复选框的一样，这里不再赘述。添加多个单选按钮也可以通过添加“单选按钮组”来实现。

6. 添加选择（列表/菜单）

在网页中经常可以看到选择列表 1990，访问者通过下拉菜单看到几个选项进行选择。可以通过 Dreamweaver 表单对象中的“选择（列表/菜单）”进行添加。在“插入”工具栏中单击“选择（列表/菜单）”，在弹出的对话框中输入 ID 和标签，就可以完成列表/菜单的插入。添加选择之后，单击，在“属性”面板中出现相应的属性设置，如图 8-12 所示。

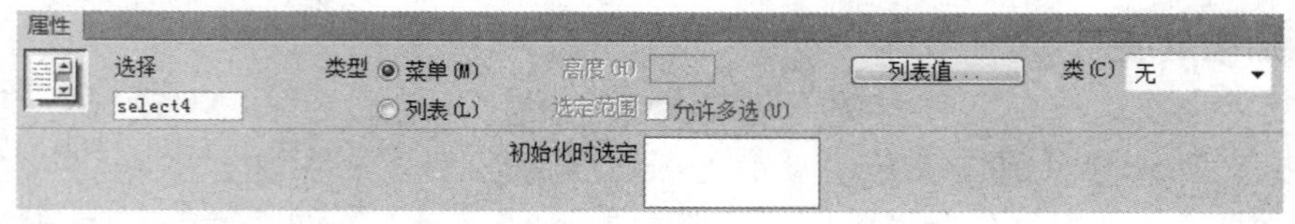

图 8-12　选择（列表/菜单）属性设置

若在选择中添加各种选项，需要在“属性”面板中单击“列表值”按钮，弹出“列表值”对话框，可以在对话框中添加和删除列表值，如图 8-13 所示。

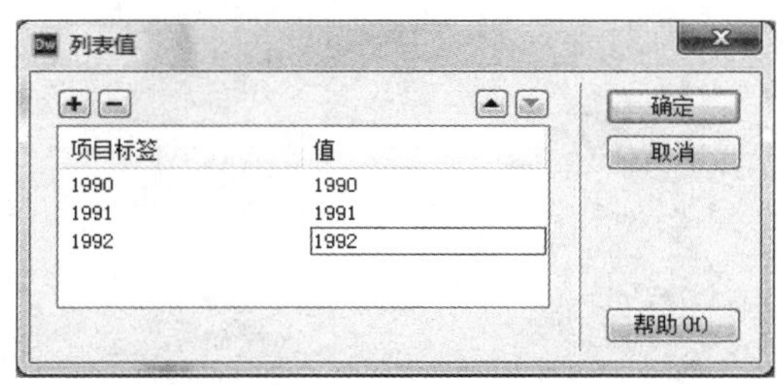

图 8-13　“列表值”对话框

7. 添加按钮

网页访问者填写完成表单后，需要单击“注册”或“提交”按钮将表单信息提交到服务器，这就需要按钮来实现。表单中的按钮可以实现提交表单或重设表单的功能。添加按钮的方法是在“插入”工具栏中单击“按钮”，在弹出的对话框中输入 ID 和标签后即可插入按钮。单击添加的按钮，通过设置按钮“属性”面板，可以对按钮的属性进行设置，如图 8-14 所示。

图 8-14　按钮“属性”面板

按钮“属性”面板中各设置项的作用如下。

1）按钮名称：设置按钮的名称，用于脚本语言对按钮的调用。

2）值：设置显示在按钮上的文字，默认为“提交”。

3）动作：设置单击按钮时的动作，有提交表单、重设表单、无 3 个选项。

4）类：设置需要调用的 CSS 样式。

注意：当没有对按钮的值进行设置时，在“动作”中选中“提交表单”单选按钮，则按钮的值默认为提交；选中“重设表单”单选按钮，则按钮的值默认为重置。

活动实施

制作会员注册页面，效果如图 8-15 所示。

制作会员注册页面的具体操作步骤如下：

第一步：启动 Dreamweaver 软件，新建.html 的文件，在页面第一行输入“注册会员”，第二行插入表格，调整表为所需的格式。在左方表格中，依次输入“用户名：”“输入密码：”等信息，形成模板，以便继续添加表单，如图 8-16 所示。

第二步：将光标定位到“用户名：”右侧的表格中，单击插入表单，如图 8-17 所示。

第三步：将光标定位到红色虚线框中，选择“插入”工具栏中的“文本字段”按钮，出现灰色实线框。单击后在页面下方出现“属性”面板，设置“字符宽度”为 25，“类型”为“单行”，“初始值”为“<拼音字母开始的字符>”，如图 8-18 所示。

第四步：按照上面的方法，在“输入密码：”和“密码确认：”右侧的表格中插入表单和文本字段。单击文本字段后，在“属性”面板中设置“字符宽度”为 25，“类型”为“密码”，“初始值”为空，如图 8-19 所示。

注册会员

用 户 名:	<拼音字母开始的字符>
输入密码:	
密码确认:	
性　别:	◉ 男 ○ 女
出生年月:	年 [请选择] ▾ 月
喜爱项目:	□ Cosplay盛典 □ 动画片 □ 漫画 □ 其他
联系地址:	
上传个人简历:	选择文件 未选择任何文件
验证码:	输入下面图中字符
	提交　重置

图 8-15　会员注册页面

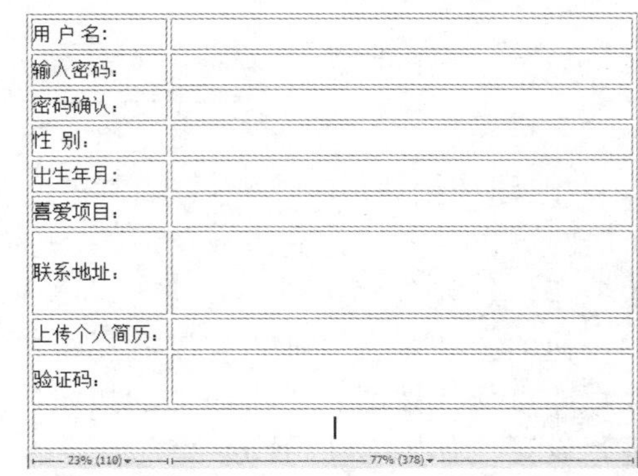

图 8-16　输入表格和文字

8-17　在表格中插入表单

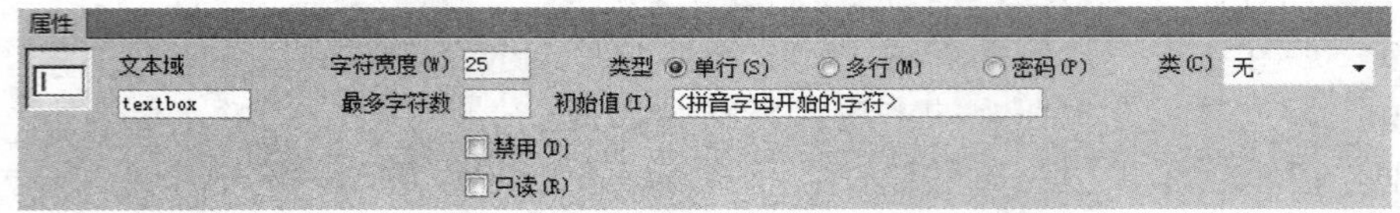

图 8-18　“用户名:”文本字段的设置

图 8-19　“输入密码:”和“密码确认:”的设置

第五步：在“性别:”右侧的表格中插入表单，在“插入”工具栏中单击“单选按钮”按钮，设置“标签”为“男”，再插入第二个“单选按钮”，设置“标签”为“女”。单击第一个单选按钮，出现“属性”面板，设置“初始状态”为“已勾选”，如图 8-20 所示。

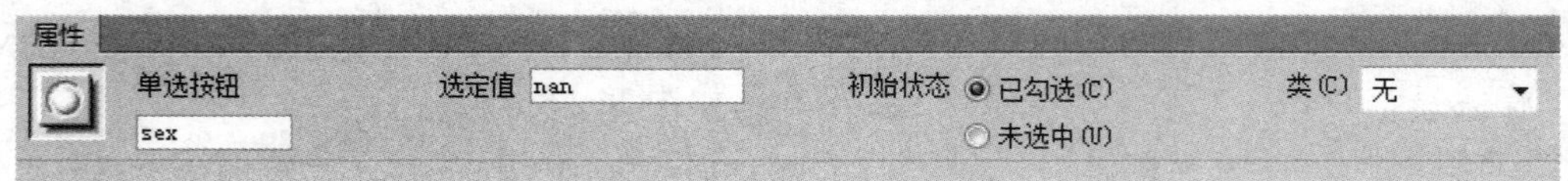

图 8-20　“性别:”的设置

第六步：在“出生年月:”右侧的表格中插入表单，单击“插入”工具栏中的，插入文本字段，在文本字段“属性”面板中设置“字符宽度”为 4，“最多字符数”为 4，如图 8-21 所示。输入文字“年”，完成年份的输入。然后单击“选择（列表/菜单）”按钮，输入 ID 和标签后完成选择（列表/菜单）的插入。在“属性”面板中设置“类型”为“菜单”，单击“列表值”按钮，在弹出的“列表值”对话框中添加列表值，如图 8-22

所示。最后输入文字“月”。

第七步：在“喜爱项目：”右侧的表格中插入表单，单击“插入”工具栏中的“复选框”按钮，在“标签”栏中写入“Cosplay 盛典”，完成复选框的插入。接着使用同样的方法，依次插入“动画片”“漫画”“其他”，最后的效果如图 8-23 所示。

图 8-21　“出生年月：”的设置

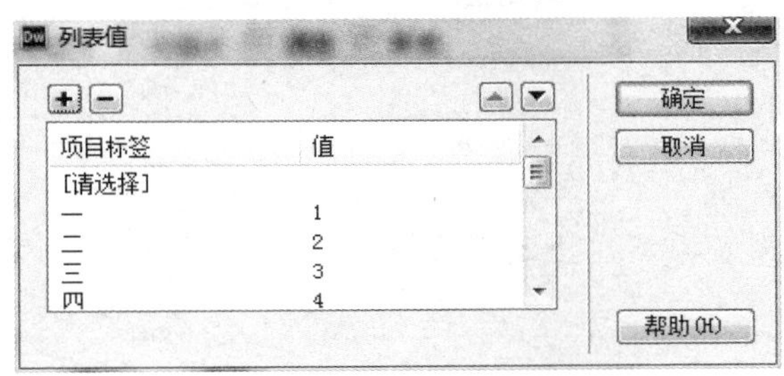

图 8-22　列表值的添加

图 8-23　喜爱项目

第八步：在“联系地址”右侧的表格中插入表单，单击“插入”工具栏中的“文本区域”按钮，插入文本区域。设置“属性”面板中的“字符宽度”为 20，“行数”为 5，如图 8-24 所示。

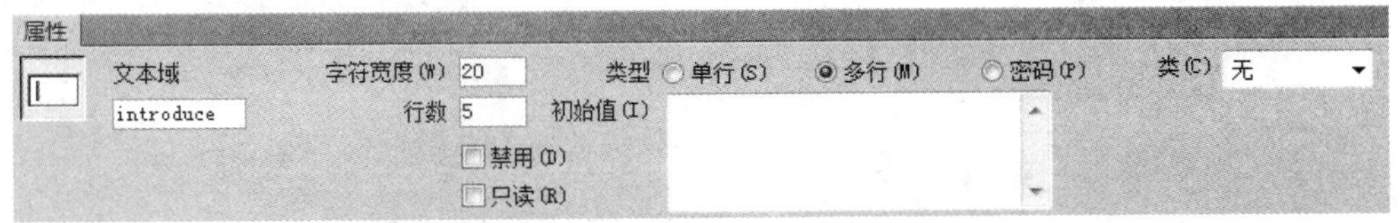

图 8-24　“联系地址：”的设置

第九步：在“上传个人简历：”右侧的表格中插入表单，单击表单中的“按钮”按钮，设置“值”为“选择文件”，如图 8-25 所示。

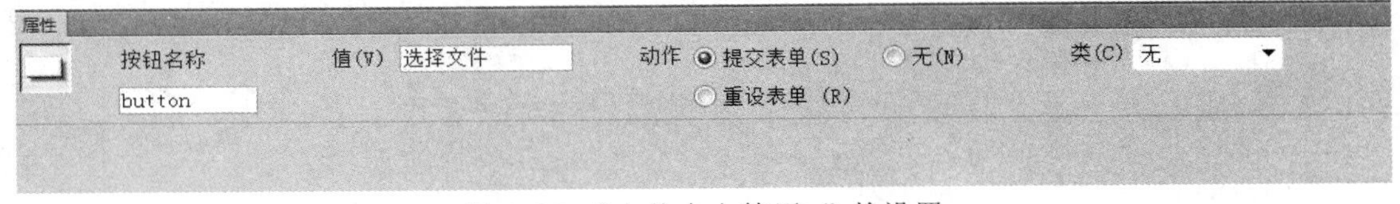

图 8-25　“上传个人简历：”的设置

第十步：在“验证码”右侧的表格中插入表单，单击“插入”工具栏中的按钮，在“属性”面板中设置“文本域”为“yang”，“字符宽度”为 25，如图 8-26 所示。完成文本域的插入后，加入验证码的图片。

第十一步：在最下面的表格中插入表单，单击“插入”工具栏中的“按钮”按钮，依次插入两个按钮。此时两个按钮都为提交，单击第二个按钮，在“属性”面板中设置“动作”为“重设表单”，按钮即变为重设，如图 8-27 所示。两个按钮插入完成后，在最后的表格中的空白处单击，在表格“属性”面板中将“水平”设置为“居中对齐”，如图 8-28 所示。

图 8-26 “验证码：”的设置

图 8-27 重置按钮的设置

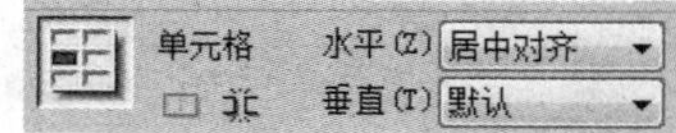

图 8-28 将表格设置为水平居中对齐

思考

Dreamweaver 中，制作会员注册界面除了添加以上这些表单对象之外，还可以添加哪些表单对象？

活动拓展

根据图 8-29 制作一个会员注册页面，完成后将网页文件提交到教师机。

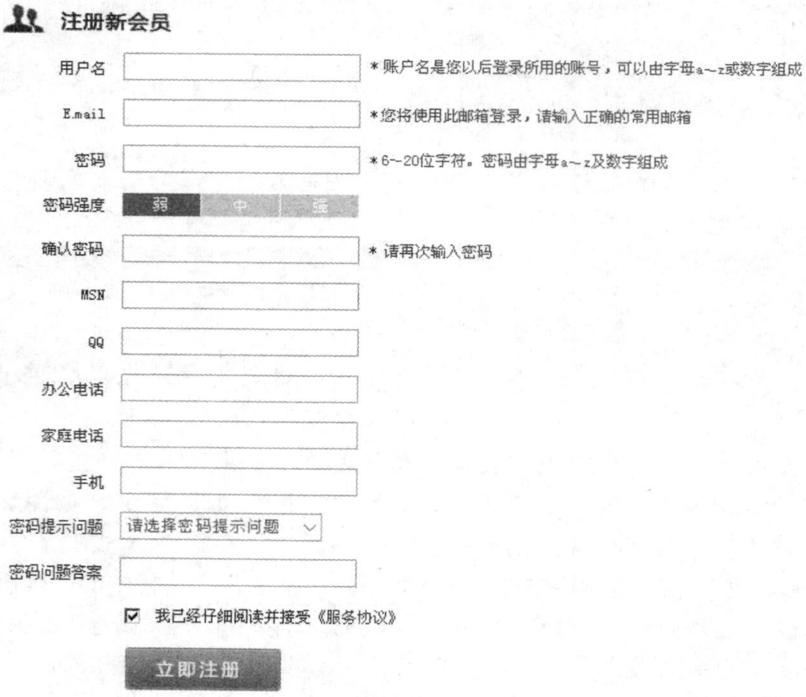

注册新会员

用户名 ＊账户名是您以后登录所用的账号，可以由字母a~z或数字组成

E.mail ＊您将使用此邮箱登录，请输入正确的常用邮箱

密码 ＊6~20位字符。密码由字母a~z及数字组成

密码强度 弱 中 强

确认密码 ＊请再次输入密码

MSN

QQ

办公电话

家庭电话

手机

密码提示问题 请选择密码提示问题

密码问题答案

☑ 我已经仔细阅读并接受《服务协议》

立即注册

图 8-29 会员注册页面

任务二　应用特殊表单对象

问题导入

现在的网站越来越庞大，访问者要想快速找到自己需要的信息，就需要经常使用网站的站内搜索功能，那么如何制作站内搜索工具栏实现站内搜索功能呢？

背景知识

搜索引擎（Search Engine）是指根据一定的策略，运用特定的计算机程序从互联网上搜集信息，在对信息进行组织和处理后为用户提供检索服务，将用户检索的相关信息展示给用户的系统。搜索引擎包括全文索引、目录索引、元搜索引擎、垂直搜索引擎、集合式搜索引擎、门户搜索引擎与免费链接列表等。

目前，常用的搜索引擎有百度、搜搜、360 搜索、盘古搜索等。

活动　制作站内搜索栏

必备知识

一、添加图像域

在网页中添加按钮，按钮默认样式为提交，但是在实际网页中往往需要更好看、更具个性化的按钮，所以 Dreamweaver 提供了添加图像域的功能，用户可以提交一张图片作为按钮。添加图像域的方法和添加按钮类似，单击“插入”工具栏中的“图像域”按钮，弹出“选择图像源文件”对话框，如图 8-30 所示，找到要作为按钮的图片，单击“确定”按钮，输入 ID 和标签后即可完成图像域的添加。单击插入的图像域，出现图像域“属性”面板，可以对选择的图像域进行设置，如图 8-31 所示。

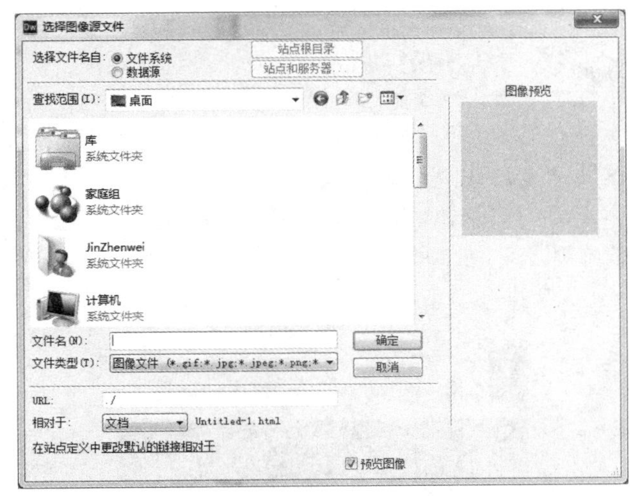

图 8-30　“选择图像源文件”对话框

图 8-31　图像域“属性”面板

图像域“属性”面板中各设置项的作用如下。

1）图像区域：设置图像域的名称。

2）源文件：设置图像域的图像，单击按钮可以对图像进行重设。

3）对齐：设置图像的对齐方式。

4）编辑图像：启动计算机中安装的图片编辑软件对图像进行编辑。

二、添加文件域

在注册页面中，往往需要上传头像。在 Dreamweaver 中，可以通过文件域实现图片和其他文件的上传功能。添加文件域的方法为单击“插入”工具栏中的“文件域”按钮，在弹出的对话框中输入 ID 和标签即可完成文件域的插入。单击插入的文件域，即可在文件域“属性”面板中对该文件域进行设置，如图 8-32 所示。

添加的文件域如图 8-33 所示，在浏览网页时，单击“浏览”按钮，选择需要上传的文件，再单击“确定”按钮，即可完成文件的上传。

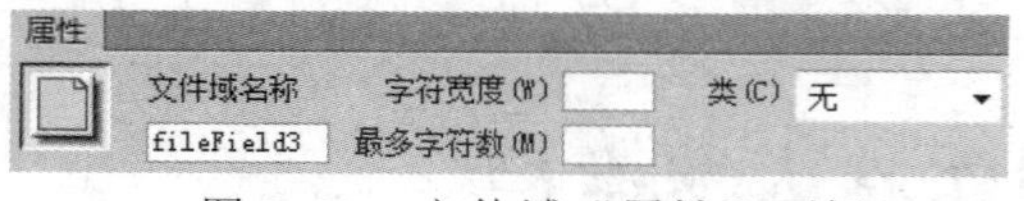

图 8-32　文件域“属性”面板

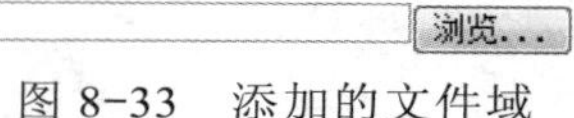

图 8-33　添加的文件域

三、添加隐藏域

隐藏域在页面中对于用户是不可见的，在表单中插入隐藏域的目的在于收集或发送信息，以利于被处理表单的程序所使用。浏览者单击发送按钮发送表单时，隐藏域中的信息也被一起发送到服务器。

活动实施

在常见的网站中，访问者往往需要直接获得相关信息，而网站目录庞大，内容繁多，这就需要网站提供站内搜索功能。网站一般会在某个地方提供站内搜索栏供访问者直接搜索需要的信息，如新华网就在网站的右上角提供了站内搜索功能，如图 8-34 所示。

那么，如何制作一个站内搜索栏呢？下面介绍如何制作图 8-35 所示的站内搜索栏。

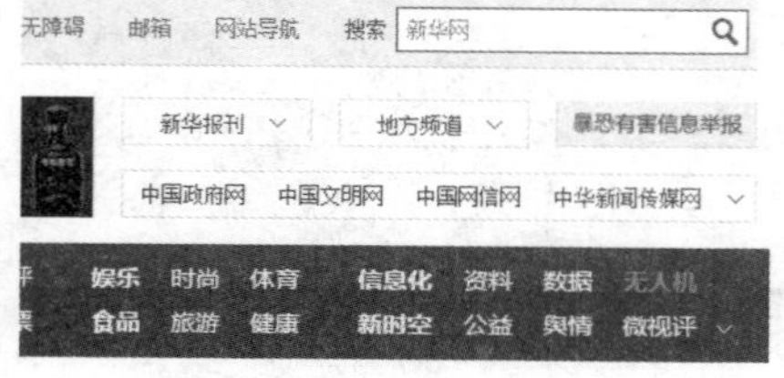

图 8-34　新华网的站内搜索功能

搜索本站

图 8-35　站内搜索栏

制作站内搜索栏的具体步骤如下：

第一步：在需要添加站内搜索栏的地方，执行“插入”→“表单”命令，出现一个红色的虚线框。在“动作”文本框中设置网站地址，如“http://www.baidu.com/baidu”，设置“方法”为“默认”，“目标”为“_blank”，如图 8-36 所示。

第二步：单击红色虚线框内的空白部分，执行“插入”→“表格”命令，在表单中插入一个 1 行 3 列、宽度为 400px 的表格，设置如图 8-37 所示。

图 8-36　表单属性设置

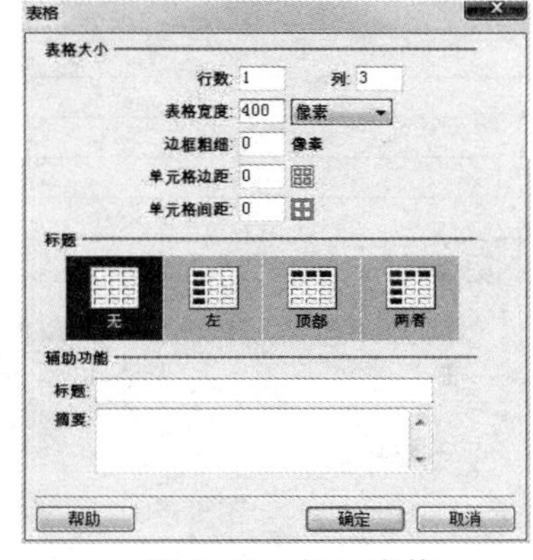

图 8-37　插入表格

第三步：执行“插入”→“表单”→“文本域”命令，在第 1 列插入一个文本域，将 id 设置为“word”。在“属性”面板中设置“字符宽度”为 25，“初始值”为“搜索本站”，如图 8-38 所示。

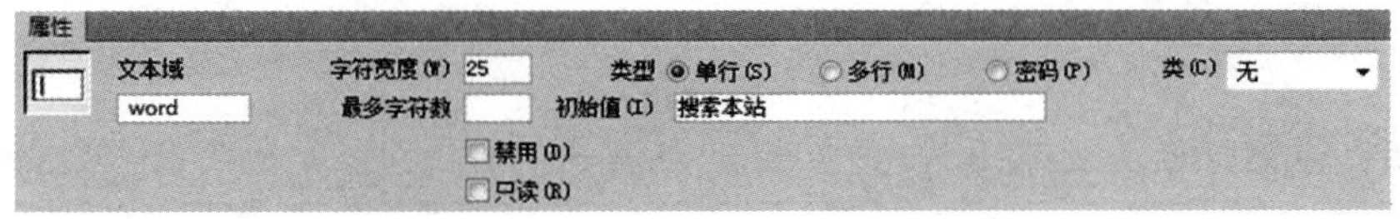

图 8-38　插入文本字段并设置

第四步：执行“插入”→“表单”→“文本域”命令，在第 2 列插入一个图像域，在弹出的“选择图像源文件”对话框中选择需要作为按钮的图片，如图 8-39 所示。

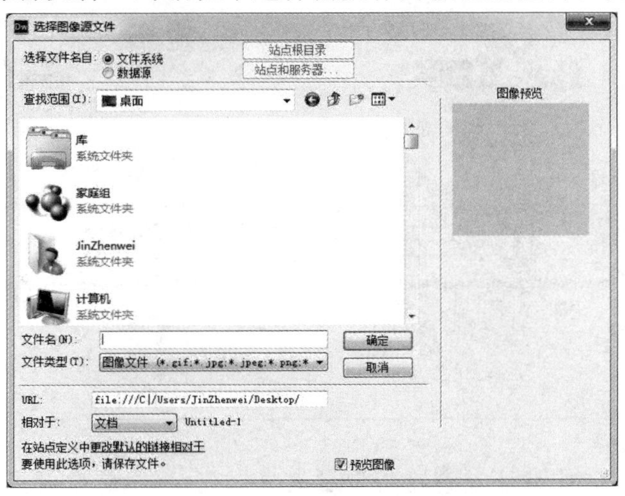

图 8-39　选择合适的图片

第五步：在第 3 列分别插入 4 个隐藏域，并为这 4 个隐藏域添加名称和值，具体见表 8-1。表格前 3 行是利用百度搜索引擎进行站内搜索的特定格式，不能改变，名称为 Si 的隐藏域的值可以根据需要改变。执行“插入”→“表单”→“隐藏域”命令，插入隐藏域之后在其“属性”面板中设置隐藏域的名称和值，如图 8-40 所示。

表 8-1　4 个隐藏域的名称和值

名　　称	值
TN	bds
CL	3
CT	2097152
Si	www.taobao.com

第六步：完成站内搜索工具栏的制作，效果如图 8-41 所示。

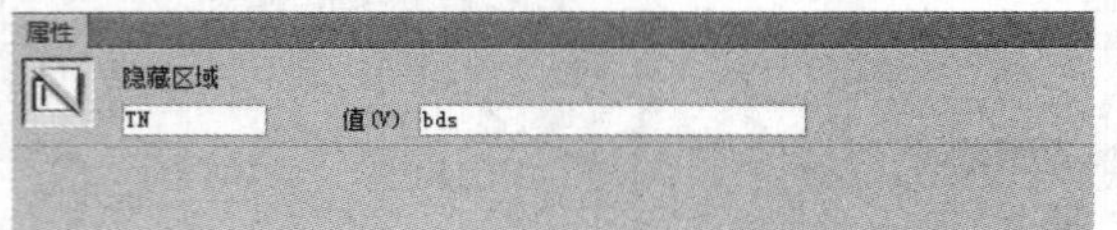

图 8-40　隐藏域设置

图 8-41　站内搜索栏

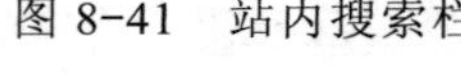

思考

站内搜索栏一般放在网页的什么位置？为什么？

活动拓展

请利用教学资源包里的百度标志，练习制作百度搜索栏，如图 8-42 所示，完成后将网页文件提交到教师机。

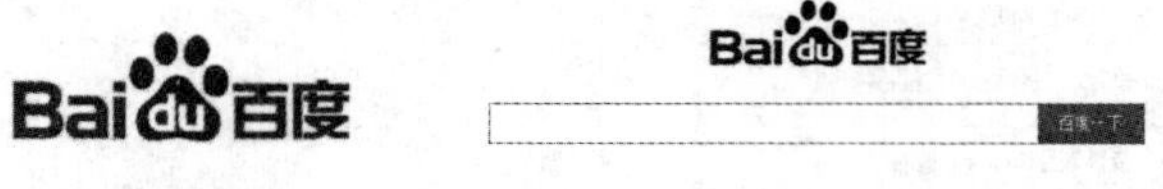

图 8-42　百度搜索栏

任务三　查验表单数据

问题导入

当注册一个网站时往往还没有将用户名信息提交，网页就已经提示用户名已被注册，你知道这是怎么实现的吗？

背景知识

表单验证是一套系统，它为终端用户检测无效的数据并标记这些错误，是一种用户体验的优化，让 Web 应用更快地抛出错误，但它仍不能取代服务器端的验证，重要数据还是要依赖于服务器端的验证，因为前端验证是可以绕过的。目前任何表单元素都有 5 种可能的验证约束条件。

1）valueMissing：确保控件中的值已填写，将 required 属性设为 true，如<input type="text" required="required"/>。

2）typeMismatch：确保控件值与预期类型相匹配，如<input type="email"/>。

3）toolong：避免输入过多字符，设置 maxLength，如<textarea id="notes" name="notes" maxLength="100"></textarea>。

4）stepMismatch：确保输入值符合 min、max、step 的设置，设置 max、min、step，如<input type="number" min="0" max="100" step="10" value="20"/>。

5）customError：定义一些自定义错误信息的信息，如验证两次输入的密码是否一致。

表单验证是 JavaScript 中的高级选项之一。JavaScript 可用来在数据被送往服务器前对 HTML 表单中的这些输入数据进行验证。被 JavaScript 验证的这些典型的表单数据有：

1）用户是否已填写表单中的必填项目。

2）用户输入的邮件地址是否合法。

3）用户是否已输入合法的日期。

活动　制作 Spry 可验证表单

必备知识

Spry 表单构件是从 Dreamweaver CS3 版本开始增加的一项基于 AJAX 框架的表单功能。在网页中使用它可以为访问者提供更丰富的输入体验和对表单信息的验证功能。在用户注册页面，网页需要验证用户名是否已经被其他人注册，通过 Spry 表单构件，网页可以对访问者输入的信息进行验证，并即时提供反馈。

一、插入 Spry 验证文本域

Spry 验证文本域与普通文本域的不同之处在于，它可以对文本域中输入的信息进行验证，并显示对应的提示信息。插入 Spry 验证文本域与插入文本域的步骤基本一致，在“插入”工具栏中单击“Spry 验证文本域”按钮，输入 ID 和标签后就完成了 Spry 验证文本域的添加，如图 8-43 所示。

Spry 文本域: sprytextfield1

图 8-43　Spry 验证文本域

对 Spry 验证文本域的设置与文本字段略有不同，单击文本框时，“属性”面板显示的是文本字段的“属性”面板，包括了“字符宽度”“最多字符数”等信息，只有单击文本框上方的“Spry 文本域：sprytextfield1”时，下方才显示 Spry 验证文本域的“属性”面板，如图 8-44 所示。

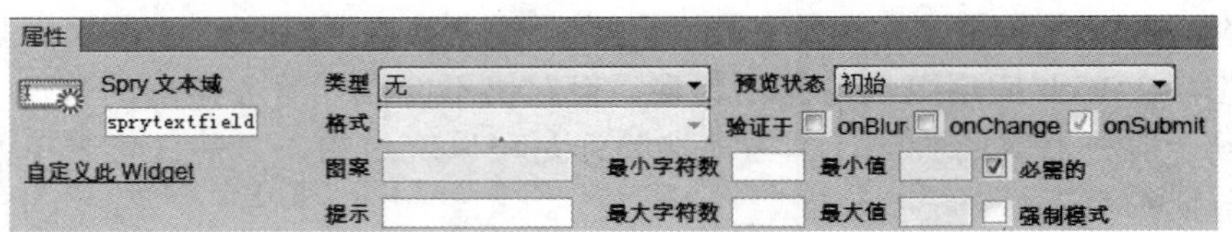

图 8-44　Spry 验证文本域“属性”面板

Spry 验证文本域“属性”面板中各设置项的作用如下。

1）类型：设置输入 Spry 文本域的信息的类型，按设置的类型对输入文本框的信息进行验证，如整数、电子邮件地址、日期等。

2）格式：根据类型的不同设置不同的格式。例如，当类型为日期时，可选的格式有 mm/dd/yy、mm/dd/yyyy 等。

3）预览状态：设置当输入的信息不符合类型和格式的要求时提示的信息。

4）验证于：设置何时启动验证。“onBlur”指鼠标移开后开始验证，“onChange”指更改信息后开始验证，“onSubmit”指提交时开始验证，其中“onSubmit”为必选项。

5）图案：当“格式”选项设置为“自定义”时，可在此处设置自定义的格式范本。

6）提示：设置显示在 Spry 验证文本域中的提示信息。

7）最小字符数和最小值：设置字符数下限和最小值。

二、插入 Spry 验证文本区域

Spry 验证文本区域是多行的 Spry 验证文本域。在“插入”工具栏中单击“插入 Spry 验证文本区域”按钮，单击“Spry 文本区域：sprytextarea1”显示“属性”面板，其“属性”面板和 Spry 验证文本域的“属性”面板类似，如图 8-45 所示。

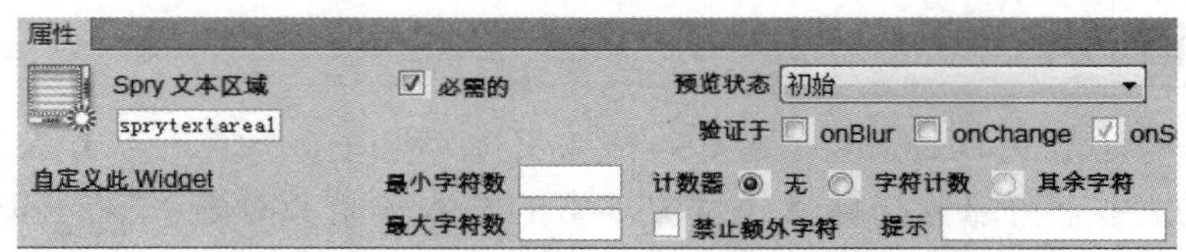

图 8-45　Spry 验证文本区域“属性”面板

Spry 验证文本区域“属性”面板中部分设置项的作用如下：

1）计数器：选中“字符计数”单选按钮，则网页会统计访问者输入的字符总数，并显示在文本区域旁；选中“其余字符”单选按钮，则在旁边显示还可以输入的剩余字符数。

2）禁止额外字符：只有在设置了“最大字符数”后才能勾选此复选框。勾选后，当访问者输入的字符数达到最大字符数时将无法继续输入。

三、插入 Spry 验证复选框

Spry 验证复选框和普通复选框相比，其差别在于使用 Spry 验证复选框之后，当用户勾选该复选框时，网页会呈现相应的提示信息。Spry 验证复选框的插入方法是在“插入”工具栏中单击“Spry 验证复选框”按钮，输入 ID 和标签后即完成插入。在 Spry 验证复选框的“属性”面板中可以对其属性进行设置，如图 8-46 所示。

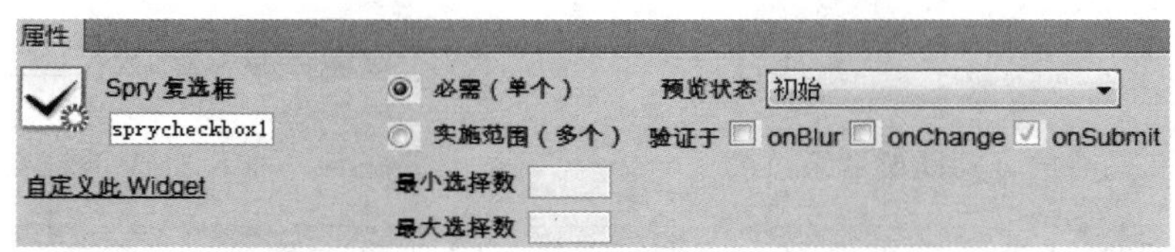

图 8-46　Spry 验证复选框“属性”面板

Spry 验证复选框“属性”面板中部分设置项的作用如下：

“必需（单个）”和“或实施范围（多个）”单选按钮：选中“必需（单个）”单选按钮，则访问者至少要勾选其中一个复选框才能通过验证；若选中“实施范围（多个）”单选按钮，则访问者可以勾选多个复选框来验证，设置需要勾选的最小选择数和最大选择数。

四、插入 Spry 验证选择

Spry 验证选择在“选择（列表/菜单）”的基础上增加了对选择的验证功能。单击“插入”工具栏中的按钮即可添加 Spry 验证选择。添加“列表值”的方法和普通选择一样。单击“Spry 选择：spryselect1”即出现 Spry 验证选择的“属性”面板，如图 8-47 所示。

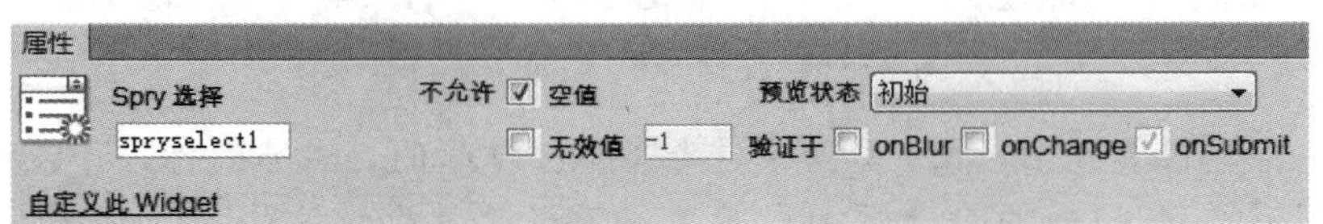

图 8-47　Spry 验证选择“属性”面板

在 Spry 验证选择“属性”面板中可以勾选“空值”和“无效值”复选框。若勾选“空值”复选框，则访问者在网页上必须进行选择；若不选择，则网页就会给出提示。若勾选“无效值”复选框，则当用户选择特定选项后，网页会给出提示信息。

 活动实施

制作 Spry 可验证表单，效果如图 8-48 所示。

第一步：打开 Dreamweaver，选择新建 HTML 网页。

第二步：在合适的位置执行“插入”→“表单”命令，网页出现红色虚线框，表示已插入表单。

第三步：在“插入”工具栏的表单栏目下单击“Spry 验证文本域”按钮，在弹出的对话框中输入标签为“电子邮件:”，单击“确认”按钮后在相应位置插入 Spry 验证文本域，如图 8-49 所示。

第四步：单击文本框区域，下方出现文本域“属性”面板，设置“字符宽度”为 20，

如图 8-50 所示。

电子邮件：dd 格式无效。
登录密码：
提交 重置

图 8-48　具有验证功能的登录页面

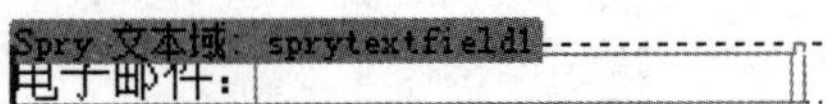

图 8-49　插入 Spry 验证文本域

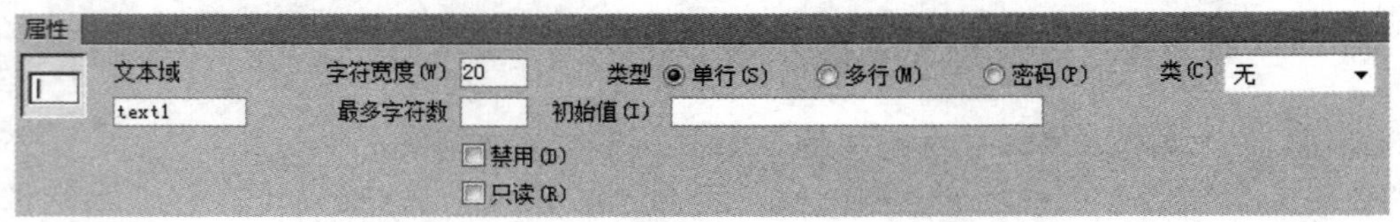

图 8-50　设置文本字段

第五步：单击文本框上方的“Spry 文本域：sprytextfield1”文字，在下方的“属性”面板中设置“类型”为“电子邮件地址”，“预览状态”为“无效格式”，“验证于”勾选“onBlur”复选框，如图 8-51 所示。

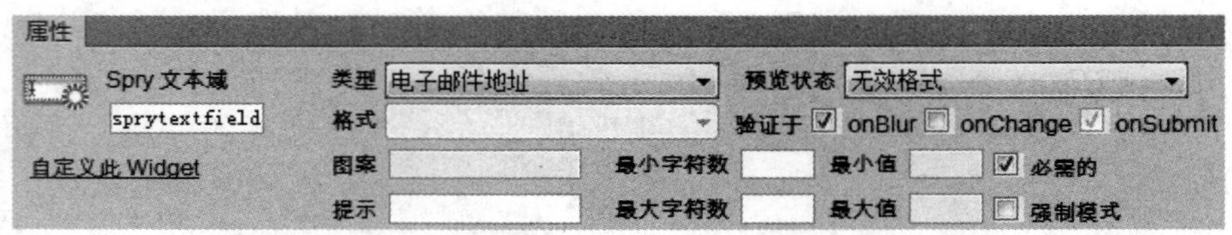

图 8-51　设置 Spry 验证文本域

第六步：将光标定位到 Spry 验证文本域后面，按<Enter>键换行，单击“Spry 验证文本域”按钮，在弹出的对话框中设置“标签”为“登录密码:”，如图 8-52 所示。

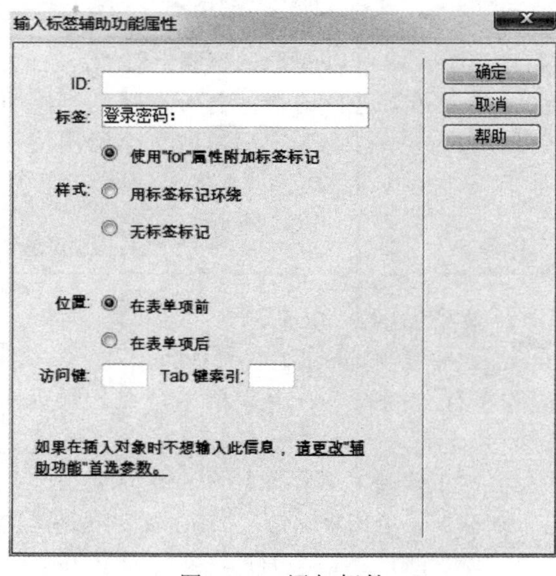

图 8-52　添加标签

第七步：单击文本框区域，在“属性”面板中设置“字符宽度”为 20，“类型”为“密码”，如图 8-53 所示。

第八步：单击文本框上方的“Spry 文本域：sprytextfield”文字，在下方的“属性”面板中设置“最小字符数”为 5，“最大字符数”为 15，“验证于”勾选“onChange”复选框和“必需的”复选框，“预览状态”设置为“已超过最大字符数”，如图 8-54 所示。

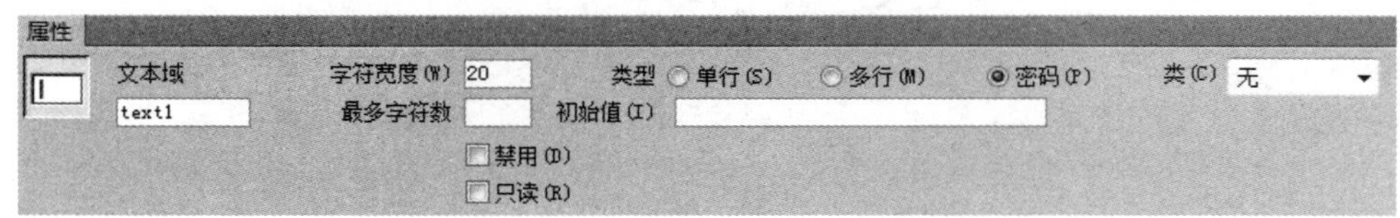

图 8-53　设置本文域

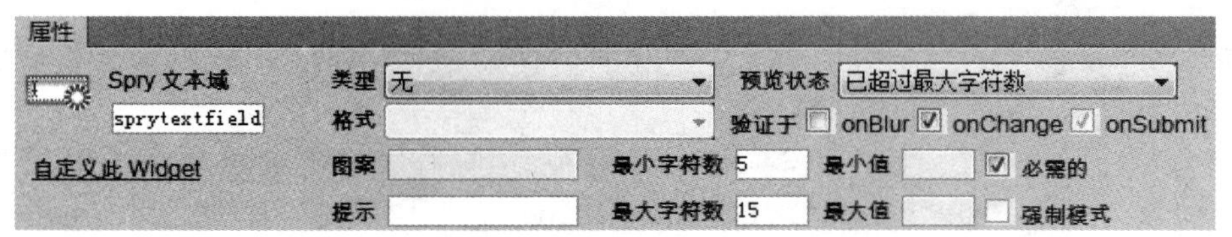

图 8-54　设置 Spry 验证文本域

第九步：将光标定位到 Spry 验证文本域后面，按<Enter>键换行。依次单击“按钮”按钮插入两个按钮，第二个按钮在“属性”面板中设置“动作”为“重设表单”。

登录页面制作完成后，电子邮件栏目必须填写符合电子邮件格式的字符，若不符合，则提示“格式无效”；登录密码的字符数必须介于 5～15 之间，若不符合，则提示“不符合最小字符数要求”或“已超过最大字符数”，如图 8-55 所示。

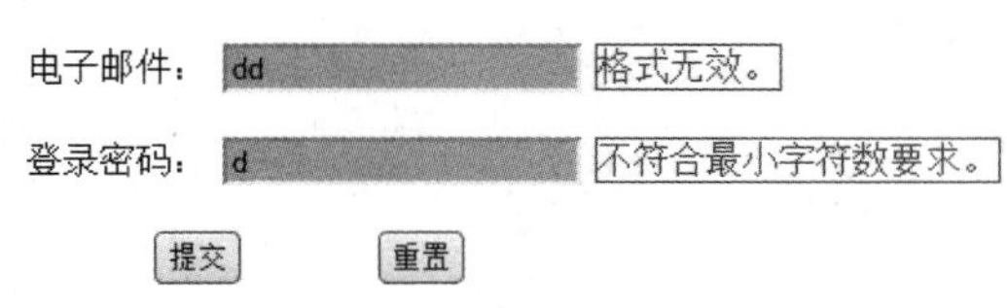

图 8-55　具有验证功能的登录页面

思考

根据案例请思考一下，除了使用 Spry 表单构件，还有没有其他方法能实现表单验证功能？

活动拓展

制作图 8-56 所示的具有验证功能的表单登录页面，完成后将网页文件提交到教师机。

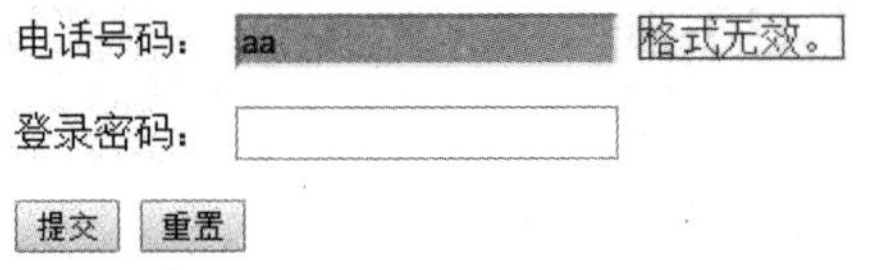

图 8-56　具有验证功能的登录页面

项目九

运用 Div+CSS 样式

通过前面项目的学习，大家对网页的制作已经有了基本的认识，也能熟练使用 Dreamweaver 软件制作简单的网页。但由于 HTML 自身的局限，制作的网页可能会遇到浏览器不兼容的问题，这阻碍了网页语言的发展。本项目主要介绍 Div+CSS 样式的布局方法，可以解决此类问题。

学习目标

1）了解 Div+CSS 布局的相关知识。
2）掌握创建 CSS 样式的方法。
3）理解并掌握 CSS 样式的 3 种选择器及用法。
4）掌握在网页中应用 CSS 样式的方法。

任务一　初识 Div 和 CSS

问题导入

Div+CSS 样式是一种网页的布局方式，那么什么是 Div 和 CSS 呢？它又是通过什么方式来布局网页的呢？

背景知识

由于 HTML 自身的局限，网页结构与表现无法分离，因此，CSS（层叠样式表）应运而生，通过 CSS 样式的设置，很好地解决了网页的优化问题。当修改一个 CSS 样式时，所有应用它的网页文件都会自动修改。

只有 CSS 样式并不能对网页中的内容进行修改，还需要 Div 的帮助，Div 是层叠样式表中的定位技术，也可以叫作图层，它可以将 CSS 样式准确定位在网页中。

一、CSS

CSS 样式是层叠样式表的缩写，是一种用来表现 HTML 或 XML 等文件样式的计算机语言。网页设计最初是由许多的 HTML 标签组成的，但是这些标签渐渐地不能满足所有网页的需求，CSS 样式就这样诞生，它能弥补 HTML 的不足，使网页的创建和修改变得方便灵活。

CSS 样式是对 HTML 语言的补充，是真正能做到表现与内容分离的一种样式设计语言，在网页中使用 CSS 样式，可以为网页上的元素添加许多特殊的效果和属性。图 9-1 所示的是未使用 CSS 样式的网页，图 9-2 所示的是使用 CSS 样式后的网页。

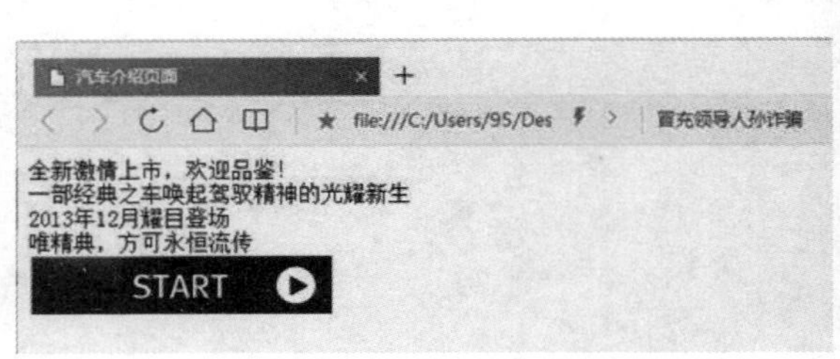

图 9-1　未使用 CSS 样式

图 9-2　使用 CSS 样式

由此可以看出 CSS 强大的功能，但它也有某些局限性。因为 CSS 的出现比 HTML 要晚，所以某些陈旧的浏览器并不能识别 CSS 样式，导致浏览时网页排版出错。

二、Div

Div 的全称是 DIVision，它是一个标签，也是一个容器，专门用于存放网页中的元素，让这些元素能够进行布局设计。Div 标签能够把一个网页分割成独立的、不同的部分，同一个 Div 标签中还能嵌套 Div 标签，称作层，所以 Div 也称为图层。

三、Div+CSS

在之前的学习中，网页的布局都是依赖表格进行的，现在要学习的是一种新的布局方式——Div+CSS，这种方式与表格布局不同，它能够实现内容的分离。它的布局原理是，先通过 Div 标签对网页进行分块，再对不同的 Div 运用合适的 CSS 样式。其优势主要如下：

1）浏览器支持，使用 Div+CSS 布局的网页在不同的浏览器中显示的效果最为相近。

2）表现与结构分离，便于通过设计代码维护网页。

3）设计功能强大，能够对网页中的每一个元素精确控制。

4）继承性能好，代码的重复率低、利用率高。

活动一　创建与应用 Div 标签

必备知识

一、Div 标签概述

规则：<div>层次中的内容</div>。

Div 标签可定义网页中的某个区块或层次，每一个部分都是独立的、不同的部分。它是网页中的组织工具，不需要任何的格式与其关联。

二、Div 标签用法

Div 标签在应用于 Style Sheet（样式表）时更显威力，它具有 class、style、title、id 等属性，这些属性并不是必备的，但是加上能更好地控制页面布局。

<div>是一个块级元素，这意味着它的内容会自动地开始一个新行。实际上，换行是它固有的唯一格式表现。当然，如果我们不满意这个格式，可以对 Div 标签的 class 或 id 属性应用额外的样式。

必要时，可以对同一个 Div 标签同时应用 class 或 id 属性，但是更常见的情况是只应用其中一种。这两者的主要差异是，class 用于元素组（类似的元素，或可以理解为某一类元素），而 id 用于标识单独的唯一的元素。

活动实施

第一步：打开 Dreamweaver CS6，创建站点，新建一个 HTML 网页“index.html”并保存。

第二步：执行“插入”→“布局对象”→“插入 Div 标签”命令，在打开的“插入 Div 标签”对话框中设置“ID”为“case”，单击“确定”按钮插入第一个 Div 标签，如图 9-3 所示。

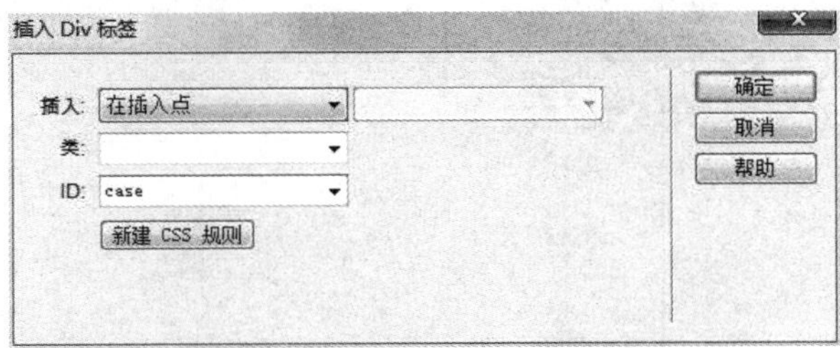

图 9-3　插入“case” Div 标签

第三步：删除 Div 标签中的文字，在里面依次再插入 3 个 Div 标签，名称分别为：“header”“content”“footer”，插入后的拆分界面如图 9-4 所示。

图 9-4　插入 Div 标签后的拆分界面

第四步：分别删除 Div 标签中文字，并输入图 9-5 所示的文字。

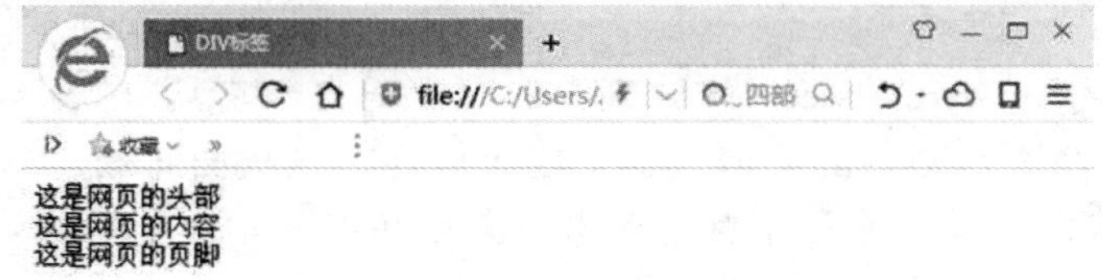

图 9-5　在标签中插入文字

第五步：保存并在浏览器中预览网页。

思考

Div 标签是否可以无限叠加？

活动拓展

利用 Dreamweaver 软件制作一个嵌套 Div 标签的网页，如图 9-6 所示。

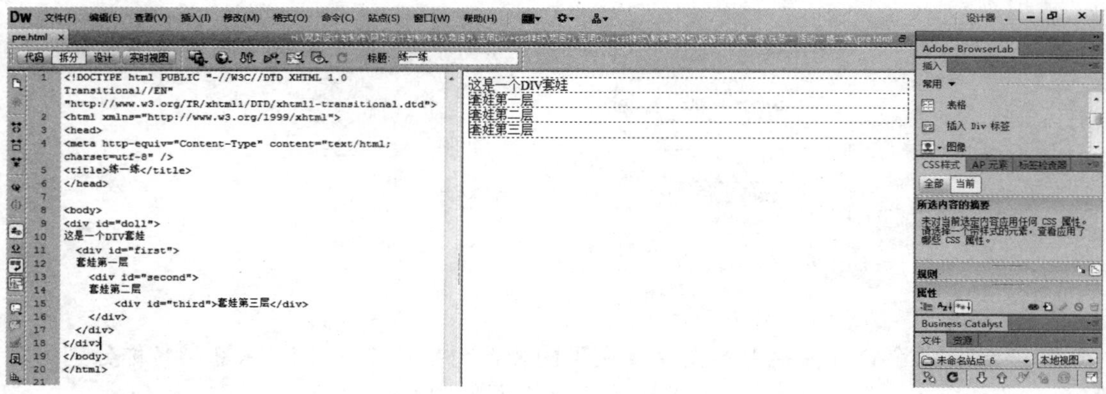

图 9-6　练习图

活动二　创建与应用 CSS 层叠样式

必备知识

一、CSS 样式的优势

1. 结构和格式分离

在 HTML 中仅仅存放网页中显示的元素，简单明了，控制网页外观的 CSS 则独立出来，两个文档又相互关联，节省了创建网页的时间。

2. 强力控制布局

应用 CSS 可以精确地调整页面的布局，这是表格布局做不到的。

3. 体积小，网页访问速度快

CSS 样式体积小，能加快网页的访问速度，提高用户的上网体验。

4. 更新方便

修改 CSS 样式文件时，所有应用这个文件的网页都会同时修改页面，修改者不必一个一个页面地修改。

二、CSS 样式的不足

1）当网页使用的 CSS 样式比较多时，容易出现多个 CSS 文件调用混乱的情况。

2）个别浏览器存在不兼容的情况。

三、CSS 样式的基本语法

通常情况下，一个 CSS 样式由 3 部分组成，即选择器（selector）、属性（property）和属性值（value）。写法如下（在一个大括号中，可以有多对属性和属性值）：

选择器{属性:属性值;}

例如，h2{font-size:14px;}。

活动实施

第一步：打开 Dreamweaver CS6，创建站点，新建一个 HTML 网页“index.html”并保存。

第二步：在“index.html”中输入图 9-7 中所示的文字。

第三步：执行“窗口”→“CSS 样式”命令，打开 CSS 样式面板，如图 9-8 所示。

第四步：在 CSS 样式面板中单击按钮，新建一个 CSS 规则，在“新建 CSS 规则”对话框中选择类型为“类”，设置名称为“red”，设置如图 9-9 所示。

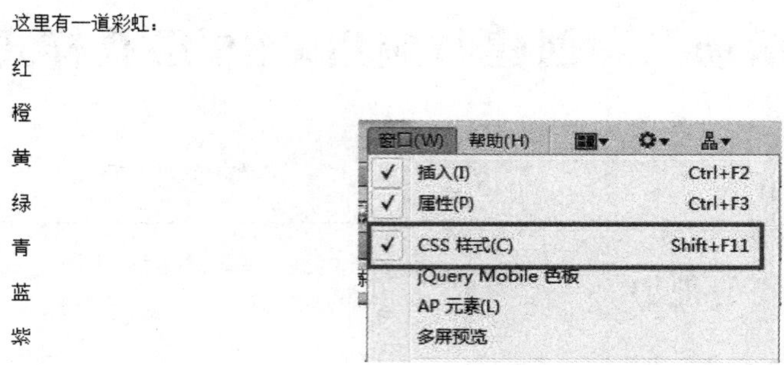

图 9-7　插入文字　　　　图 9-8　打开 CSS 样式面板

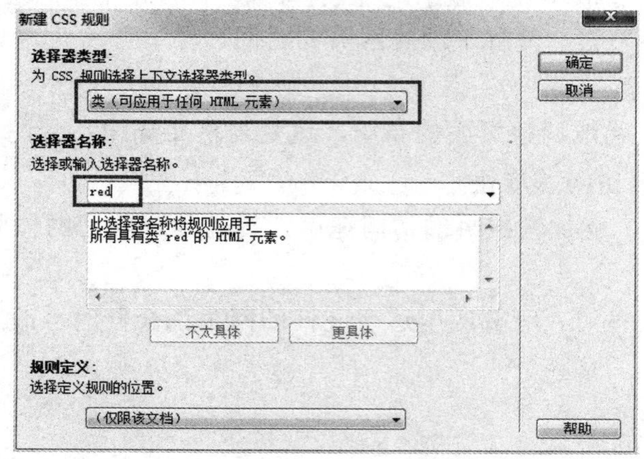

图 9-9　“新建 CSS 规则”对话框

第五步：在规则定义对话框的“分类”列表框中选择“背景”，设置“Background-color（背景颜色）”为红色（#F00），如图 9-10 所示。

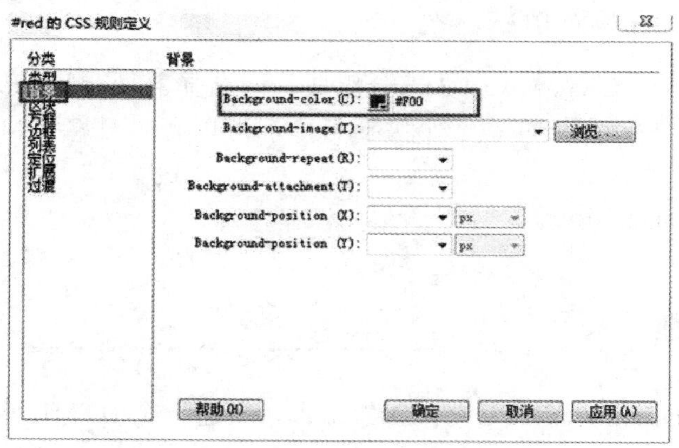

图 9-10　背景颜色

第六步：选中文字“红”，在“属性”面板的 HTML 分类中应用该样式，如图 9-11 所示。

第七步：同样的方式设置其他 6 个颜色，保存并在浏览器中预览网页，效果如图 9-12 所示。

图 9-11　CSS 运用

图 9-12　彩虹

思考

CSS 能否撤销？设置好的 CSS 样式可以重复应用吗？

活动拓展

利用 Dreamweaver 软件制作图 9-13 所示的网页。

这是一个金字塔

第一层

第二层

第三层

第四层

图 9-13　练习图

任务二　了解 Div+CSS 的运用方法与技巧

问题导入

Div 和 CSS 样式都有其各自的特点，要如何结合它们才能做出美观的网页呢？

背景知识

一、CSS 样式表的分类

1. 内部样式表

在 HTML 网页内的 CSS 样式表叫作内部样式表，它们统一存放在网页的<head>和</head>标签之间，由<style>标签开始，</style>标签结尾。内部样式表只能对该页面进行 CSS 样式的设置，不能跨页面执行，因此使用范围较小，在大型网站的开发中很少使用。

2. 外部样式表

外部样式表是独立的一个页面，将 CSS 样式表代码集中存放在一个文档中，当 HTML 网页中需要使用相应的样式时，要调用即可。这种方式能够实现 CSS 样式的使用最大化。调用时代码写在<head>和</head>标签之间，如<link rel="stylesheet" href="xxx.css" type="text/css" />。

二、优先级

这里的优先级指的是 CSS 样式在浏览器中被解析的先后顺序，CSS 优先法则如下：

1）选择器都有一个权值，权值越大越优先级别越高，选择器的优先权顺序为：内部样式>ID 选择符>类选择符>伪类和属*选择符>类别和伪对象。

2）当权值相等时，后出现的 CSS 样式优先级别高于先出现的 CSS 样式。

3）网页制作者的 CSS 样式的优先级别高于浏览器所设置的 CSS 样式。

4）在 CSS 样式中，属性设置中标有“limportant”规则的优先级最高。

三、Div 标签+CSS 样式的优势

1）精简的代码，开发人员使用较少的代码就能编写功能全面且美观的网页。

2）提高访问速度、增加用户体验性，提高了网页加载的速度，能在最短的时间内打开网页。

3）结构清晰，每个 Div 分管一个部分，每个 CSS 设置一种外观。

活动一　CSS 的 3 种选择器类型及用法

必备知识

在新建 CSS 样式时，首先要确定选择器的类型。网页中的选择器有很多，图 9-14

所示的是新建 CSS 样式时可以选择的选择器类型，而选择器的类型还不止这些。

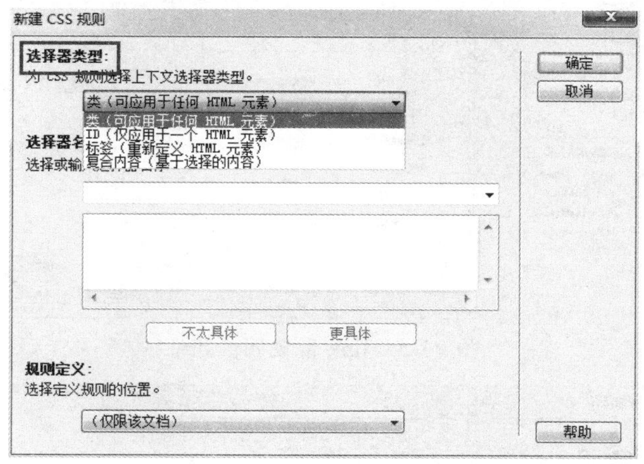

图 9-14　选择器类型

1. 标签选择器（如 body、div、p、ul、li）

一个 HTML 文档中有许多标签，如<p>和<table>等。如果文档中的所有<p>都要使用同一个 CSS 样式，则选用标签选择器。

2. 类选择器（如 class="head"、class="head_logo"）

使不同的 CSS 样式应用于相同的标签就应使用类选择器，编写时要与相应的 Div 标签配合使用。类选择器是网页中最常用的选择器之一。

3. ID 选择器（如 id="name"、id="name_txt"）

ID 选择器和类选择器相似，不同的是 ID 选择器只能运用一次。在网页中，一个 ID 选择器只能把其 CSS 样式指定给一个标签。

4. 全局选择器（如*号）

作用于网页中的所有元素。

5. 复合选择器（如.head、.head_logo）

标签选择器、类选择器和 ID 选择器是可以组合起来使用的。一般的组合方式是标签选择器和类选择器组合，标签选择器和 ID 选择器组合。

活动实施

第一步： 打开 Dreamweaver CS6，创建站点，新建一个 HTML 网页“index.html”和一个 CSS 网页“style.css”，并保存。

第二步： 在“index.html”中打开代码界面，在<head>和</head>标签之间插入一个<link>标签，执行“插入”→“标签”命令，在“标签选择器-link”对话框中找到<link>标签，单击插入。设置<link>链接标签的“常规”属性和“HTML 4.0”属性如图 9-15 和图 9-16 所示。

图 9-15　link 常规属性属性

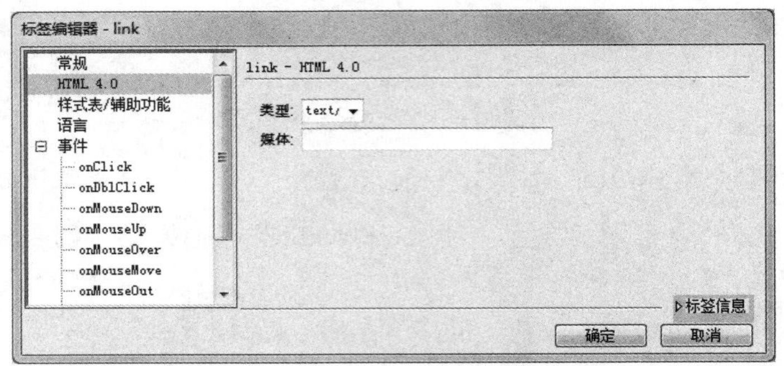

图 9-16　link HTML 4.0 属性设置

第三步：在页面中插入一个名为“top”的 Div 标签，删除标签中的文字，在“top”后再插入一个 Div 标签“main”，并删除其中的文字。

第四步：在“top”中插入图片“01.png”，在“main”中插入图片“02.jpg”“03.jpg”“04.jpg”“05.jpg”，网页初稿如图 9-17 所示。

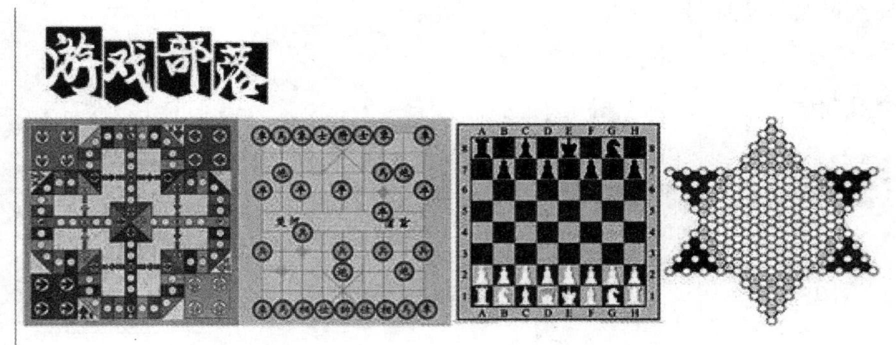

图 9-17　网页初稿

第五步：在“style.css”网页中新建如下 CSS 样式并保存。

① ID 选择器“*”：“方框样式”中“Padding（内边距）”和“Margin（外边距）”设置为 0。

② 标签选择器“body”：“背景样式”中“Background-image（背景图片）”设置

为图片“06.gif”；“Background-repeat（背景重复方式）”设置为“repeat（重复）”，如图 9-18 所示。

③ ID 选择器“main”：“区块样式”中的“Text-align（文本的水平对齐方式）”设置为“center（居中对齐）”；“方框样式”中“Width（宽度）”设置为“1000px”；“Height（高度）”设置为“100%”；“Margin（外边距）”中的“Top（上外边距）”和“Bottom（下外边距）”设置为“10px”，“Right（右外边距）”和“Left（左外边距）”设置为“auto（自动）”，如图 9-19 所示。

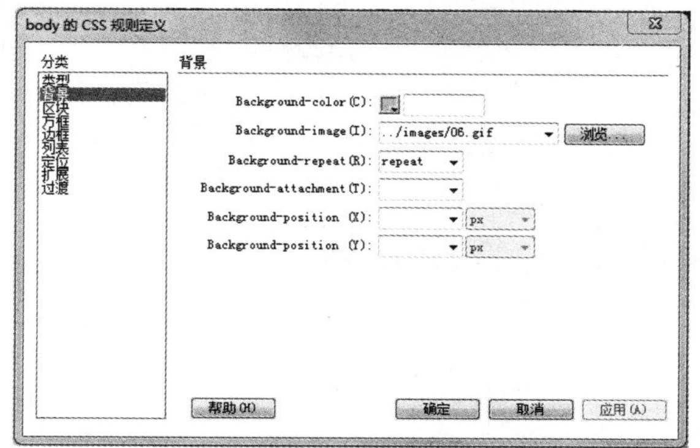

图 9-18　标签选择器 body

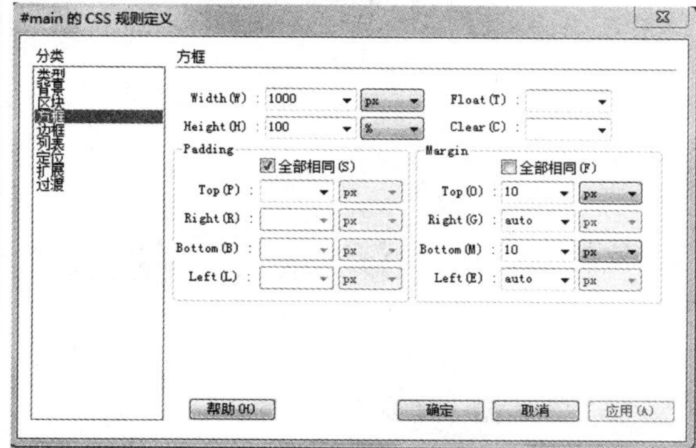

图 9-19　main 方框样式设置

④ 复合选择器“main”中的“img”选择器：“方框样式”中的“Margin（外边距）”设置为“5px”。

⑤ 类浏览器“img01”：“方框样式”中“Padding（内边距）”设置为“5px”；“边框样式”中的“Style（样式）”设置为“solid（实线）”，“Width（宽度）”设置为“3px”，“Color（颜色）”设置为“黄色（#FF0）”，并对 4 张图片应用该 CSS 类，如图 9-20 所示。

图 9-20　图片的类

第六步：保存并在浏览器中预览网页。

思考

同一个 CSS 样式可以对不同的网站使用吗？

活动拓展

利用 Dreamweaver 软件制作图 9-21 所示的网页。

图 9-21　练习图

活动二　使用 CSS 综合美化页面

必备知识

一、CSS 设置分类

1. 设置文本样式

文本是网页中占比最大的元素，设置好文本的 CSS 样式对网页的影响十分大。文本的样式使用的频率很高，因此设置时要仔细规划。文本样式的设置在 CSS 定义中的“类型”分类中，图 9-22 所示是 CSS 样式中文本样式的设置界面。

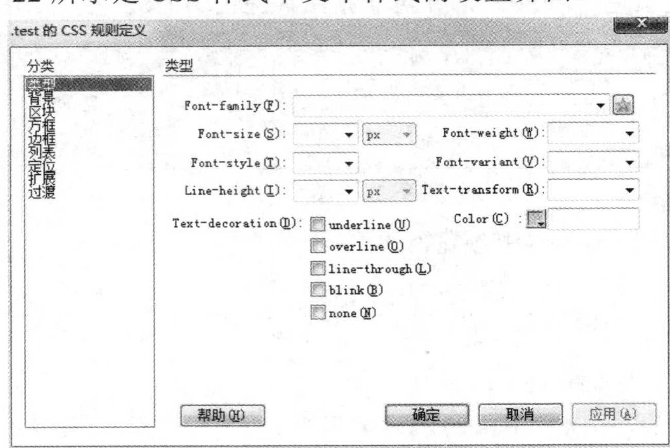

图 9-22　文本样式设置

2. 设置背景样式

在 HTML 网页中，设置背景时只能运用已有的图片或特定的颜色，通过 CSS 样式设置背景，可以对背景进行细致的调节。背景样式的设置在 CSS 定义中的“背景”分类中，图 9-23 所示是 CSS 样式中背景样式的设置界面。

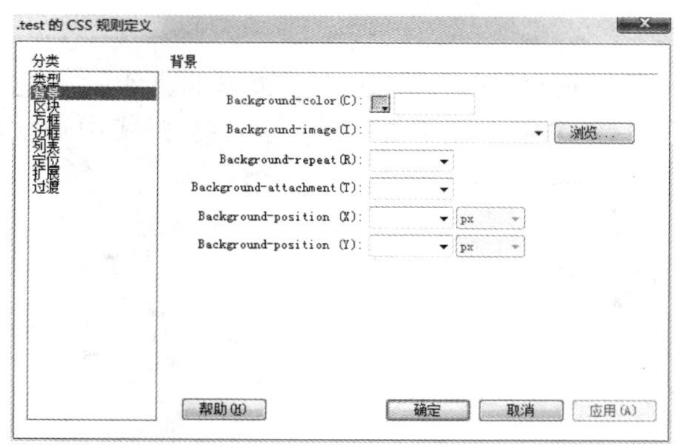

图 9-23 背景样式设置

3. 设置区块样式

网页元素有时需要对间距和对齐属性进行设置，区块样式可以设置文字的间距、缩进和对齐方式。区块样式的设置在 CSS 定义中的“区块”分类中，图 9-24 所示是 CSS 样式中区块样式的设置界面。

图 9-24 区块样式设置

4. 设置方框样式

方框样式用来设置网页中元素的位置，其中填充（Padding）和边界（Margin）属性可以调整网页元素的上、下、左、右间距。方框样式的设置在 CSS 定义中的“方框”分类中，图 9-25 所示是 CSS 样式中方框样式的设置界面。

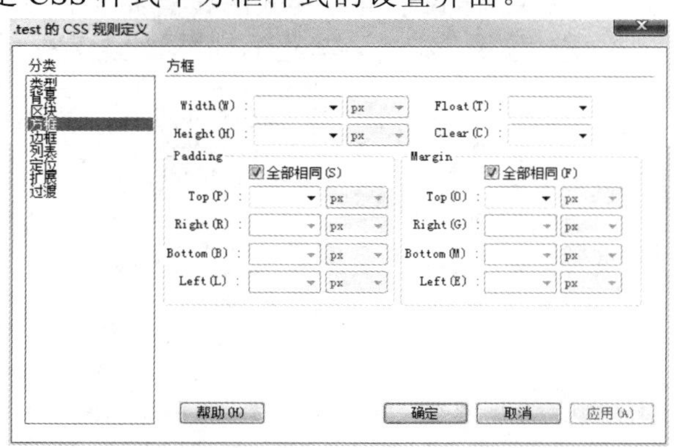

图 9-25 方框样式设置

5. 设置边框样式

边框样式可以设置网页元素的边框，并调整边框的大小、颜色等。边框样式的设置在 CSS 定义中的“边框”分类中，图 9-26 所示是 CSS 样式中边框样式的设置界面。

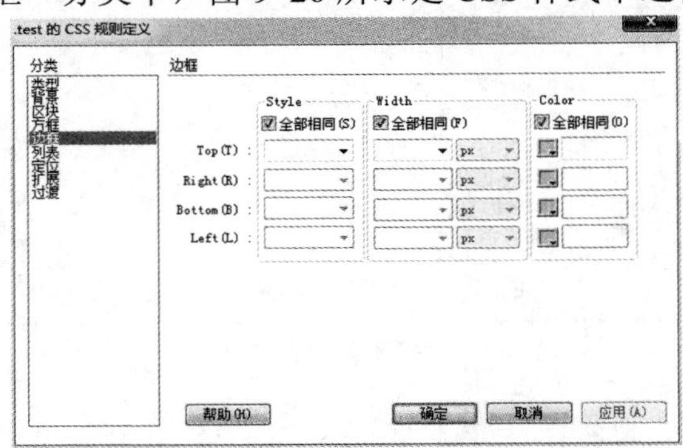

图 9-26　边框样式设置

6. 设置列表样式

对列表效果进行设置。列表样式的设置在 CSS 定义中的“列表”分类中，图 9-27 所示是 CSS 样式中列表样式的设置界面。

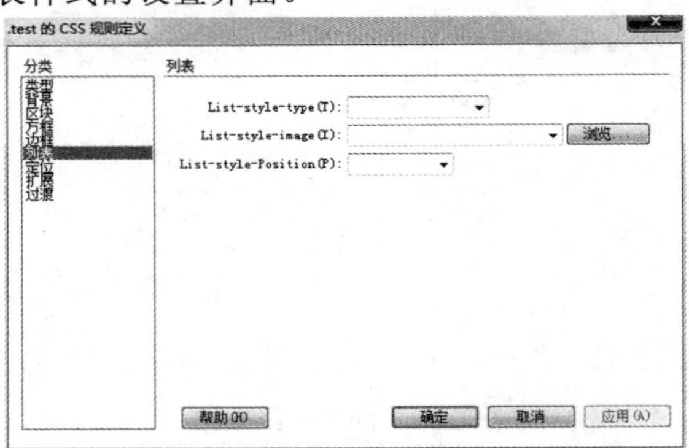

图 9-27　列表样式设置

7. 设置定位样式

该样式实际运用不多，主要设置 Div 中的内容。定位样式的设置在 CSS 定义中的“定位”分类中，图 9-28 所示是 CSS 样式中定位样式的设置界面。

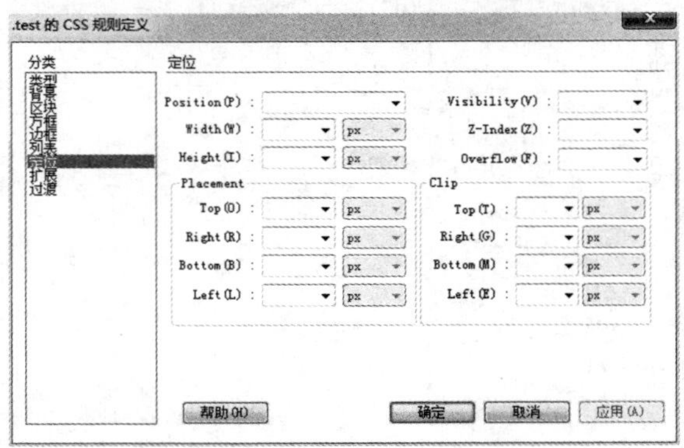

图 9-28　定位样式设置

8. 设置扩展样式

扩展样式是 CSS 样式的附加功能，其中包括分页、鼠标视觉效果和滤镜视觉效果。扩展样式的设置在 CSS 定义中的“扩展”分类中，图 9-29 所示是 CSS 样式中扩展样式的设置界面。

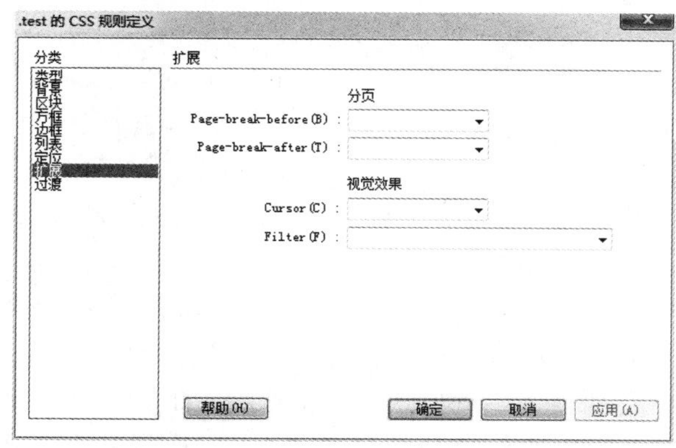

图 9-29 扩展样式设置

9. 设置过渡样式

该样式是 Dreamweaver CS6 的新增功能，通过过渡样式可以设置一些简单的动画。过渡样式的设置在 CSS 定义中的“过渡”分类中，图 9-30 所示是 CSS 样式中过渡样式的设置界面。

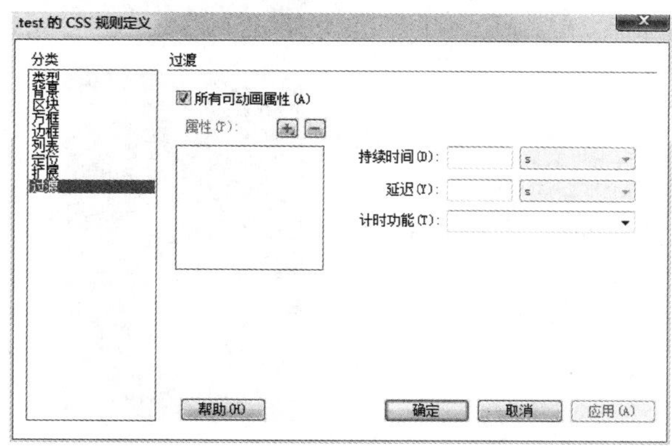

图 9-30 过渡样式设置

活动实施

在实际网页中，CSS 样式的运用非常广泛，下面通过具体实例感知一下。

第一步：打开 Dreamweaver CS6，创建站点，新建一个 CSS 网页“style.css”并保存。

第二步：打开网页“index.html”，切换到代码界面，在<head>和</head>标签之间插入一个<link>标签，执行“插入”→“标签”命令，在“标签选择器”对话框中找到<link>标签，单击插入。设置<link>标签的“常规”属性和“HTML 4.0”属性，同本项目任务二的活动一。

第三步：在“style.css”网页中新建如下 CSS 样式并保存。

① ID 选择器“*”：“方框样式”中“Padding（内边距）”和“Margin（外边距）”设置为“0”。

② 标签选择器“body”：“类型样式”中“Font-size（文字大小）”设置为“18px”；“背景样式”中“Background-color（背景颜色）”设置为“#E9DFDE”。

③ ID 选择器“top”：“背景样式”中的“Background-color（背景颜色）”设置为黑色（#000）；“方框样式”中“Height（高度）”设置为“45px”；“Padding（内边距）”设置为“15px”。

④ ID 选择器“logo”：“方框样式”中“Float（浮动方式）”设置为“left（左浮动）”。

⑤ ID 选择器“menu”：“类型样式”中“Font-family（字体样式）”设置为“微软雅黑”；“Font-weight（文本粗细）”设置为“bold（加粗）”；“Color（颜色）”设置为白色（#FFF）；“区块样式”中“Text-align（文本水平对齐方式）”设置为“center（居中对齐）”；“方框样式”中“Width（宽度）”设置为“800px”；“Float（浮动方式）”设置为“left（左浮动）”。

⑥ 复合选择器“menu”中的“span”选择器：“方框样式”中的“Margin-Right（右外边距）”和“Margin-Left（左外边距）”设置为“20px”。

⑦ ID 选择器“main”：“方框样式”中“Margin（外边距）”设置为“10px”；“Padding（内边距）”的上、下、左、右分别设置为“50px”“30px”“0px”“0px”。

⑧ ID 选择器“left”：“方框样式”中“Width（宽度）”设置为“430px”；“Height（高度）”设置为“642px”；“float（浮动方式）”设置为“left（左浮动）”。

⑨ ID 选择器“right”：“方框样式”中“Width（宽度）”设置为“560px”；“Height（高度）”设置为“642px”；“float（浮动方式）”设置为“left（左浮动）”；“Margin-Left（左外边距）”设置为“10px”。

⑩ 类浏览器“pic01”：“方框样式”中“Padding-Top（上内边距）”设置为“16px”。

第六步：保存并在浏览器中预览网页，完成效果如图 9-31 所示。

图 9-31　完成效果

思考

在使用 CSS 样式美化网页时，根据什么来挑选选择器呢？

活动拓展

利用 Dreamweaver 软件制作图 9-32 所示的网页。

图 9-32　练习图

活动三　了解 Div+CSS 的运用方法

必备知识

一、块元素

块元素又名块级元素，在显示时通常会新开始一行显示，常用的块元素有<p>、<table>、<div>等。块元素的特点如下：

1）总是在新的一行显示。

2）行高和边距都是可以调整的。

3）若不设置宽度，则默认为 100%。

4）一个块元素内可以容纳其他的块元素和内联元素。

二、内联元素

内联元素又名行内元素，它能形象地比喻成“文本”，以顺序的模式从左向右显示，不会单独占行，常见的有<span>、<img>、<font>等。内联元素的特点如下：

1）每个元素都在一行上。

2）行高和边距不可调整。

3）宽度就是元素内文字或图片的宽度，不可改变。

三、Div+CSS 盒子模型

当使用 Div+CSS 对网页进行布局时，不得不提到盒子模型。在 CSS 样式中，网页的元素是包含在一个矩形框内的，这个矩形框就是盒子模型。每个盒子模型具有 4 个属性：内容（content）、内边距（padding）、边框（border）、外边距（margin），每个属性都包括上、下、左、右 4 个部分，如图 9-33 所示。设置时，可以分别设置，也可以统一设置。

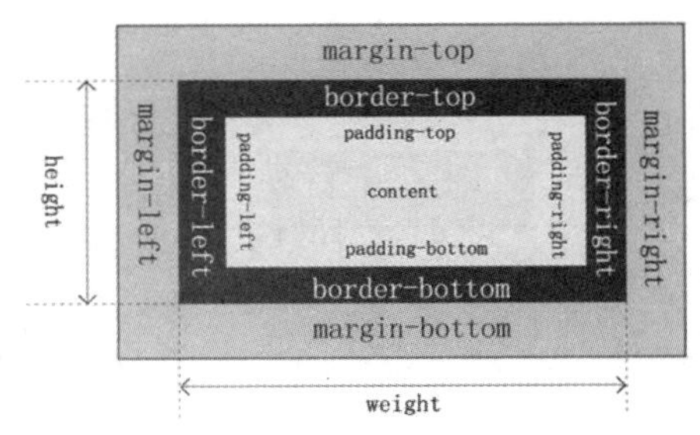

图 9-33　盒子模型

活动实施

第一步：打开 Dreamweaver CS6，创建站点，新建一个 HTML 网页“index.html”和一个 CSS 网页“style.css”，并保存。

第二步：执行“插入”→“布局对象”→“插入 Div 标签”命令，在打开的“插入 Div 标签”对话框中设置“ID”为“logo”，单击“确定”按钮插入第一个 Div 标签，如图 9-34 所示。

第三步：删除“此处显示 id‘logo’的内容”文字，在 Div 标签中插入图片“01.jpg”。

第四步：以同样的方式在“logo”Div 后插入一个“box”Div，并在 Div 中插入图片“02.jpg”，如图 9-35 所示。

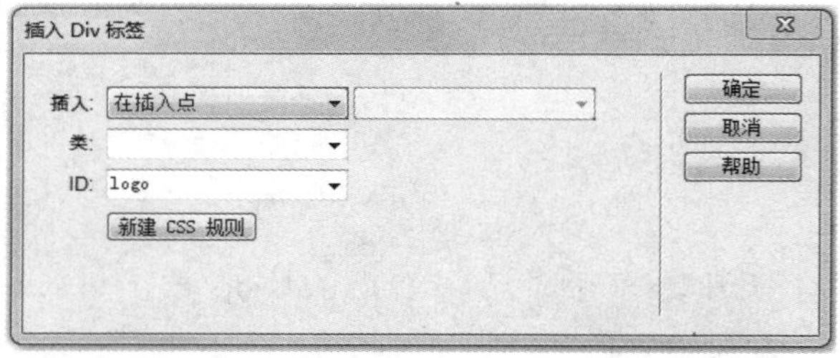

图 9-34　插入 Div 标签

图 9-35　Div 中插入图片效果

第五步：在“属性”面板中分别修改两张图片的大小为“187×139”和“500×273”。

第六步：在“style.css”网页中新建如下 CSS 样式并保存。

① ID 选择器“*”：“方框样式”中“Padding（内边距）”和“Margin（外边距）”设置为“0”，如图 9-36 和图 9-37 所示。

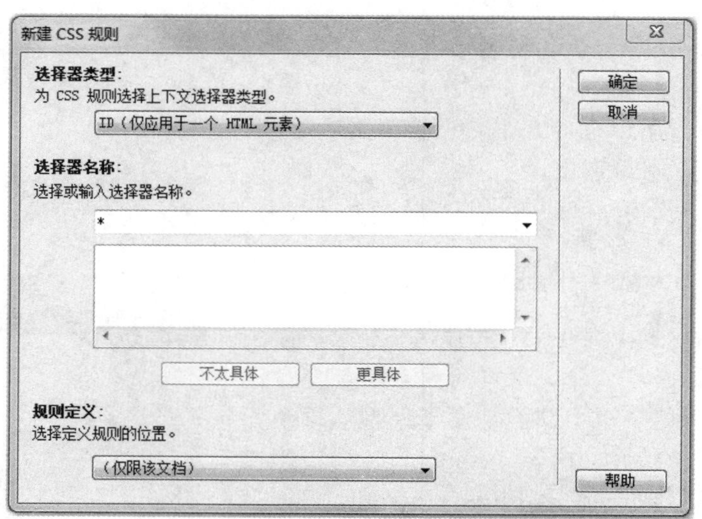

图 9-36　ID 选择器“*”

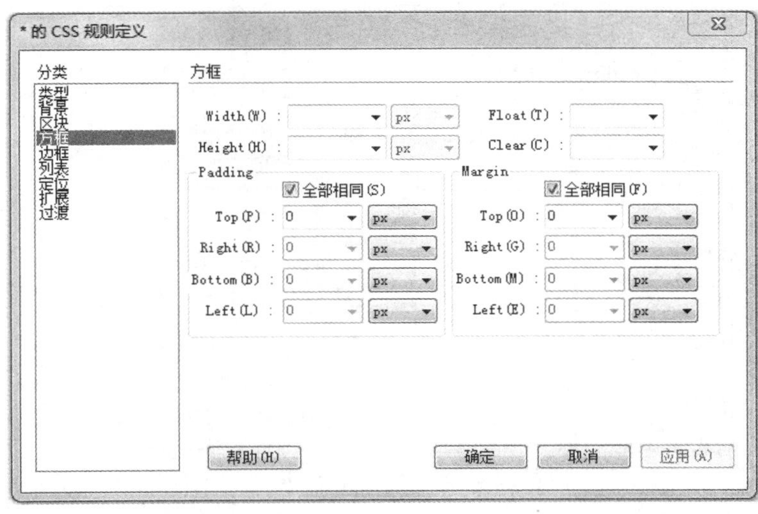

图 9-37　方框样式设置

② 标签选择器“body”：“类型样式”中“Font-size（字体大小）”设置为“14px”；“Line-height（行高）”设置为“30px”；“Color（文字颜色）”设置为白色（#FFF），如图 9-38 和图 9-39 所示。“背景样式”中“Background-image（背景图片）”设置为“03.jpg”；“Background-repeat（图像平铺模式）”设置为“no-repeat（不重复）”；“Background-position（X）（背景图像水平位置）”设置为“center（居中对齐）”；“Background-position（Y）（背景图像垂直位置）”设置为“top（顶部对齐）”，如图 9-40 所示。

③ ID 选择器“logo”：“方框样式”中“Width（宽度）”设置为“187px”；“Height（高度）”设置为“139px”；“Padding（内边距）”中的“Top（上内边距）”和“Bottom（下内边距）”设置为“20px”，如图 9-41 所示。

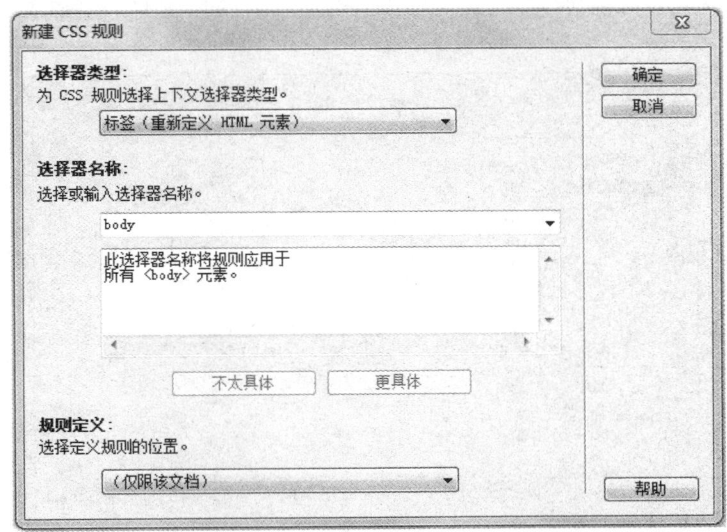

图 9-38　标签选择器“body”

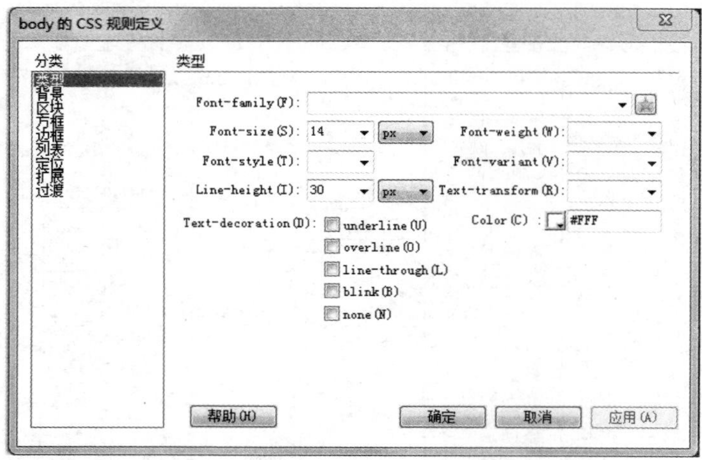

图 9-39　类型样式设置

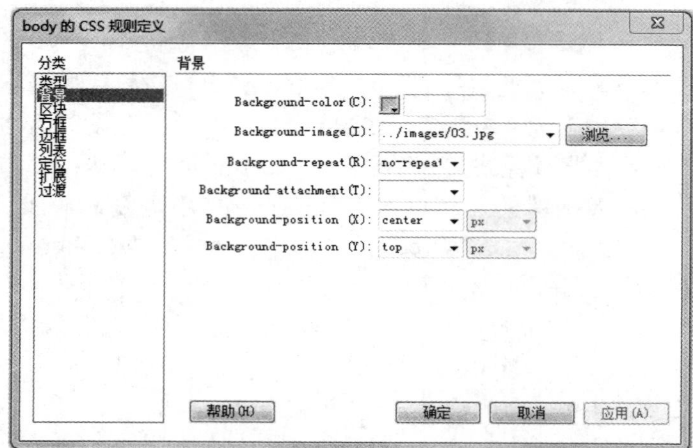

图 9-40　背景样式设置

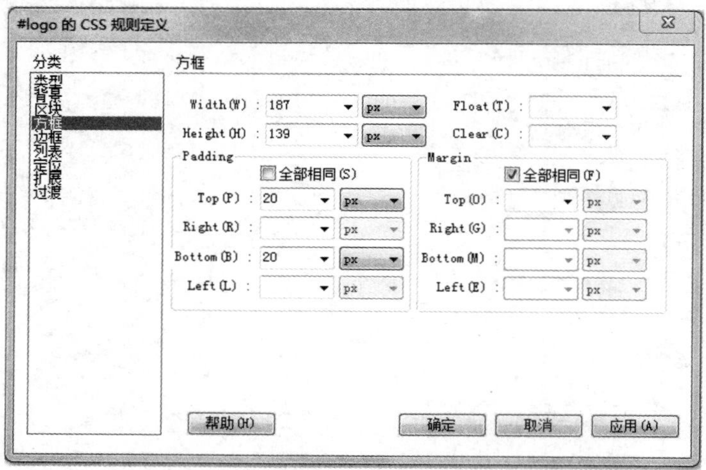

图 9-41　“logo”方框样式设置

④ ID 选择器“box”：“方框样式”中“Width（宽度）”设置为“500px”；“Height（高度）”设置为“273px”；“Margin（外边距）”中的“Top（上外边距）”设置为“40px”，“Right（右外边距）”和“Left（左外边距）”设置为“auto（自动）”，如图 9-42 所示。

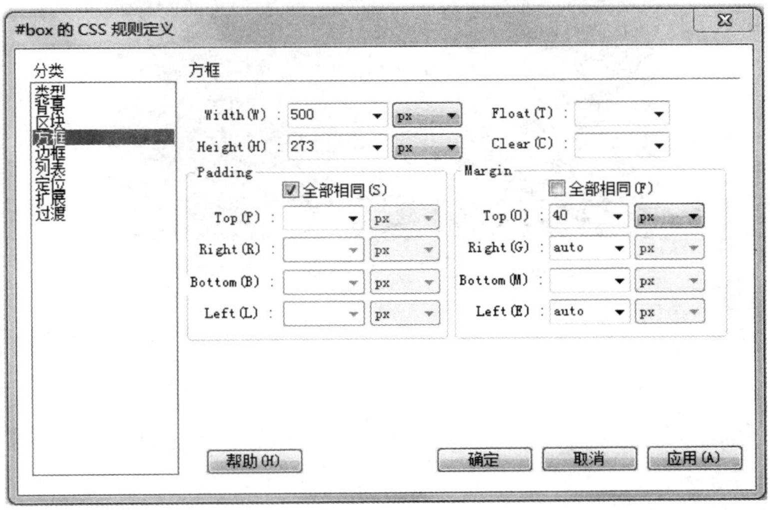

图 9-42 “box”方框样式设置

第七步：在“index.html”中打开代码界面，在<head>和</head>标签之间插入一个<link>标签，执行“插入”→“标签”命令，在“标签选择器”对话框中找到<link>标签，单击插入，如图 9-43 所示。然后，设置<link>链接标签的“常规”属性和“HTML 4.0”属性，同本项目任务二的活动一。

图 9-43 “标签选择器”对话框

第八步：保存并在浏览器中预览网页，效果如图 9-44 所示。

图 9-44 预览效果

思考

使用 Div+CSS 的方式布局时，容易犯哪些小错误？你能提供一个常犯小错误提示表给大家吗？

活动拓展

利用 Dreamweaver 软件制作图 9-45 所示的网页，要求使用 Div+CSS 布局方式。

图 9-45 练习图

项目十

运用网页行为

前面学习了如何做一个完整的静态网页，那么如何实现网站设计的动感效果呢？本项目将带领大家了解如何运用 Dreamweaver CS6 中的行为实现动态页面效果。

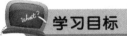

学习目标

1）了解行为的基本原理，以及不同网页元素附加的动作种类。

2）掌握添加弹出信息、状态栏文字、打开浏览器窗口等有关浏览器行为的方法。

3）掌握 AP Div 拖动、显示-隐藏等有关的设置。

4）掌握有关表单控制行为的设置。

任务一　设置浏览器行为

问题导入

我们经常在网页上看到弹出窗口式的广告或错误提示，那么这些是如何实现的呢？

背景知识

Dreamweaver 提供了一种称为“Behavior”（行为）的机制，帮助网页设计者构建页面中的交互行为。行为其实是一种运行在浏览器中的 JavaScript 代码，设计者将其放置在网页文档中，以允许浏览者与网页进行交互，从而以多种方式更改页面或触发某些动作。在 Dreamweaver CS6 中，行为实际上是插入到网页内的一段 JavaScript 代码，它由对象、事件和动作构成。

动作是预先编写好的 Java 脚本，用于执行指定的任务，如打开浏览器窗口、设置弹出信息及播放动画等；事件是由浏览器为每个页面对象定义的，是浏览器生成的消息，指示该网页的浏览者执行了某种操作，如当浏览者将鼠标移动到某个链接上时，浏览器会为该链接生成一个“onMouseOver”事件，然后浏览器查看是否存在为“onMouseOver”事件设置的可调用的 JavaScript 代码，最后执行代码。在浮动面板组的“行为”面板中，用户可以先指定一个动作，然后指定触发该动作的事件，从而将行为添加到页面中。

1. 认识“行为”面板

1）执行“窗口”→“行为”命令即可打开“行为”面板，如图 10-1 所示。

2）在网页中选中需要设置行为的对象后，单击图 10-1 中的“+.”按钮添加行为，即可选择 Dreamweaver 软件为用户预设的行为动作，然后为这些动作指定触发事件，如图 10-2 和图 10-3 所示。

图 10-1 “行为”面板

图 10-2 添加行为

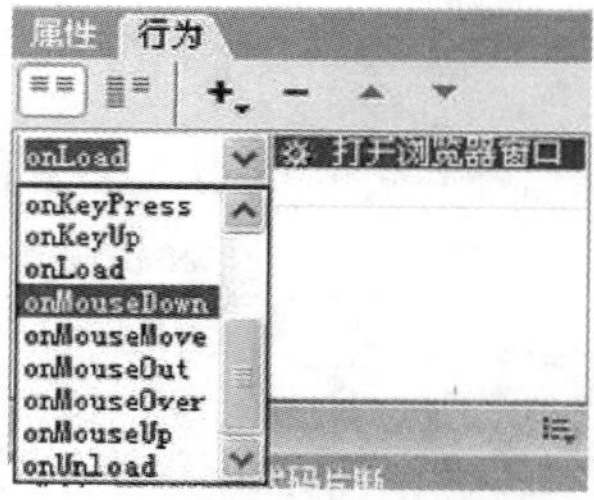

图 10-3 设置触发事件

3）当需要修改已设置好的行为动作时，只需在“行为”面板中双击该行为动作即可修改动作参数；需要删除已设置行为时，单击“−”按钮即可删除指定的行为。

4）当同一个触发事件上有不同的行为动作时，需要用户指定各类动作发生的先后次序，可通过单击“▲”按钮增加事件值和单击“▼”按钮降低事件值来调整次序。

2. 认识常见行为动作

图 10-2 所示的“动作”菜单中列出了 Dreamweaver 中预设的一些常见行为动作，但从图中我们可以看到有一部分的功能处于不可用状态，这是因为受浏览器的版本及当前页面上动作所对应的元素影响。表 10-1 列出了几个初学者常用的行为动作。

表 10-1　常见行为动作

动作名称	所对应作用
弹出信息	使用“弹出消息”动作可以设置一个带有指定消息的JavaScript警告框。因为JavaScript 警告框只有一个“确定”按钮，所以使用此动作仅能提供信息而不能使用户做出选择
打开浏览器窗口	使用“打开浏览器窗口”动作可以在一个新窗口中打开 URL，并指定新窗口的属性，包括窗口大小、是否可调整大小、是否具有菜单栏及名称等。例如，可以使用此行为在访问者单击缩略图时在一个单独的窗口中打开一个较大的图像
改变属性	使用“改变属性”动作可以更改对象的某个属性值，如样式、颜色、大小、层的背景颜色或表单的动作等
效果	可以设置对象增大/收缩、挤压、显示/渐隐、晃动、滑动、遮帘、高亮颜色等效果
显示-隐藏层	“显示-隐藏层”动作可以显示、隐藏或恢复一个或多个层的默认可见性。此动作用于在用户与页进行交互时显示信息

3. 认识常见行为事件

事件是指完成某一动作的具体方式，在浏览带有行为的交互网页时，当某一事件被响应后便会触发执行相对应的动作。Dreamweaver CS6“行为”面板中的事件如图 10-4 所示。

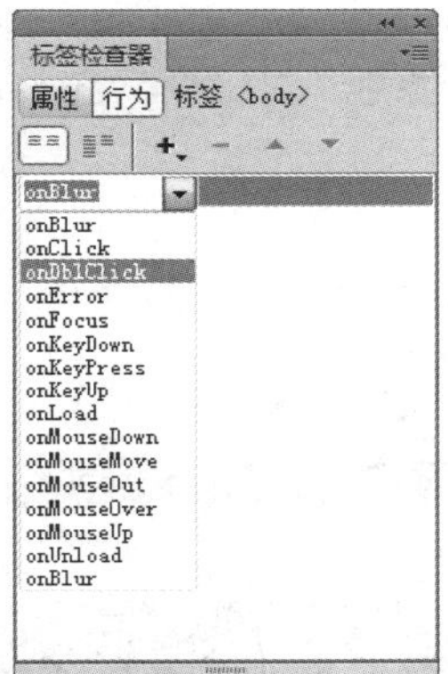

图 10-4　常见行为事件

表 10-2 列出了几种初学者常用的行为事件。

表 10-2　常见行为事件

事件	应用对象	说明
OnBlur	按钮、链接、文本框等	从当前对象移开焦点时
OnClick	所有元素	单击对象时
OnDbClick	所有元素	双击对象时
OnError	图像、页面等	载入图片出错时
OnFocus	按钮、链接、文本框等	当前对象得到焦点时
OnKeyDown	链接图像、文字等	键盘任意键处于按下状态时
OnKeyPress	链接图像、文字等	键盘任意键按下时
OnKeyUp	链接图像、文字等	键盘任意键释放时
OnMouseDown	链接图像、文字等	在对象区域按下鼠标键时
OnMouseMove	链接图像、文字等	鼠标指针在对象区域内移动时
OnMouseOut	链接图像、文字等	鼠标指针离开对象区域时
OnMouseOver	链接图像、文字等	鼠标指针指向对象区域时
OnMouseUp	链接图像、文字等	在对象区域释放按下的鼠标键时
OnUnload	主页面等	离开页面时

活动一　添加弹出信息

必备知识

打开网页时经常遇到这种情况：同时弹出写有通知事项或特殊信息的小窗口，这就是弹出信息。

注意：同一浏览器的不同版本对事件支持不尽一致，通常来说，高版本的浏览器比低版本的浏览器支持的事件要多，而 IE 比 NetScape 支持的事件要多。

活动实施

本活动是给网页添加弹出信息。

第一步：复制素材（见教学资源包）中的 mysite101 文件夹到 d:\，并把 d:\mysite 建成名为“果蔬网”的站点。

第二步：双击打开 index.html。

第三步：选取文档窗口底部的<body>标签，如图 10-5 所示。

图 10-5　选取<body>标签

第四步：从“行为”面板弹出的菜单中选择“弹出信息”选项，如图 10-6 所示。

第五步：在“消息”列表框中输入消息“欢迎进入果蔬网！”，如图 10-7 所示。

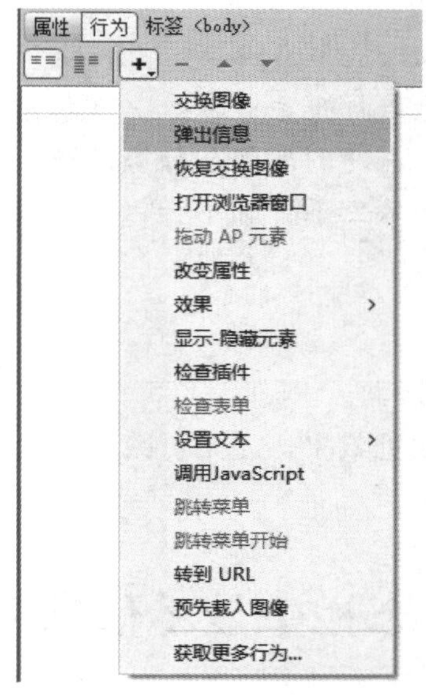

图 10-6　选择“弹出信息”选项

图 10-7　输入消息“欢迎进入果蔬网！”

第六步：单击“确定”按钮关闭对话框，“行为”面板中的默认事件为“onLoad”，如图 10-8 所示。

第七步：保存网页并预览效果，效果如图 10-9 所示。

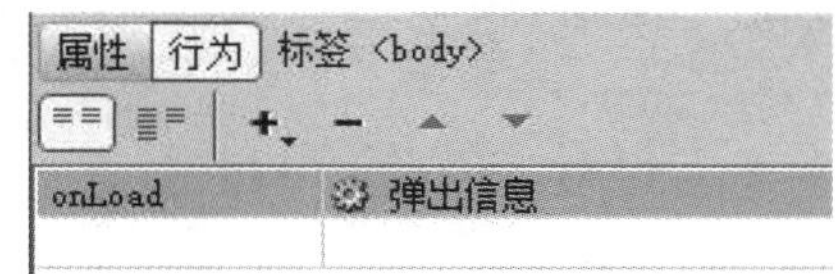

图 10-8　onLoad 事件

图 10-9　网页预览效果

思考

在本活动中应用了内置行为中的“弹出信息”动作，打开首页时弹出消息框。当然，这种效果使用 JavaScript 也能实现。对于初学者来说，利用这个行为，即使不懂编写代码，也可以实现弹出消息框。如果改变事件，那么会不会有不一样的效果呢？

活动拓展

改变上面活动中的事件为“onClick”，保存网页并预览效果，如果再改成其他事件，如“onMouseOver”呢？请试一试。

活动二　打开浏览器窗口并在状态栏中显示信息

必备知识

一、打开浏览器窗口

使用“打开浏览器窗口”动作可在网页载入后打开一个新窗口。用户可以指定新窗口的属性，如窗口大小、属性以及名称。如果指定的新窗口无属性，则新窗口将按启动它的窗口的大小及属性打开。为新窗口指定任何属性都将自动关闭其他所有未加指定的属性。例如，如果指定的新窗口无属性，则它可能以 640 px×480px 打开，并附加一个导航工具栏、位置工具栏、状态栏及菜单栏；但如果仅指定新窗口以 640px×480px 大小打开，而没有指定其余属性，则它以 640px×480px 大小打开，但不会添加导航工具栏、位置工具栏、状态栏及菜单栏。

因此，此行为非常适合打开一个定制的窗口，运用非常广泛。目前许多网站都使用这种方法来弹出重要通知和广告信息等页面，如图 10-10 所示。

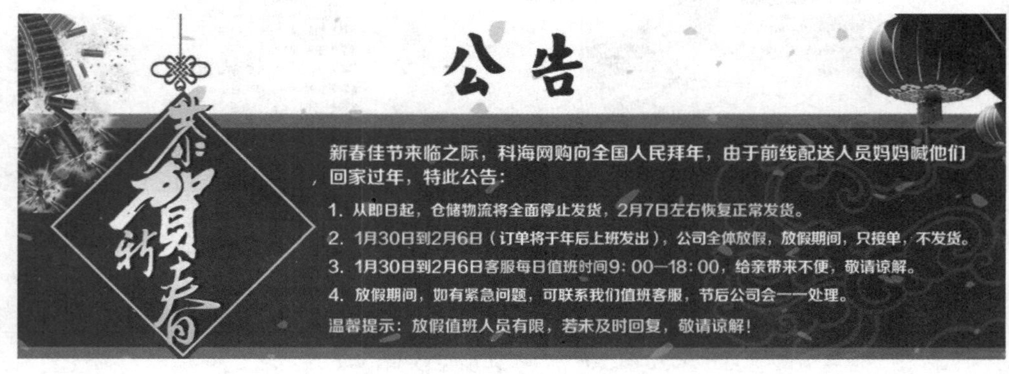

图 10-10　网站公告

在制作公告页的网页文档时，一定要考虑弹出窗口的大小，如果公告页的内容比弹出窗口大，则将来在弹出窗口中只截取部分公告页内容显示。弹出窗口一般比公告页略大一些，这样可以保证公告页内容在弹出窗口中全部显示。

二、状态栏文本

设置状态栏文本动作后能在浏览器窗口底部左侧的状态栏中显示信息。我们经常在网站中看到这个效果，制作方法简单且比较实用。

活动实施

本活动将把“打开浏览器窗口”动作和状态栏中的文本结合起来。

第一步：复制素材（见教学资源包）中的mysite101文件夹到d:\，并把d:\mysite建成名为“果蔬网”的站点。

第二步：新建一个网页文档，并把它保存为windows.html。

第三步：插入一个2行1列的表格，宽度为300px，边框粗细为2px，表格居中对齐，设置下面单元格的背景颜色为#FF0000，并输入文字，效果如图10-11所示。

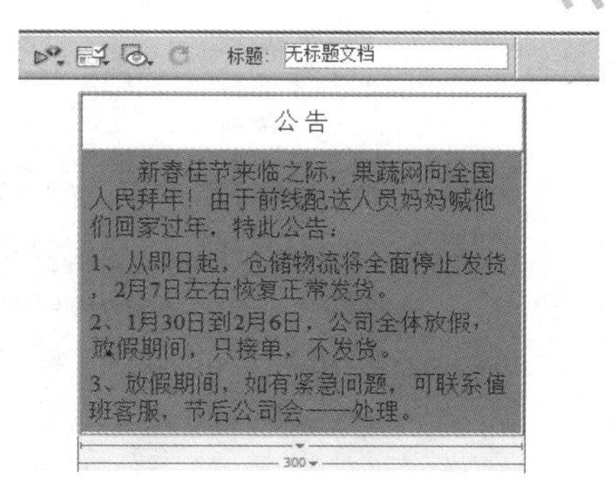

图 10-11　window.html 效果图

注意：段间距可在代码中设置，打开代码视图，把下面的代码复制到<body>标签前面即可，如图10-12所示。

```
<style>
p{margin:5px;}
</style>
```

```
<head>
<meta http-equiv="Content-Type" content="text/html; charset=utf-8" />
<title>无标题文档</title>
</head>
<style>
p{margin:5px;}
</style>
<body>
<table width="300" border="2" align="center" cellpadding="0" cellspacing="0">
  <tr>
    <td height="38" align="center">公 告</td>
  </tr>
  <tr>
    <td bgcolor="#FF0000"><p>        新春佳节来临之际，果蔬网向全国人民拜年！由于前线配送人员妈妈喊他们回家过年，特此公告：</p>
      <p>1、从即日起，仓储物流将全面停止发货，2月7日左右恢复正常发货。</p>
      <p>2、1月30日到2月6日，公司全体放假，放假期间，只接单，不发货。</p>
    <p>3、放假期间，如有紧急问题，可联系值班客服，节后公司会一一处理。</p></td>
  </tr>
</table>
</body>
</html>
```

图 10-12　代码复制

第四步：双击打开 index.html。选取文档窗口底部的<body>标签。

第五步：从“行为”面板弹出的菜单中选择“打开浏览器窗口”选项，如图 10-13 所示。

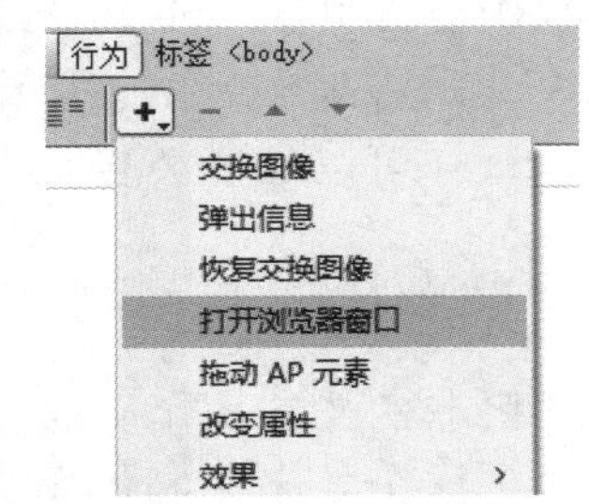

图 10-13 选择“打开浏览器窗口”选项

第六步：弹出“打开浏览器窗口”对话框，单击“浏览”按钮，打开“选择文件”对话框，选择用作公告的网页文件 windows.html，单击“确定”按钮，返回“打开浏览器窗口”对话框，在“窗口宽度”和“窗口高度”文本框中分别输入“320”和“300”，如图 10-14 所示。

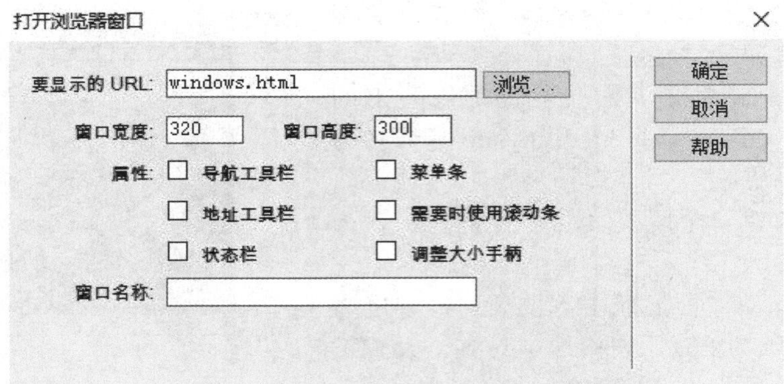

图 10-14 “打开浏览器窗口”对话框

第七步：保存网页并预览效果，效果如图 10-15 所示。

图 10-15 打开浏览器窗口效果图

第八步：返回 index.html，选取文档窗口底部的<body>标签。

第九步：从“行为”面板弹出的菜单中选择“设置文本”→“设置状态栏文本”选项，如图 10-16 所示。

第十步：打开“设置状态栏文本”对话框，输入文字，如图 10-17 所示。

第十一步：单击“确定”按钮，此时“行为”面板中出现两个动作（onLoad 和 onMouseOver），这些动作是设置行为后自动生成的，如图 10-18 所示。

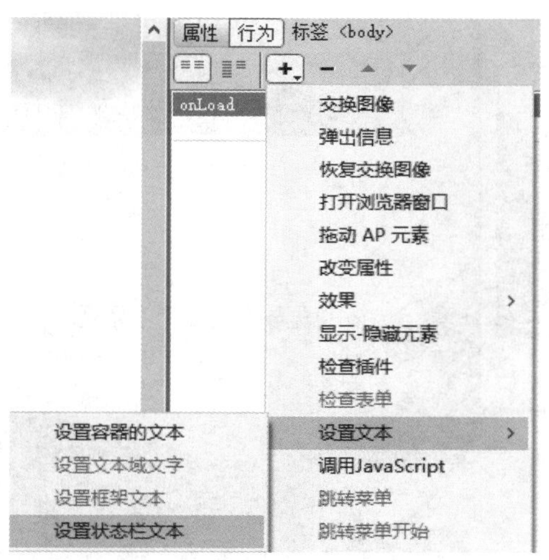

图 10-16　选择“设置状态栏文本”选项

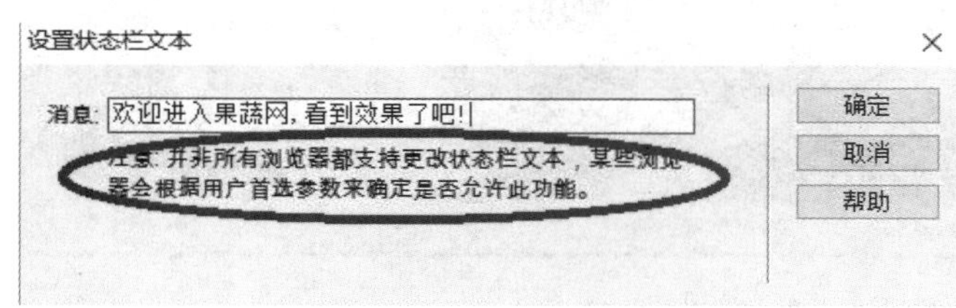

图 10-17　输入文本

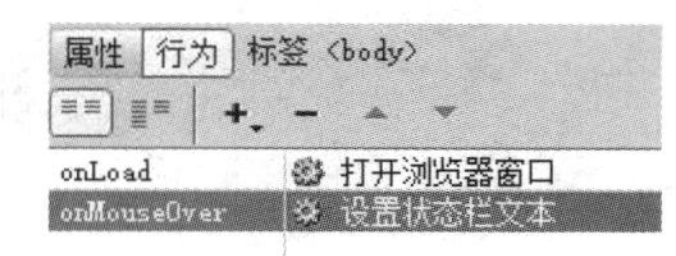

图 10-18　“行为”面板中的两个动作

第十二步：单击“设置状态栏文本”事件后的下拉三角按钮，如图 10-19 所示，修改触发事件为“onLoad”，如图 10-20 所示。

图 10-19　修改触发事件

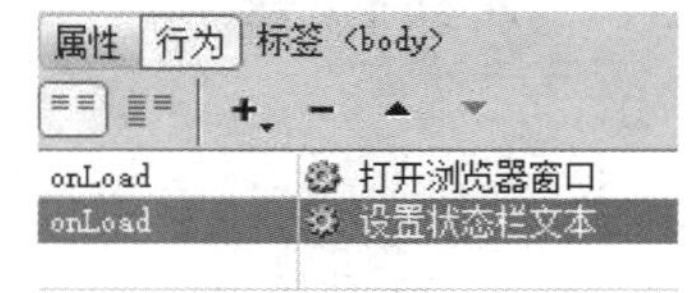

图 10-20　触发事件修改后

第十三步：保存网页并预览效果，效果如图 10-21 所示。有些浏览器需要进行必要的设置，才能显示出效果，建议用 IE 浏览器。

图 10-21　预览效果

思考

在上面的活动中，在“打开浏览器窗口”对话框的“窗口宽度”和“窗口高度”文本框中分别输入的是“320”和“300”，如果输入的是“200”和“180”，那么会有什么效果？请试一试。

活动拓展

打开 index.html，在“行为”面板中打开“打开浏览器窗口”对话框，修改“窗口宽度”和“窗口高度”文本框中的值分别为“250”和“200”，再看看效果。把“窗口宽度”和“窗口高度”文本框中的值分别修改回原来的参数，然后在“打开浏览器窗口”对话框中勾选“导航工具栏”“地址工具栏”“状态栏”“菜单条”等复选框试看一下效果。

任务二　设置 AP 元素行为

问题导入

有许多优秀的网页，它们不只包含文本的图像，还包含许多其他交互效果，例如，当鼠标光标移到某个图像或按钮上时，特定的位置上便会显示相关信息，这样的效果在 Dreamweaver CS6 中如何实现呢？

背景知识

AP 元素即绝对定位元素，是指在网页中具有绝对位置的页面元素。AP Div 又称为层，是 HTML 网页的一种元素，可以放置在网页上的任意位置，是网页中的一个区域。一个网页中可以有多个层存在，且可以重叠。

执行“窗口”→“AP 元素”命令即可打开“AP 元素”面板，如图 10-22 所示。

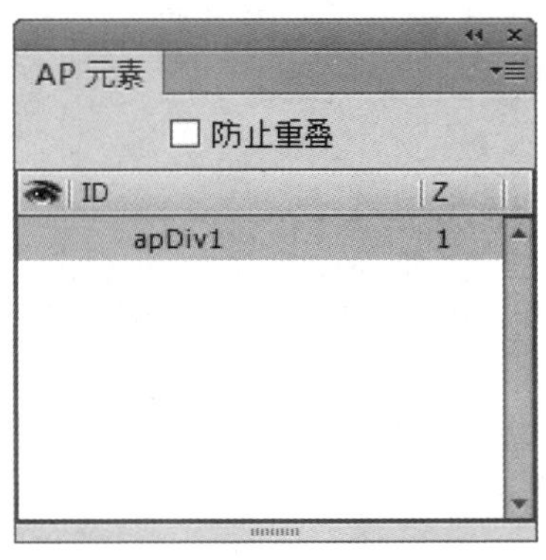

图 10-22　“AP 元素”面板

在“AP 元素”面板中可以管理文档中的 AP 元素，同时可以防止 AP 元素重叠，还可以更改 AP 元素的可见性（打开或关闭 AP 元素名称前面的眼睛图标），嵌套或堆叠 AP 元素，以及选择一个或多个 AP 元素。右边的 Z 轴顺序表示 AP 元素在堆叠顺序中的位置。

图 10-23 所示为 AP 元素的“属性”面板，当需要修改一个 AP 元素的属性时，只需要选中该元素，在“属性”面板中修改即可。

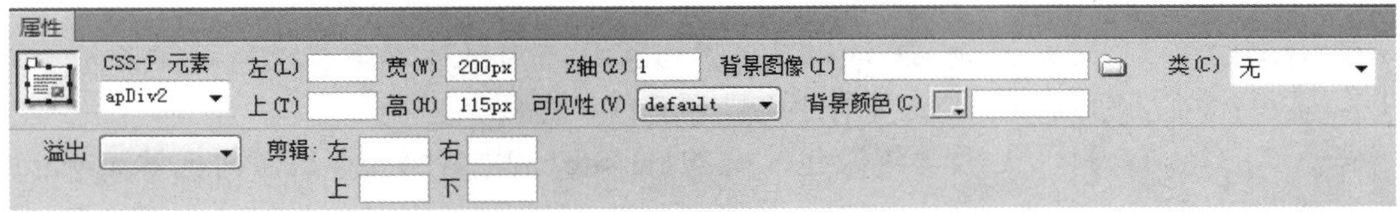

图 10-23　AP 元素“属性”面板

Div 是区块容器标记，其作用在于设定文字、图片、表格等的摆放位置，相当于是一个容器。其语法为“<div>…</div>”。Div 和 AP Div 的区别见表 10-3。

表 10-3　Div 和 AP Div 的区别

Div	AP Div
在当前位置插入固定层	在当前位置插入可移动层
一般情况下，进行 HTML 页面布局时都是使用 Div+CSS	只有在特殊情况下，如需要在 Div 中制作重叠的层时，才会用到 AP Div 元素

活动一　设置显示-隐藏元素

必备知识

一、显示-隐藏元素功能

显示-隐藏元素行为的功能是控制某页面元素的显示、隐藏或恢复的默认可见性。此行为主要用于在用户与页面进行交互时显示信息。例如，当用户将鼠标指针移到一个图像上时，可以显示此图像的说明性信息，当指针离开后，此说明性信息将变成隐藏不可见状态。

二、显示-隐藏元素的实现

显示-隐藏元素动作在 Dreamweaver CS6 中可通过改变一个或多个 AP 元素的可见性状态来实现。AP 元素通常是绝对定位的 Div 标签，可以将任何 HTML 元素作为 AP 元素进行分类，方法是分配一个绝对位置。

AP Div 可任意拖动，选中 AP Div 元素，在“属性”面板中将出现一些设置参数项，这些参数的含义如下。

1）左和上：定位在网页中的位置。

2）宽和高：定义这个元素的高度和宽度。

3）Z 轴：指这个元素要在这个网页中的第几层，数值越高，层数越高，能将底层覆盖。

4）可见性：设置可见性——default（默认）、inherit（继承）、visible（可见）、hidden（隐藏）。

活动实施

本活动运用一个图片控制 AP Div 的显示和隐藏。当鼠标光标移动到这个图片上时，AP Div 显示；当鼠标光标移开这个图片时，AP Div 隐藏。

第一步：复制素材（见教学资源包）中的 mysite102 文件夹到 d:\，并把 d:\mysite 建成名为“果蔬网”的站点。

第二步：新建一个网页文档，并把它保存为 remai.html。

第三步：插入一个 3 行 3 列的表格：宽度为 700px，边框粗细为 0px、边距为 0px、间距为 0px。表格居中对齐，设置下面第 1 列单元格的宽度为 100px，第 1 列的宽度为 500px，第 3 列的宽度为 100px，第 1 行的高度为 40px，第 2 行的高度为 390px，第 3 行的高度为 40px。

第四步：把第 1 行第 2 个单元格的水平对齐方式设为“居中对齐”，并在其中插入图片“57.png”。在第 2 行第 2 个单元格中插入一个 1 行 2 列的表格：宽度为 500px，边框

粗细为 0px、边距为 0px、间距为 0px。如图 10-24 所示，把第 1 个单元格的宽度设为 100px。在这个单元格中插入 6 行 1 列的表格：宽度为 100px，边框粗细为 0px、边距为 0px、间距为 0px。设置 1、3、5 行的行高为 100px，2、4、6 行的行高为 30px，第 1 列的宽度 500px，表格效果如图 10-25 所示。

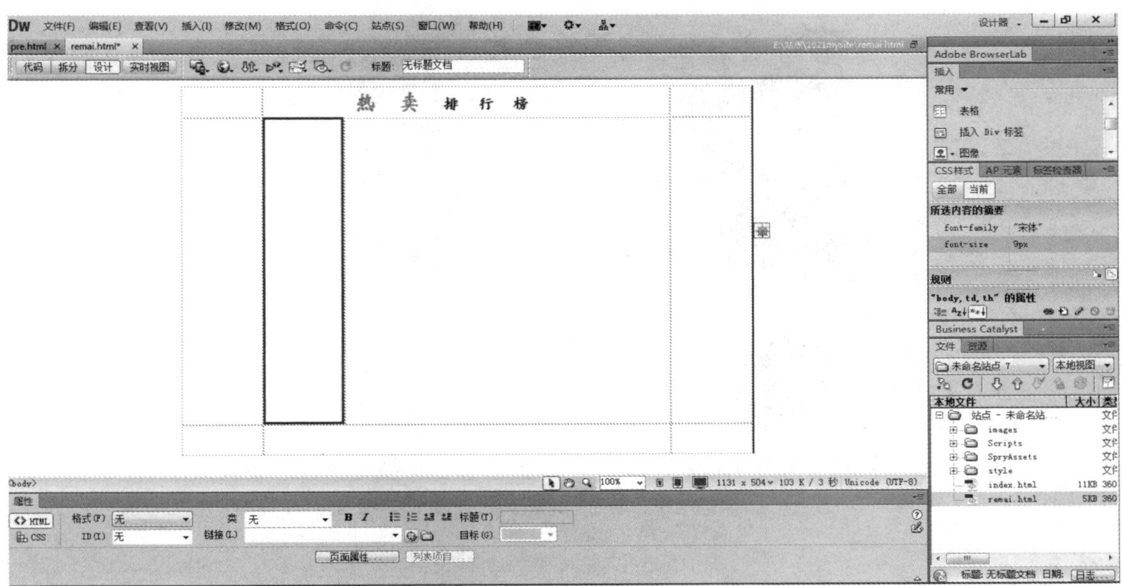

图 10-24　第 1 个单元格

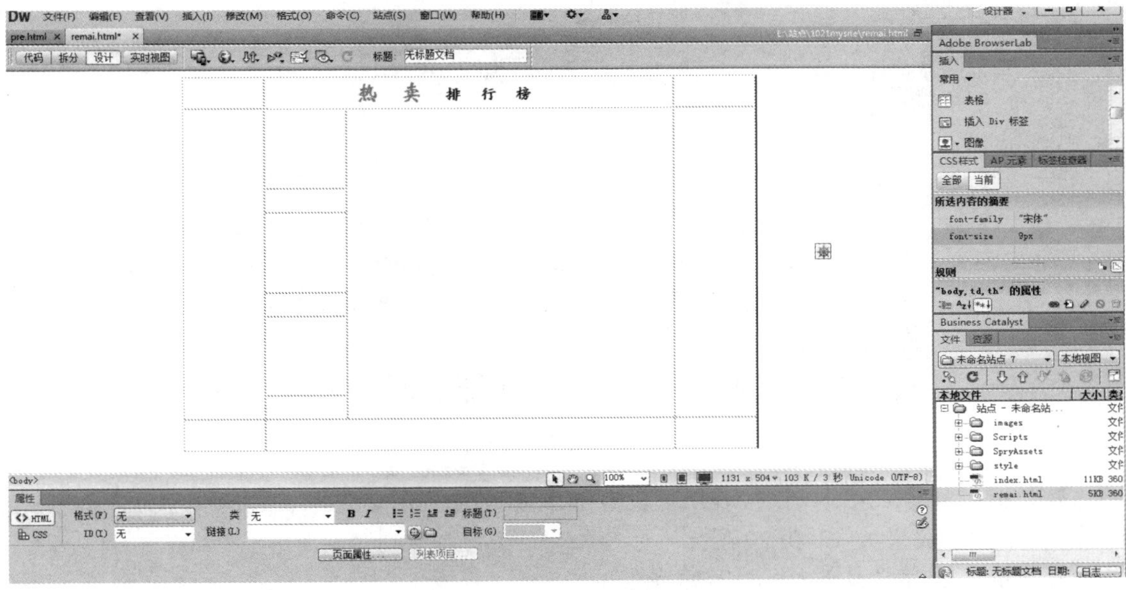

图 10-25　表格效果

第五步：在 1、3、5 行分别插入图片“58.jpg”“60.jpg”“62.jpg”，在 2、4、6 行分别输入文字“一级压缩黑木耳”“圣鹿有机人参果”“西藏有机藏红花”，文字居中对齐。

在上级表格右侧、最外层表格的最后一行的第 2 个单元格中分别输入文字，最下面的文字居中对齐，输入文字后的表格如图 10-26 所示。

第六步： 按照图 10-27 所示设置页面属性。

图 10-26 输入文字后的表格

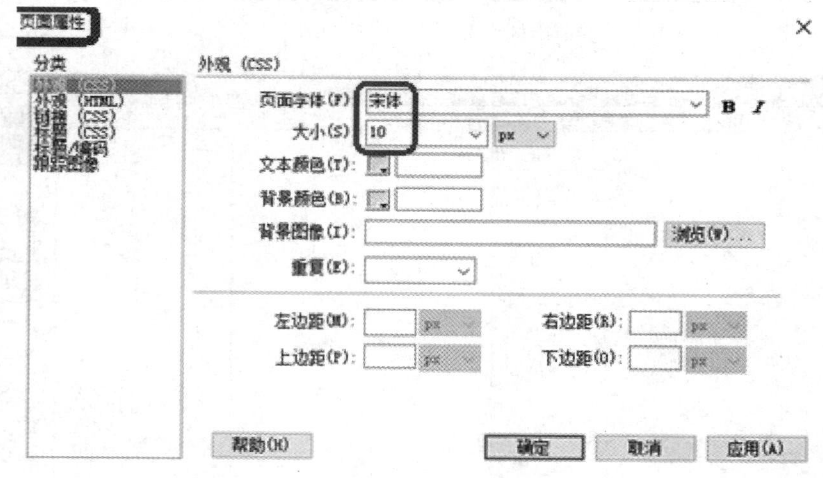

图 10-27 设置页面属性

第七步： 新建 CSS 样式“.wz1”，设置如图 10-28 所示。选择右边的文字，应用 CSS 样式“.wz1”，效果如图 10-29 所示。

第八步： 保存文件，按<F12>键预览。

第九步： 先在总表前单击，插入第一个 AP Div，设置 ID 为“apDiv1”，如图 10-30 所示。同理，先在总表前单击，再插入第二个和第三个 AP Div，设置“ID”分别为“apDiv2”和“apDiv3”。

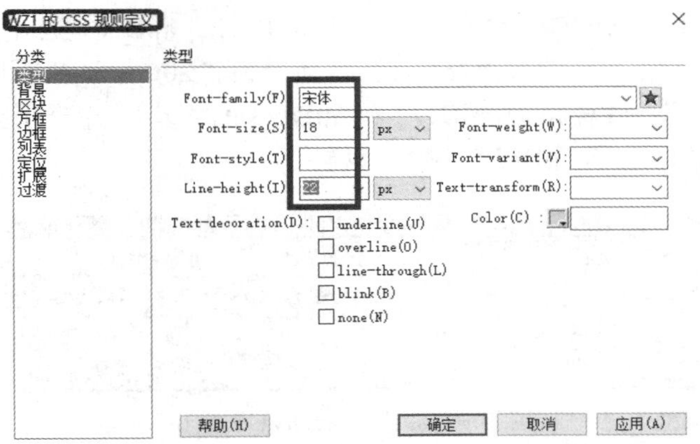

图 10-28　新建 CSS 样式“.wz1”

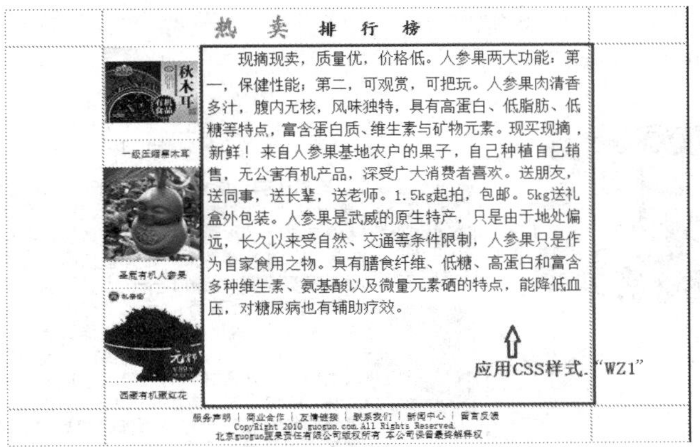

图 10-29　应用 CSS 样式后

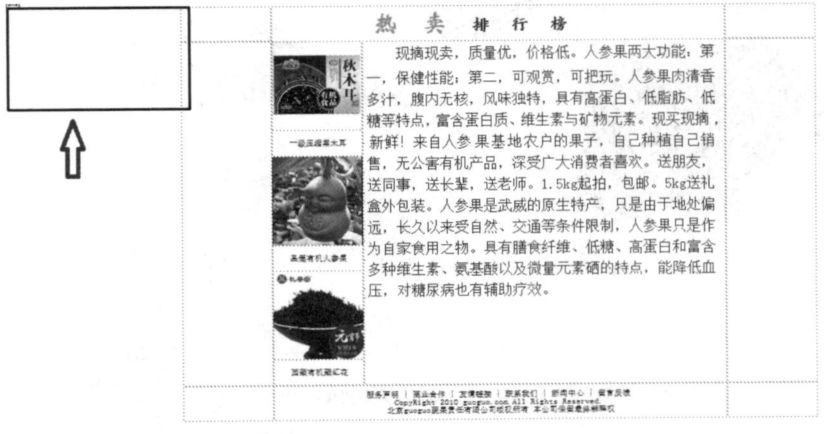

图 10-30　插入第一个 AP Div

第十步：此时 3 个 AP Div 叠在一起，把 apDiv2、apDiv3 拖开后，选择 apDiv1，在“属性”面板中修改“宽”为“250px”、“高”为“200px”，如图 10-31 所示。在其中插入图片“59.jpg”。同样修改 apDiv2 和 apDiv3 的大小，并分别插入图片“61.jpg”和“63.jpg”。（这里可设置 apDiv 与图片一样大）。

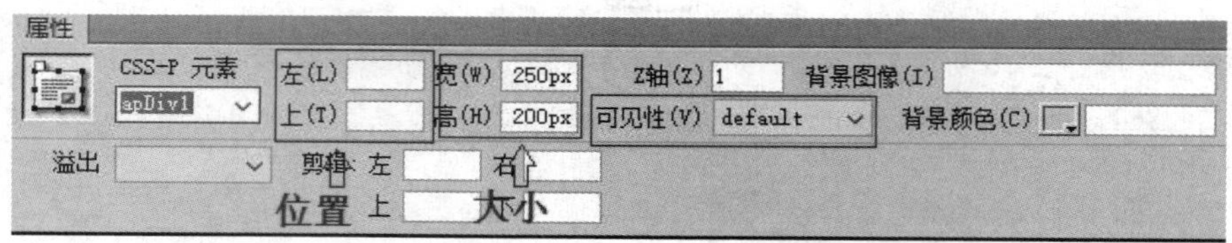

图 10-31　修改 apDiv1 的大小

第十一步：单击选择图片“59.jpg”，如图 10-32 所示。在“行为”面板中添加行为“显示-隐藏元素”，在“显示-隐藏元素”对话框中设置 apDiv1“显示”、apDiv2“隐藏”、apDiv3“隐藏”，如图 10-33 所示。

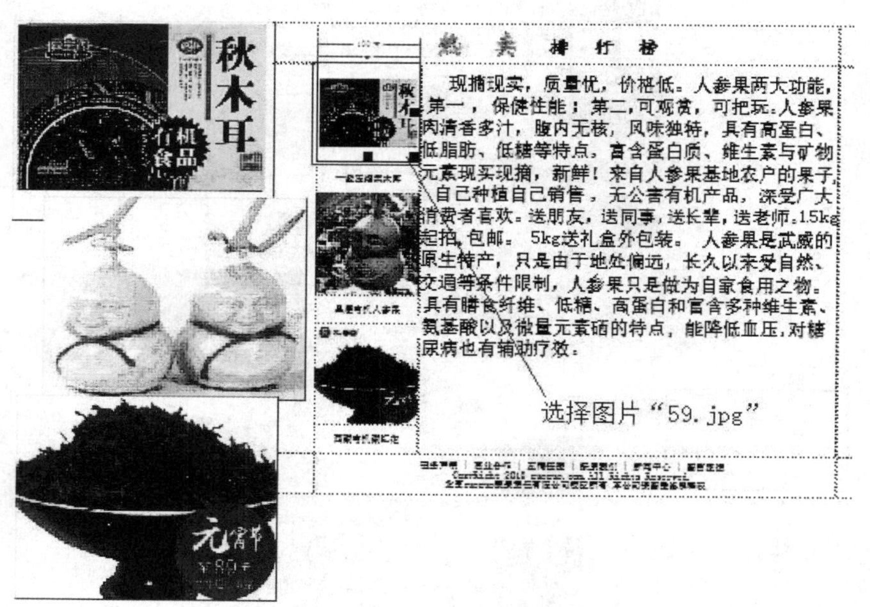

图 10-32　选择图片“59.jpg”

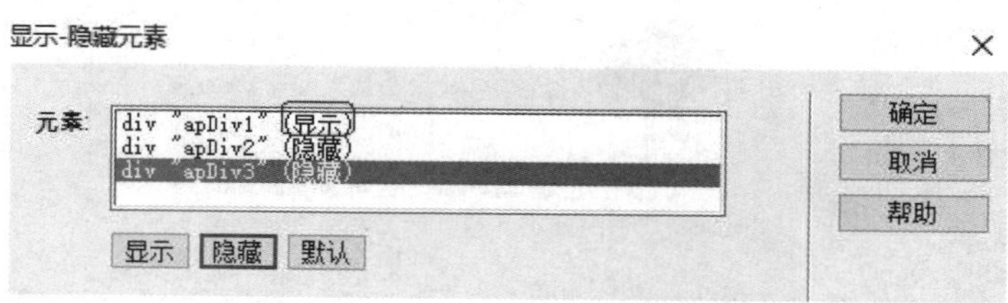

图 10-33　添加行为“显示-隐藏元素”

第十二步：单击“确定”按钮后，在“行为”面板中修改触发事件为“onMouseOver”，如图 10-34 所示。

第十三步：在“行为”面板中添加行为“显示-隐藏元素”，在“显示-隐藏元素”对话框中设置 apDiv1“隐藏”、apDiv2 不设置、apDiv3 不设置，如图 10-35 所示。

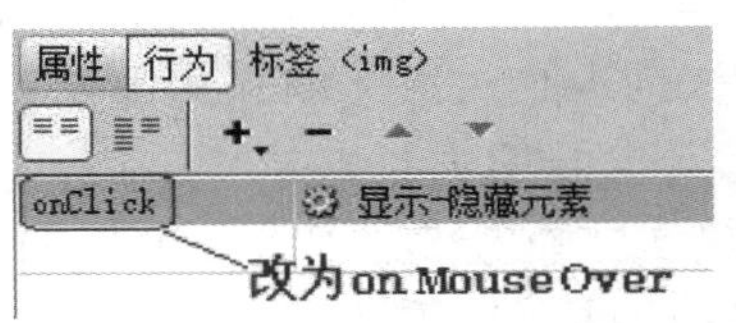

图 10-34　修改触发事件为 onMouseOver

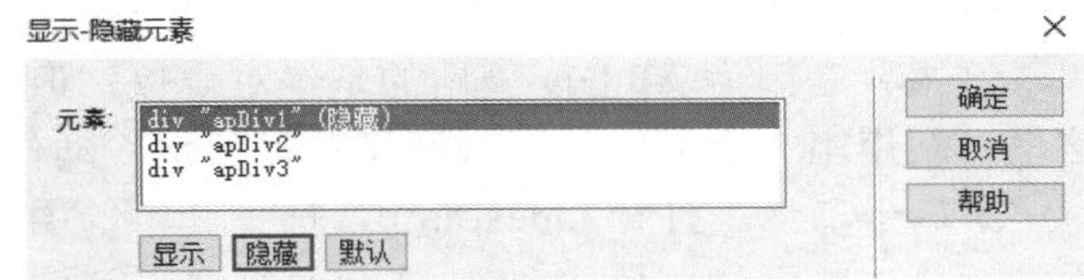

图 10-35　设置 apDiv1 隐藏

第十四步：单击“确定”按钮后，在“行为”面板中修改触发事件为“onMouseOut”，如图 10-36 所示。

第十五步：同理，选择图片“61.jpg”，添加两个行为。这里设置 onMouseOver 时：apDiv1“隐藏”、apDiv2“显示”、apDiv3“隐藏”；设置 onMouseOut 时：apDiv1 不设置、apDiv2“隐藏”、apDiv3 不设置。

第十六步：同理，选择图片“63.jpg”，添加两个行为。这里设置 onMouseOver 时：apDiv1“隐藏”、apDiv2“隐藏”、apDiv3“显示”；设置 onMouseOut 时：apDiv1 不设置、apDiv2 不设置、apDiv3“隐藏”。

第十七步：选择“AP 元素”面板，设置 3 个 AP Div 为不可见，如图 10-37 所示。

第十八步：保存文件，用 IE 浏览器预览。现在可以看到当将鼠标光标移到 3 张图片上时会有一张大图出现。当然，现在 AP Div 中图片出现的位置比较乱。

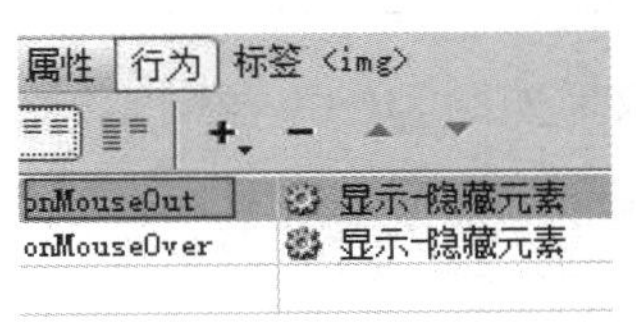

图 10-36　修改触发事件为 onMouseOut

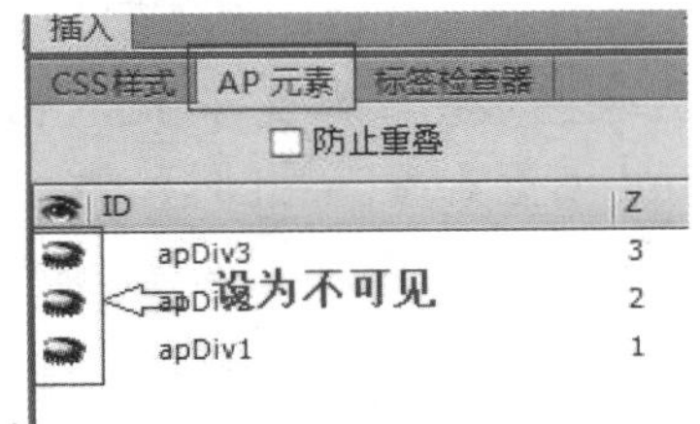

图 10-37　设置 3 个 AP Div 为不可见

注意：有些浏览器对事件不支持。

第十九步：返回网页编辑窗口，选择“AP 元素”面板，设置 3 个 AP Div 为可见，如图 10-38 所示。

第二十步：先选择 apDiv1，设置位置：“左”为“205”、“上”为“20”，如图 10-39 所示。然后设置 apDiv2：“左”为“205”、“上”为“100”；设置 apDiv3：“左”为“205”、“上”为“230”。

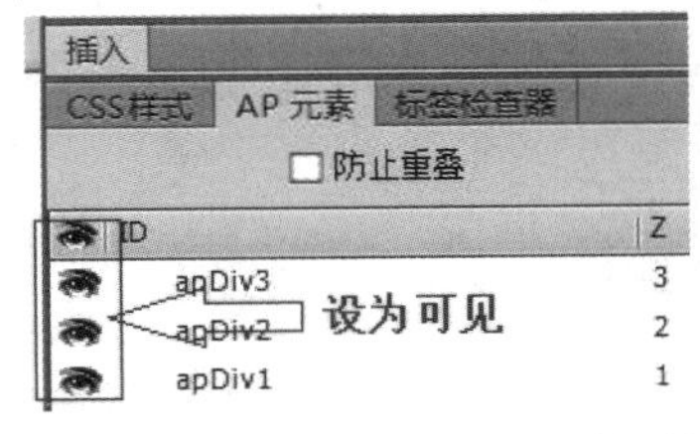

图 10-38　设置 3 个 AP Div 为可见

图 10-39　设置 apDiv1 的位置

第二十一步：再次选择“AP 元素”面板，设置 3 个 AP Div 为不可见，如图 10-37 所示。保存文件，用 IE 浏览器预览。

现在发现 3 个 AP Div 中图片显示在同一垂直位置，但水平位置很难调整到理想的位置，这主要是因为 AP Div 采用的是绝对定位，但网页中的其他元素一般采用相对定位。这里可利用上一活动中的“打开浏览器窗口”动作，定义页面的大小。

第二十二步：打开 index.html，选择其中的图片“热卖排行榜”，在“行为”面板中添加行为“打开浏览器窗口”，在“打开浏览器窗口”对话框中设置“要显示的 URL”为“remai.html”、“窗口宽度”为“700”、“窗口高度”为“500”，如图 10-40 所示。单击“确定”按钮后将“触发事件”设置为“onClick”。

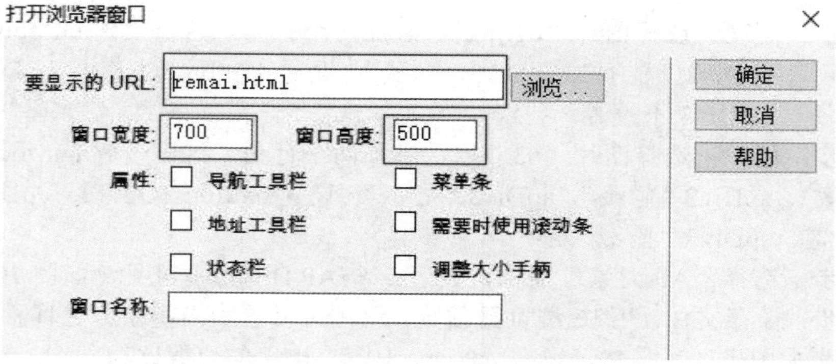

图 10-40 “打开浏览器窗口”对话框的设置

第二十三步：保存文件 index.html，用 IE 浏览器预览。单击图片“热卖排行榜”，打开 remai.html 浏览器窗口，此时移动鼠标光标到 3 张图片上，效果如图 10-41 和图 10-42 所示。

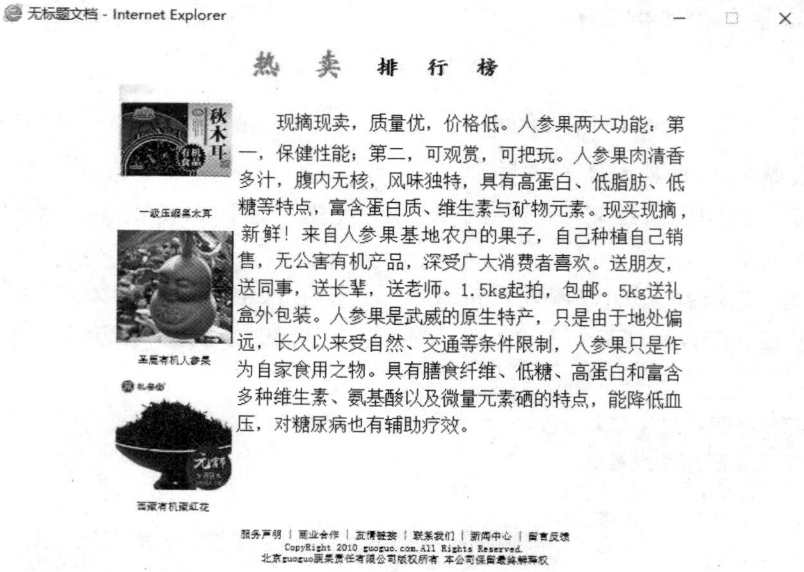

图 10-41 光标未移到图片上

图 10-42　光标移到图片上

思考

AP 元素是绝对定位元素，不能随着窗口变大或变小而改变位置。请思考，为什么 AP Div 与页面中的其他元素在位置上很难配合？试分析理由。

活动拓展

请在 index.html 文件中添加一个 AP Div，并选择网页中的一个图片控制 AP Div 的显示和隐藏，完成后将网页文件提交到教师机。

活动二　设置拖动 AP 元素

必备知识

一、拖动 AP 元素功能

拖动 AP 元素行为的功能是在页面中按照指定的方式拖动某层元素移动。因为用户在拖动层之前必须先调用拖动 AP 元素动作，所以应该确保触发该动作的时间发生在试图拖动层之前。为此，实现拖动 AP 元素最佳的方法是使用 onLoad 事件将“AP 元素”附加到<body>对象上。

二、拖动 AP 元素的应用

拖动 AP 元素动作可以使用户进行拖动 AP 元素的操作，使用这个动作可以创建动脑筋的迷题、拼图游戏、滑动控制及其他可移动的网页页面元素等。拖动 AP 元素动作还可以设置拖动的方向和目标等。

活动实施

利用拖动 AP 元素动作制作一个可拖动的图片效果。

第一步：复制素材（见教学资源包）中的 mysite102 文件夹到 d:\，并把 d:\mysite 建成名为“果蔬网”的站点。

第二步：打开 index.html 文件。

第三步：插入一个 Ap Div，修改 ID 为“apDivtd”，修改“apDivtd”的宽度为“235px”、高度为“220px”。在“apDivtd”中插入图片“64.jpg”，如图 10-43 所示。

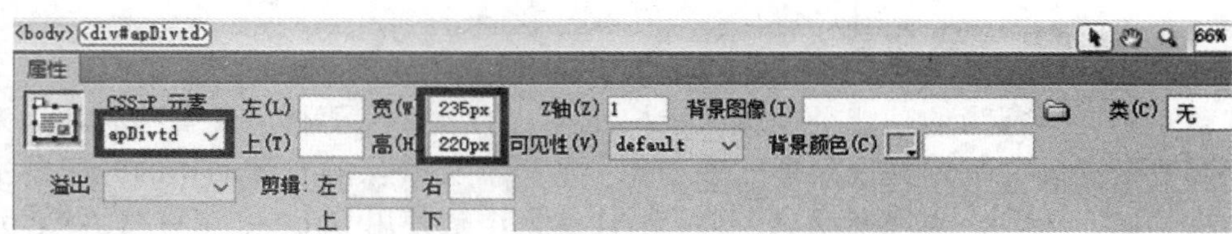

图 10-43 插入 apDivtd 并设置

第四步：打开“拆分”视图，将光标放在<body>标签之间，如图 10-44 所示。

第五步：在“行为”面板中添加行为“拖动 AP 元素”，如图 10-45 所示。

第六步：弹出“拖动 AP 元素”对话框，在“基本”选项卡的“移动”下拉列表框中选择“不限制”选项，如图 10-46 所示。

注意：“拖动 AP 元素”对话框中有“基本”和“高级”两个选项卡，“高级”选项卡中可设置拖动控制点。拖动时，将元素置于顶层，设置如图 10-47 所示。

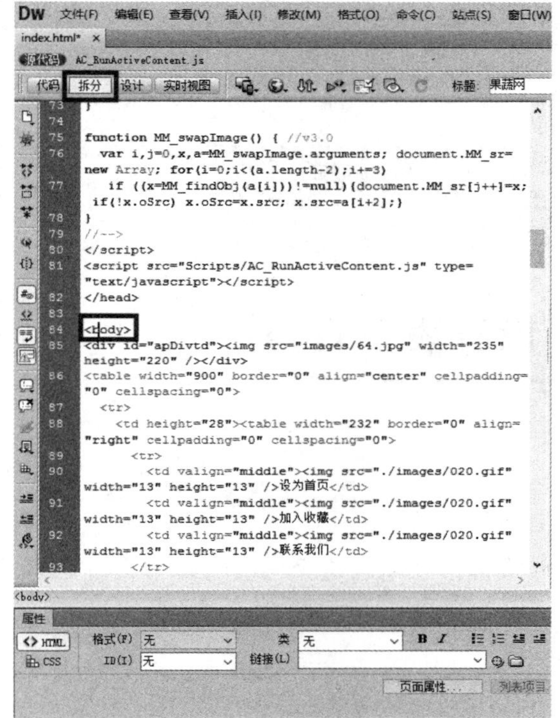

图 10-44　将光标放在<body>标签之间

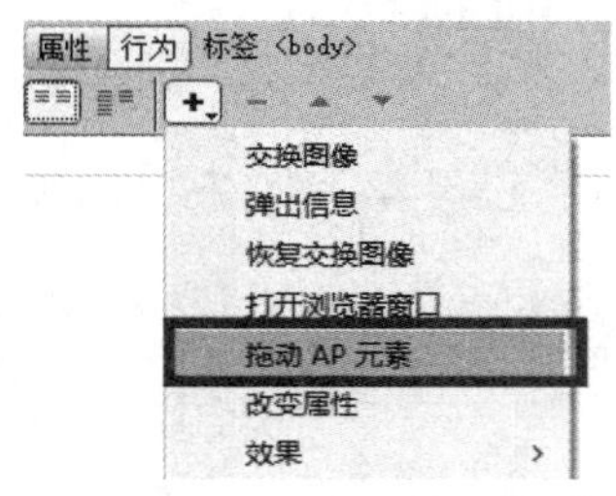

图 10-45　添加行为“拖动 AP 元素”

图 10-46　“拖动 AP 元素”对话框的“基本”选项卡

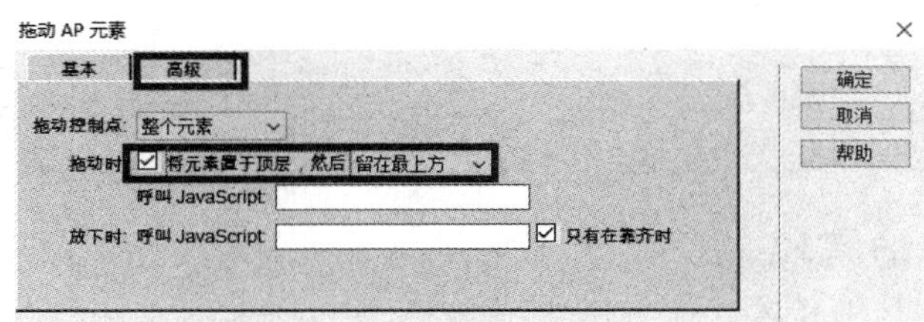

图 10-47　“拖动 AP 元素”对话框的“高级”选项卡

第七步：在“行为”面板中设置触发事件“onLoad”，一般默认就是“onLoad”。

第八步：保存文件，在 IE 中预览（在 360 浏览器中预览没有效果）。预览时可以在图片上按住鼠标左键任意拖动，到目标位置松开。

思考

Ap Div 中除了图片还能放置和应用哪些页面元素？如表格，可以吗？请试一试。

活动拓展

在 index.html 中添加一个 AP Div，在其中插入表格、输入文字，并进行格式设置，如字体和背景的设置。完成后将网页文件提交到教师机。

任务三　设置表单行为

问题导入

前面已经学习了表单的使用，但如何检查信息输入是否正确呢？

背景知识

Dreamweaver CS6 涉及设置表单的行为主要是检查表单，项目八介绍了应用 Spry 验证表单。本项目结合行为介绍普通表单的验证。

检查表单动作可检查指定文本域的内容，判断用户输入的数据类型是否正确。此动作能够检测用户填写的表单内容是否符合预先设定的规范，这样可以在表单被提交之前找出填写错误的地方，提示用户重新输入，避免了表单提交后再交给服务器端去检测输入的正确性，而在客户端就完成检测，减轻了服务器的负担和对网络的占用。

活动　检 查 表 单

必备知识

一、检查表单的实现

检查表单动作与改变属性动作一样，建议在使用前先为要检查的表单元素命名，以便在“命名的栏位”中方便、准确地找到此元素。

此动作一般使用的事件为 onSubmit，在表单提交时检查。方法是先选择整个表单，然后设置此动作，这样动作就会自动附加到标记，并默认事件为 onSubmit。使用 onBlur 事件附加此动作到单独的表单域，可在用户填写表单时验证该域，使用 onSubmit 事件附加此动作到单独的表单域，可在用户单击提交按钮时检查设定的多个区域。

二、与 Spry 验证表单的区别

Spry 验证表单对象是在普通表单的基础上添加验证功能，Spry 验证表单对象的“属性”面板是设置验证方面的内容，不涉及具体表单对象的属性设置。如果要设置具体的 Spry 验证表单对象的属性，则仍需使用普通表单对象的“属性”面板。

活动实施

第一步：复制素材（见教学资源包）中的 mysite103 文件夹到 d:\，并把 d:\mysite 建成站点。

第二步：打开 biaodan.html，如图 10-48 所示。

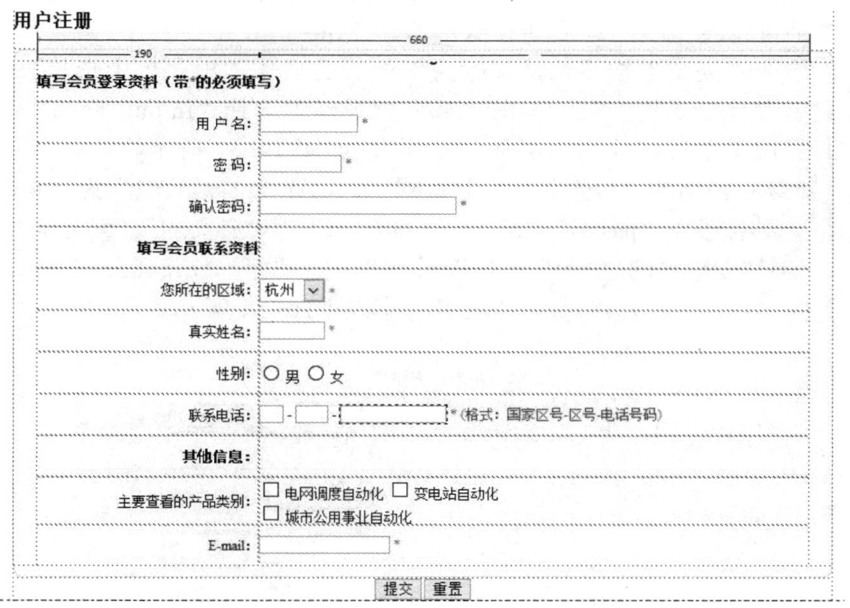

图 10-48 打开 biaodan.html

第三步：选取“用户名：”右侧的文本域，在“属性”面板中设置该文本域的名称为“name”，“字符宽度”和“最多字符数”都是“12”，如图 10-49 所示。

图 10-49 用户名属性设置

第四步：选取“密码：”右侧的文本域，在“属性”面板中设置该文本域的名称为“password1”，“字符宽度”和“最多字符数”都是“10”，如图 10-50 所示；同理选取“确认密码：”右侧的文本域，在“属性”面板中设置该文本域的名称为“password2”，“字符宽度”和“最多字符数”都是“10”。

图 10-50　密码属性设置

第五步：选取“真实姓名：”右侧的文本域，在“属性”面板中设置文本域的名称为“xingming”，“字符宽度”和“最多字符数”都是“8”，如图 10-51 所示。

图 10-51　真实姓名属性设置

第六步：分别选取“联系电话：”右侧的 3 个文本域，在“属性”面板中设置这 3 个文本域的名称为“dianhua1”“dianhua2”“dianhua3”。

第七步：选取“E-mail：”右侧的文本域，在“属性”面板中设置文本域的名称为“E-mail”，“字符宽度”和“最多字符数”都是“30”。

第八步：选取“提交”按钮，从“行为”面板的动作弹出菜单中选择“检查表单”动作，在弹出的“检查表单”对话框的“域”列表框中选择“in put ‘nane’”选项，设置“值”为“必需的”、“可接受”为“任何东西”，如图 10-52 所示。

第九步：继续在弹出的“检查表单”对话框中，设置“password1”为“必需的”、可接受“任何东西”。同样设置“password2”和“xingming”为“必需的”、可接受“任何东西”。

第十步：继续在弹出的“检查表单”对话框中，设置“dianhua1”“dianhua2”和“dianhua2”为“必需的”、可接受“数字”，如图 10-53 所示。

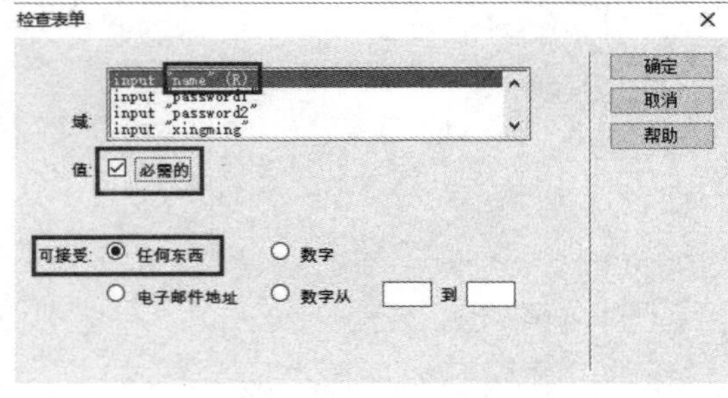

图 10-52　检查表单一

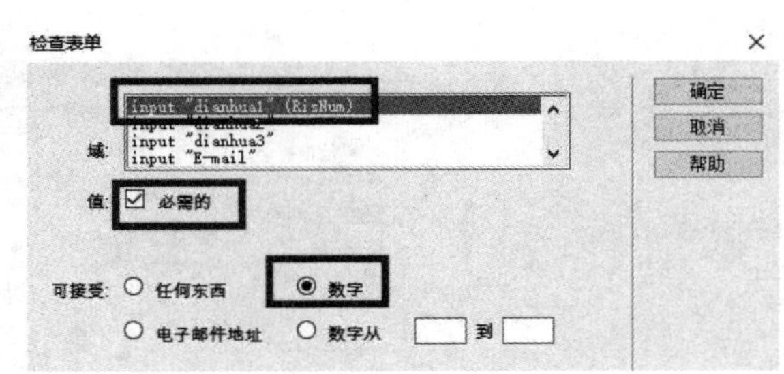

图 10-53　检查表单二

第十一步：继续在弹出的“检查表单”对话框中，设置“E-mail”为“必需的”、可接受“电子邮件地址”，如图 10-54 所示。

第十二步：在“行为”面板中设置触发事件“onClick”，一般默认就是“onClick”，保存当前网页，预览效果。

第十三步：在预览窗口的表单中输入任意文字(示例中全输入的字母“A”)，如图 10-55

所示。

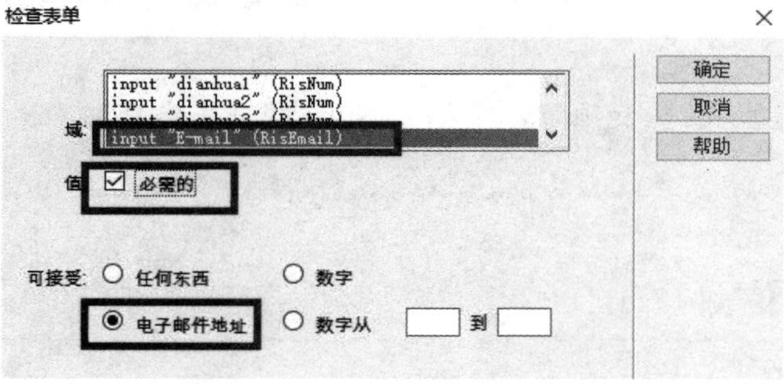

检查表单

域：
input "dianhua1" (RisNum)
input "dianhua2" (RisNum)
input "E-mail" (RisEmail)

值：必需的

可接受：任何东西　数字　电子邮件地址　数字从　到

确定　取消　帮助

图 10-54　检查表单三

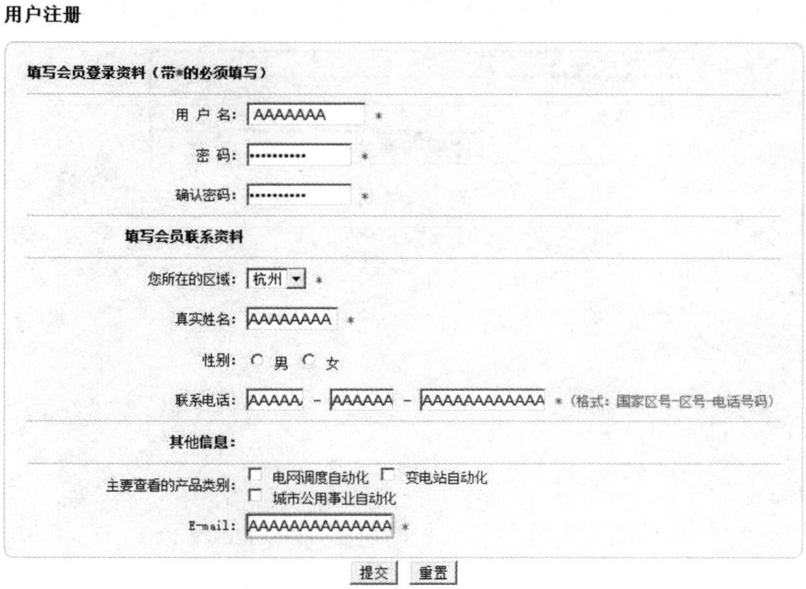

用户注册

填写会员登录资料（带*的必须填写）

用 户 名：AAAAAAA *

密 码：********** *

确认密码：********** *

填写会员联系资料

您所在的区域：杭州 *

真实姓名：AAAAAAAA *

性别：男　女

联系电话：AAAAA - AAAAAA - AAAAAAAAAAAA *（格式：国家区号-区号-电话号码）

其他信息：

主要查看的产品类别：电网调度自动化　变电站自动化　城市公用事业自动化

E-mail：AAAAAAAAAAAAAA *

提交　重置

图 10-55　预览窗口

第十四步：单击“提交”按钮后出现提示对话框，如图 10-56 所示，提示“dianhua1”“dianhua2”“dianhua3”和“E-mail”文本域输入错误。

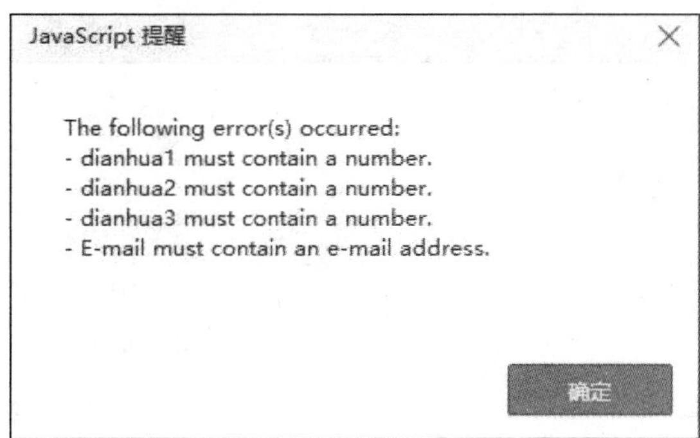

图 10-56　提示对话框

思考

比较以上“活动实施”和项目八中插入 Spry 验证文本域的“活动实施”，试分析其区别。

活动拓展

制作图 10-57 所示的表单，设定网页中：“密码”只能输入数字，“电邮”只能输入邮箱地址。完成后将网页保存为 lianxi.html，并把网页提交到教师机。

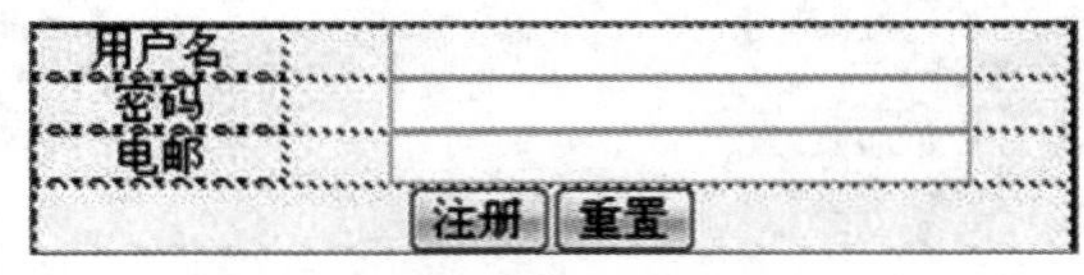

图 10-57　表单制作练习

项目十一

应用网页特效

通过前面的学习，读者已经能够在网页中添加各类元素，实现简单网页的制作了。但在实际的上网过程中，我们常常能看到网页上滚动的文字和图片等特效，在这些特效的衬托下，整个网页的效果更加丰富，活跃了网页的气氛。因此，我们能在很多网页中看到它们的身影，网页特效也是初学者必学的内容。

学习目标

1）知道什么是网页特效。
2）掌握文字动态设置方法。
3）掌握图片特效设置方法。

任务一　设置文字动态效果

问题导入

网页中常常出现文字跑马灯的效果，你知道这是如何实现的吗？

背景知识

HTML 标签是 HTML 语言中最基本的单位，又称为超文本标记语言标记标签。HTML 中的关键词都是由尖括号包围的，如<html>，同时这些标签基本上是成对出现的，被称为标签对，即开始标签和结束标签，如<p></p>。当然，这些标签也有单独出现的，如<img src="baidu.jpg" />。在网页中，各种信息如标题、关键词、描述、语言等都应放在<head>标签中，而网页中展示的内容需要放在<body>标签中。

在 HTML 中，编写 HTML 代码需要遵守 W3C 组织制定的标准，因为 HTML 语言本身是宽松的，系统也检查不出 HTML 的语法错误。如果没有按照 W3C 组织制定的标准编写，则网页最终呈现的效果在不同的浏览器中也会不一样。

活动　了解 marquee 标签的使用技巧

必备知识

marquee 是 HTML 标签中的一个，是一个“滚动字幕”的标签，前期专门用于 IE 浏览器，近几年开始适用于火狐浏览器和谷歌浏览器。

标签语法如下：

<marquee> </marquee>

marquee 标签支持的属性有 11 个，表 11-1 所示是各个属性所对应的具体选项。

表 11-1　marquee 标签属性对应表

属　　性	具 体 选 项	中　　文
align（设置内容的对齐方式）	absbottom	绝对底部对齐
	absmiddle	绝对中央对齐
	baseline	底线对齐
	bottom	底部对齐（默认）
	left	左对齐
	middle	中间对齐
	right	右对齐
	texttop	顶线对齐
	top	顶部对齐
behavior（设置滚动方式）	alternate	表示在两端之间来回滚动
	scroll	表示由一端滚动到另一端，会重复
	slide	表示由一端滚动到另一端，不会重复
bgcolor（设置活动字幕的背景颜色）		
direction（设置活动字幕的滚动方向）	down	向下
	left	向左
	right	向右
	up	向上
height（设置活动字幕的高度）		
width（设置活动字幕的宽度）		
hspace（设置活动字幕所在的位置距离父容器水平边框的距离）		
vspace（设定活动字幕所在的位置距离父容器垂直边框的距离）		
loop（设定滚动的次数，当 loop=-1 时表示一直滚动下去，默认为-1）		
scrollamount（设定活动字幕的滚动速度，单位为 pixels）		
scrolldelay（设定活动字幕滚动两次之间的延迟时间）		

例如，<marquee direction=left>123456</marquee>，表示文字“123456”将从网页的右边向左边滚动。在 Dreamweaver CS6 中代码如下：

```
<html >
```

```
    <head>
        <title>marquee 标签</title>
    </head>
    <body>
        <marquee direction="left">123456</marquee>
    </body>
</html>
```

活动实施

第一步：打开并启用 Dreamweaver CS6，新建网页 alternate.html。

第二步：将软件视图切换到“代码”视图，在<body></body>中输入以下代码：

```
<marquee behavior="alternate">alternate：表示在两端之间来回滚动。</marquee>
```

第三步：预览，效果如图 11-1 所示。

第四步：将代码 behavior="alternate"中 behavior 属性的 alternate 依次替换成 scroll 和 slide，预览其效果并观察。

第五步：另新建网页文件 second.html，在屏幕上输入文字“这是我的第一个字幕滚动效果”。

第六步：选中刚才输入的文字，执行“插入记录”→“标签”→“HTML 标签”→“页面元素”→“marquee”，然后关闭“标签选择器”对话框，如图 11-2 所示。

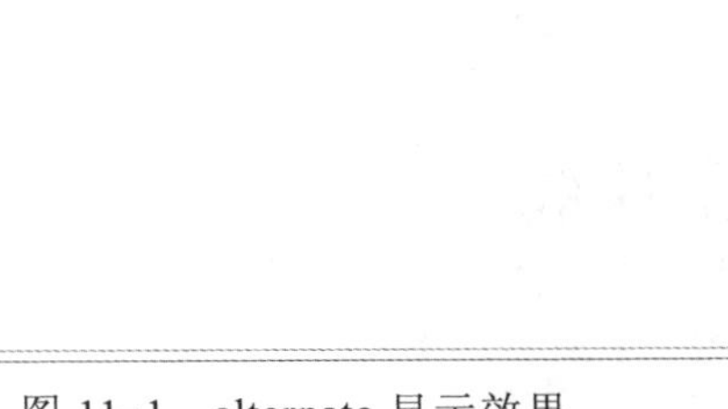

图 11-1　alternate 显示效果

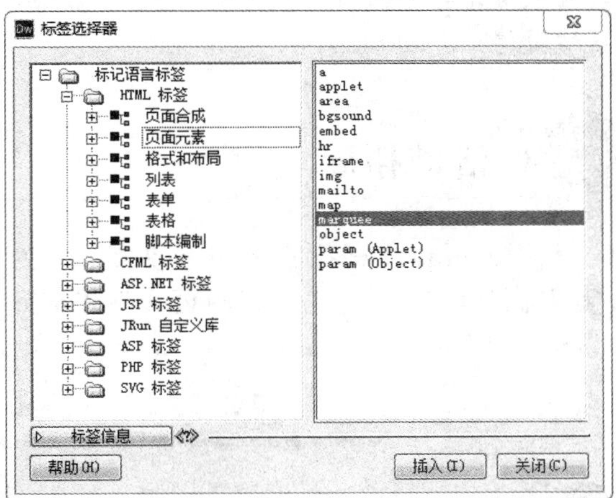

图 11-2　“标签选择器”对话框

第七步：切换到软件的“拆分”视图，将光标定位到图 11-3 所示的位置。

```
<body>
<marquee>这是我的第一个字幕滚动效果
</marquee></body>
```

图 11-3　marquee 部分代码

按键盘上的空格键，利用键盘方向键进行选择，并按<Enter>键进行确定，设置 marquee 标签的属性如下：

```
<marquee bgcolor="#FF0000" behavior="scroll">这是我的第一个字幕滚动效果</marquee>
```

第八步：预览并观察效果，如图 11-4 所示。

图 11-4　效果预览

思考

在“活动实施”的 second.html 中如何实现鼠标光标停在活动字幕上时文字停止滚动，当鼠标光标移开活动字幕时，文字又重新开始滚动（提示：onMouseOut="this.start()"用来设置鼠标光标移出该区域时继续滚动；onMouseOver="this.stop()"用来设置鼠标光标移入该区域时停止滚动）。

活动拓展

利用 marquee 标签实现如下效果：黄色文字（#f3fb1c），蓝色底（#111fdf），文字由左到右循环滚动，完成后将网页文件提交到教师机。

任务二　设置图片特效

问题导入

网页中文字的动态效果可以使用 marquee 标签，那么图片的动态效果是否也可以使用 marquee 标签呢？如果是，该如何使用？如果不是，那么图片的动态效果该如何设置？

背景知识

网页图片特效基本上是利用了一些鼠标控制语句、CSS 滤镜代码，再加上简单的

JavaScript 语句实现的。JavaScript 是一种直译式脚本语言，是一种动态类型、弱类型、基于原型的语言，内置支持类型。它的解释器被称为 JavaScript 引擎，为浏览器的一部分，是广泛用于客户端的脚本语言，最早是在 HTML（标准通用标记语言下的一个应用）网页上使用，用来给 HTML 网页增加动态功能。

JavaScript 语言的组成如图 11-5 所示。

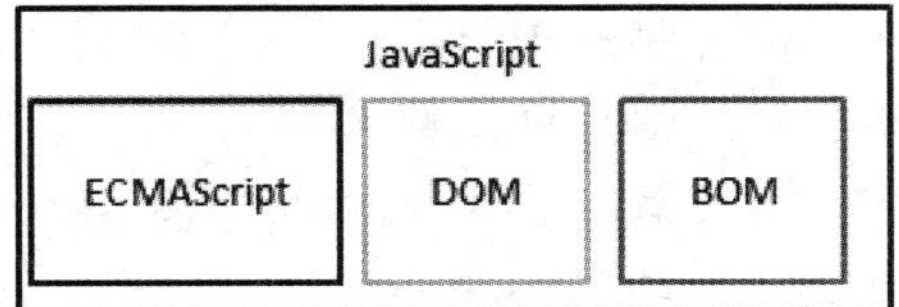

图 11-5　JavaScript 语言的组成

1）ECMAScript：描述了该语言的语法和基本对象。

2）DOM（文档对象模型）：描述处理网页内容的方法和接口。

3）BOM（浏览器对象模型）：描述与浏览器进行交互的方法和接口。

JavaScript 语言的主要特点如下：

1）它是一种解释性脚本语言。

2）它主要用来向 HTML 页面添加交互行为。

3）它可以直接嵌入 HTML 页面。

4）跨平台特性，在绝大多数浏览器的支持下，它可以在多种平台下运行。

活动　设置网页图片特效

必备知识

Dreamweaver 提供了一种称为“Behavior”（行为）的机制，帮助网页设计者构建页面中的交互行为，这在项目十中已经介绍过一些，本活动主要介绍“行为”中的“改变属性”功能的用法。

“改变属性”动作（见图 11-6）让用户可以轻易地控制网页中某个对象（标记）的属性，实现动态效果。它利用 JavaScript 找到指定的对象，然后改写该对象的属性值（见图 11-7）。允许用户动态地改变对象属性，如图像的大小、层的背景色等。

注意：使用此动作前一定要先给需要改变属性的对象命名，否则在动作设置窗口中将无法找到此对象，容易造成 JavaScript 出错。

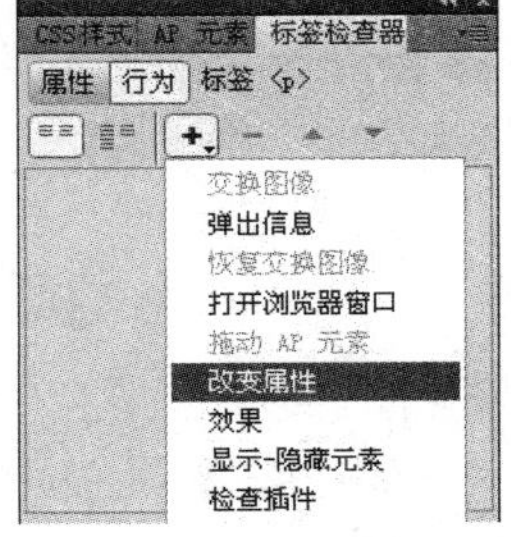

图 11-6　“改变属性”动作

图 11-7　“改变属性”对话框

活动实施

页面初始状态显示汽车标志，鼠标光标经过某一汽车标志时汽车标志变大，当鼠标光标离开汽车标志图片时，图片恢复原来的大小。

第一步：打开并启动 Dreamweaver CS6 软件，并新建网页 index.html。

第二步：新建空白 HTML 文档，新建表格，参数设置如图 11-8 所示，并设置表格居中对齐显示。

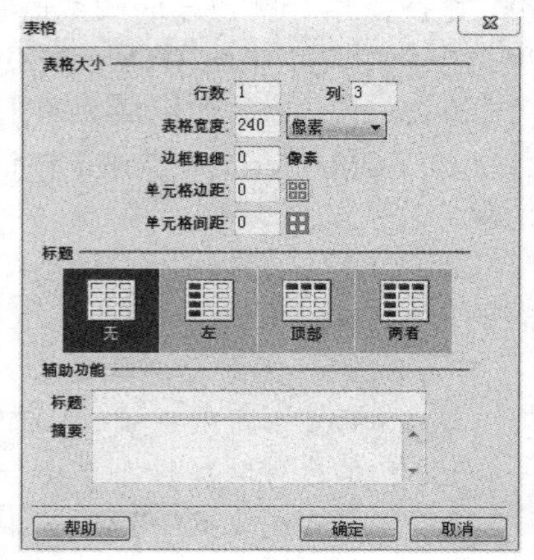

图 11-8 表格设置

第三步：设置单元格的对齐方式为水平居中，并在每个单元格中分别插入 3 种汽车标志。执行“插入”→“图像”命令，选取图片后弹出的“图像标签辅助功能属性”对话框设置如图 11-9 显示，操作完成后效果如图 11-10，单击“确定”按钮关闭对话框。

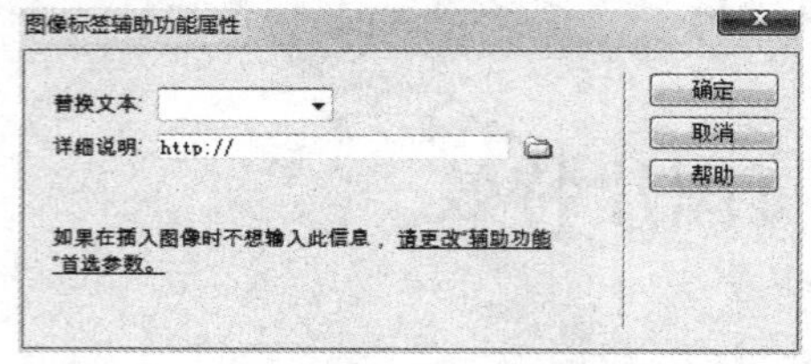

图 11-9 “图像标签辅助功能属性”对话框设置

图 11-10 操作完成效果图

第四步：选中图片“奥迪.jpg”，在 Dreamweaver 界面下方的“属性”面板中找到标签框，为图片“奥迪.jpg”定义名称“image1”，如图 11-11 所示。

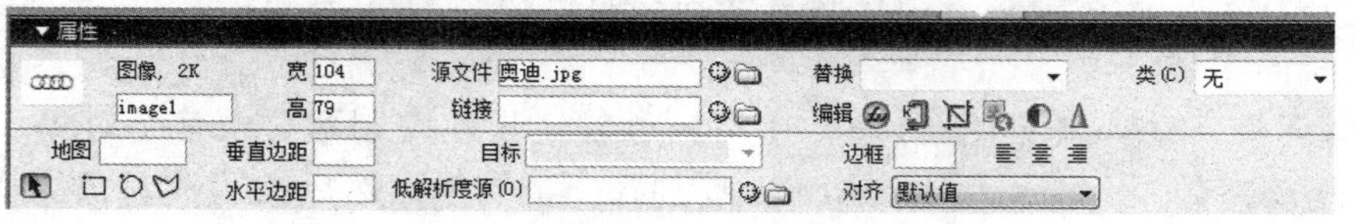

图 11-11 图片属性设置

第五步：在 Dreamweaver 界面中，选中图片“奥迪.jpg”，在“行为”面板中单击“+.”，选择“改变属性”，为选中的照片设置鼠标经过时的照片宽度，在弹出的“改变属性”对话框中设置相应参数，如图 11-12 所示。

第六步：设置该行为触发事件 onMouseOver，如图 11-13 所示。

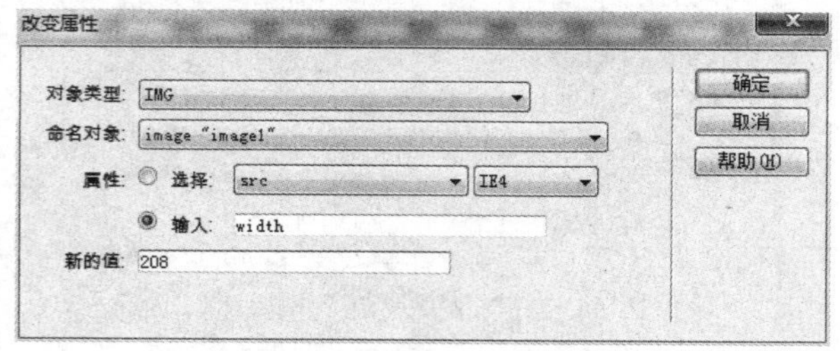

图 11-12 “改变属性”对话框

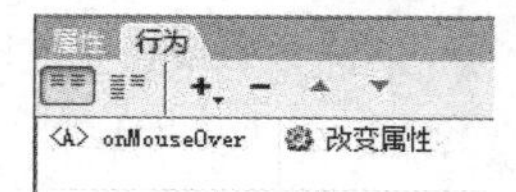

图 11-13 设置触发事件

第七步：依照第五步的方法为图片“奥迪.jpg”设置鼠标经过时图片的高度，弹出对话框中的相应参数设置如图 11-14 所示。

第八步：依照第六步方法设置该行为触发事件 onMouseOver。

第九步：依照第五步和第七步的方法为图片“奥迪.jpg”设置原来的大小，即宽度和高度（Width、Height）分别为 104px 和 79px，并为这两种“改变属性”事件设置行为触发事件 onMouseOut，如图 11-15 所示。

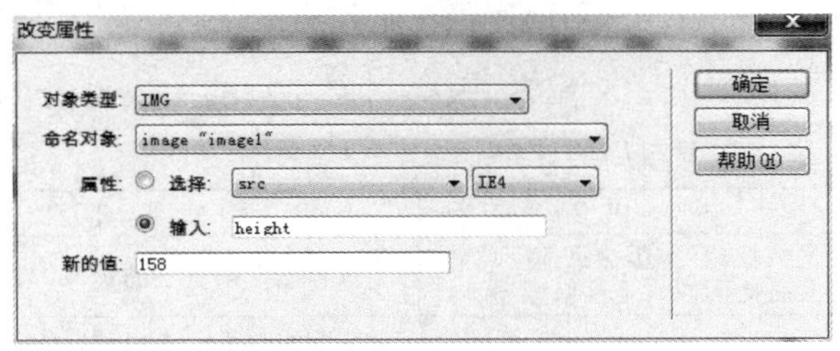

图 11-14　图片高度设置

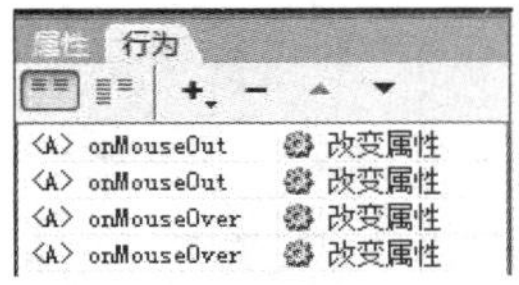

图 11-15　“行为”面板

思考

在“活动实施”中，如果想要设置图片效果为鼠标经过时图片缩小，那么该如何设置？请试一试。

活动拓展

在图 11-16 中有 3 个汽车标志，要求当鼠标光标经过图片时图片放大一倍，单击图片时再放大一倍；当鼠标光标离开图片时，图片恢复原来的大小。请试着实现图片效果。

图 11-16　汽车图片效果

任务三　制作其他常见网页特效

问题导入

Dreamweaver 中层的功能非常强大，在层里可以插入文本、表格、图像、动画等各种网页元素，那么如何利用层来实现网页特效呢？

背景知识

在 Dreamweaver 中，表格和层都是网页中的重要容器，可包含文字和图像。表格使网页结构紧凑整齐，让网页内容一目了然。层在 Dreamweaver 网页编辑区中可以自由移动，从而实现网页元素位置的改变，因此层的应用技术也是网页元素的定位技术。通过控制多个层的叠放次序、显示或隐藏层、将层与时间轴配合使用，可以很方便地制作出滚动字幕、下拉菜单等页面效果，当网页中有动态效果时大多是使用了层元素。表格与层布局的比较见表 11-2。

表 11-2　表格与层布局的比较

	优　点	缺　点	应 用 场 合
表格	方便排列有规律、结构均匀的内容或数据	产生垃圾代码，影响页面下载时间，灵活性不好，难于修改	内容或数据整齐的页面
层	比较灵活，代码精简，可提高页面下载速度，表现和内容相分离等	难于控制	复杂的不规则页面和业务种类较多的大型商业网站

活动一　制作下拉菜单

必备知识

在网页布局中，为节约空间，通常会将菜单设计成下拉式的，如图 11-17 所示。当鼠标光标移至“栏目 2”菜单上时，显示其下拉菜单；当鼠标移开“栏目 2”时，下拉菜单收起，呈原始状态。

在 Dreamweaver 中，制作下拉菜单的方法有多种，可利用 Spry 菜单制作，也可以利用 AP Div 层制作，还可以利用特定的插件制作。在此活动中，详细介绍利用 AP Div 制作下拉菜单的方法。

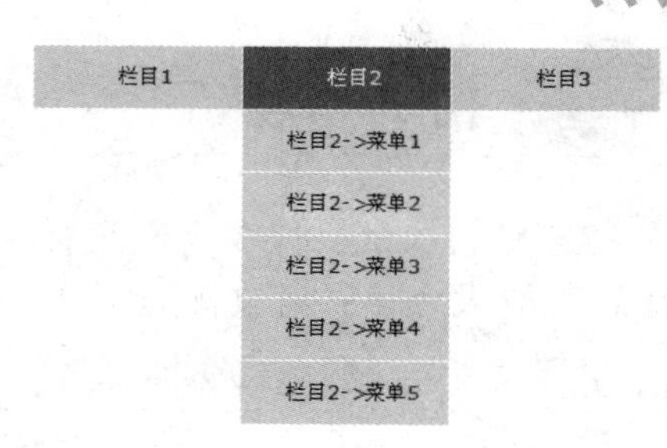

图 11-17　下拉菜单

活动实施

利用 AP Div 可以制作出网页的下拉菜单，进而可以精确地定位到网页的某个位置。

第一步：打开并启用 Dreamweaver CS6 软件，创建本地站点，新建网页 index.html。

第二步：执行“插入”→“布局对象”→“AP Div”命令，插入 AP Div，设置层的属性如图 11-18 所示。

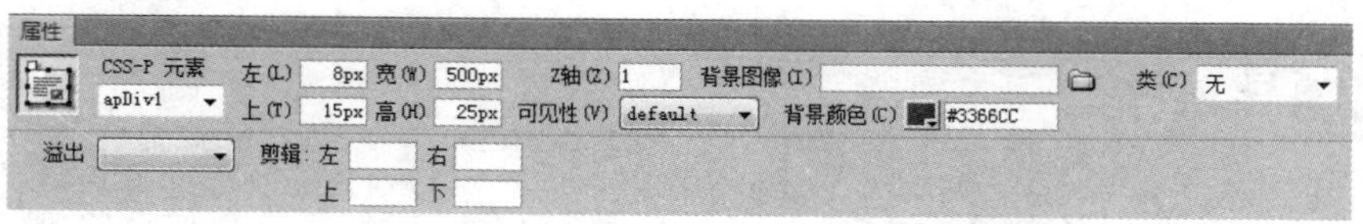

图 11-18　层属性设置

第三步：将光标放置在层内，插入一个 1 行 3 列的表格，设置如图 11-19 所示。

第四步：在前面两个单元格中，分别输入“电子商务网站”和“第三方支付平台”，并调整这两个单元格的宽度，效果如图 11-20 所示。

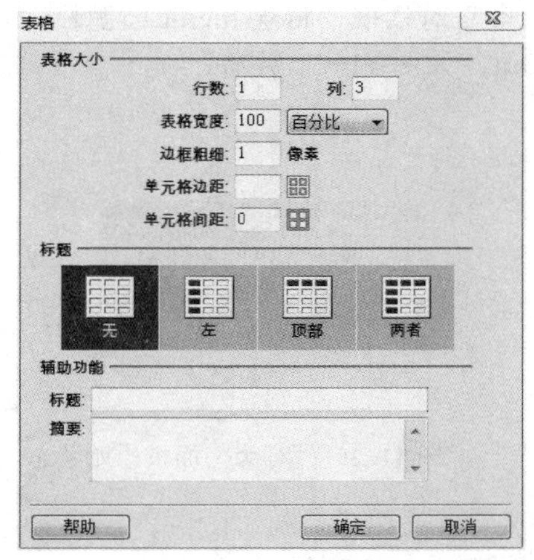

图 11-19　表格设置

图 11-20　导航条设计效果

第五步：现在开始制作下拉菜单，利用同样的方法插入 AP Div，设置层 memu1 的属性如图 11-21 所示。

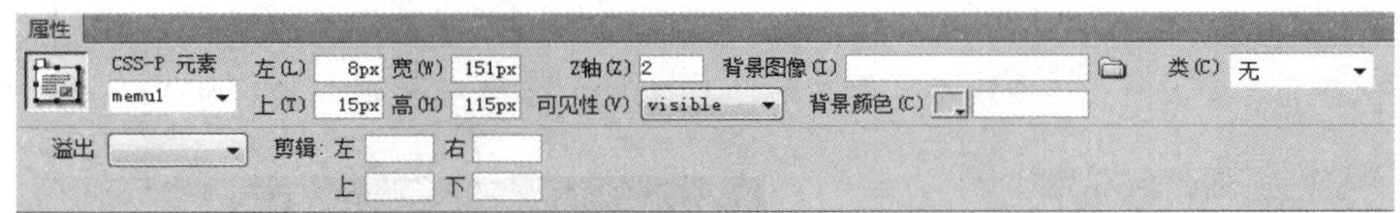

图 11-21　层 memu1 的属性设置

第六步：在层 memu1 中插入一个 5 行 1 列 100%表格，分别在每个单元格中输入“淘宝网”“京东网”“苏宁易购”“亚马逊”，如图 11-22 所示。

第七步：打开“AP 元素”面板，关闭层 memu1 的眼睛，使该层的初始状态为不可见状态，如图 11-23 所示。

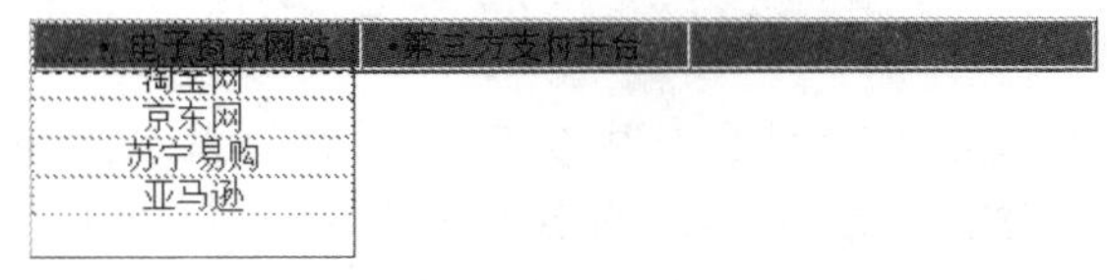

图 11-22　memu1 的设计效果

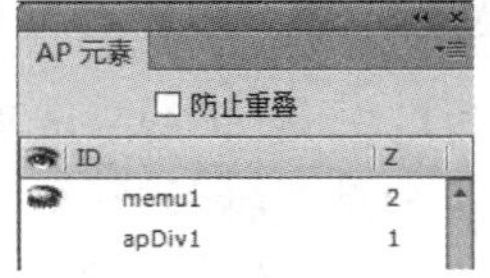

图 11-23　“AP 元素”面板

第八步：选中“电子商务网站”文字，打开“行为”面板，单击“+.”按钮，在下拉列表中选择“显示-隐藏元素”选项。此时，“显示-隐藏元素”对话框中会列出当前网页中所有的 AP Div。因为想要层 memu1 对“电子商务网站”响应，所以选中“memu1”再单击“显示”按钮，如图 11-24 所示。

第九步：返回“行为”面板，面板中会出现图 11-25 所示的字样，单击“onFocus”，更改行为触发事件为“onMouseOver”，如图 11-26 所示。这一步的作用是实现当鼠标光标移至第一个单元格时，下拉菜单 memu1 的状态为显示。

第十步：选中“电子商务网站”，在“行为”面板上单击“+.”按钮，在下拉列表中选择“显示-隐藏元素”选项，设置“显示-隐藏元素”对话框，将层 memu1 隐藏，如图 11-27 所示，同时更改行为触发事件为 onMouseOut，如图 11-28 所示。

第十一步：预览网页，效果如图 11-29 所示。

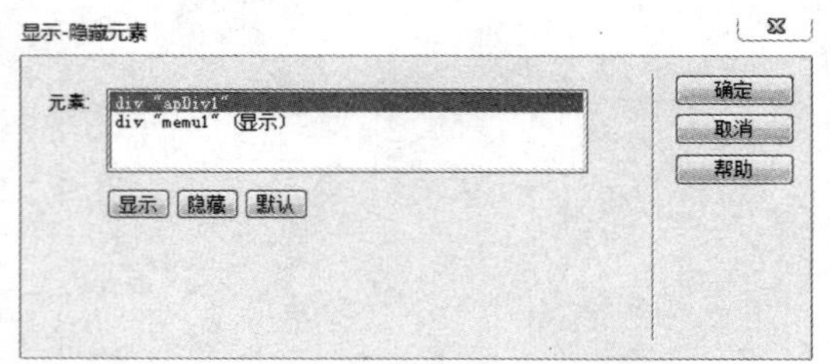

图 11-24 “显示-隐藏元素”对话框

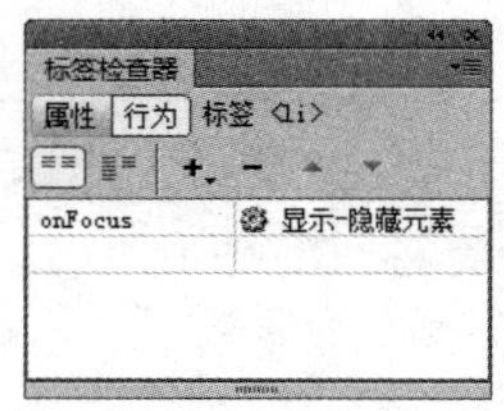

图 11-25 “行为”面板原始状态

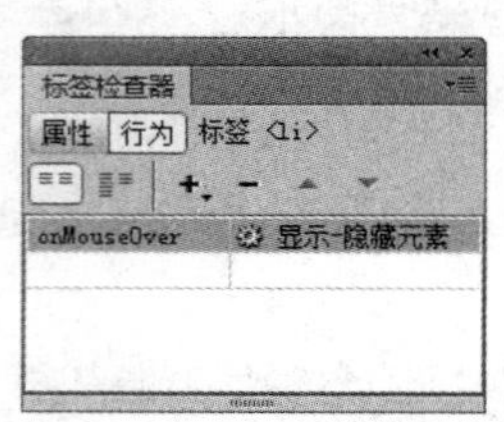

图 11-26 “行为”面板更改后的状态

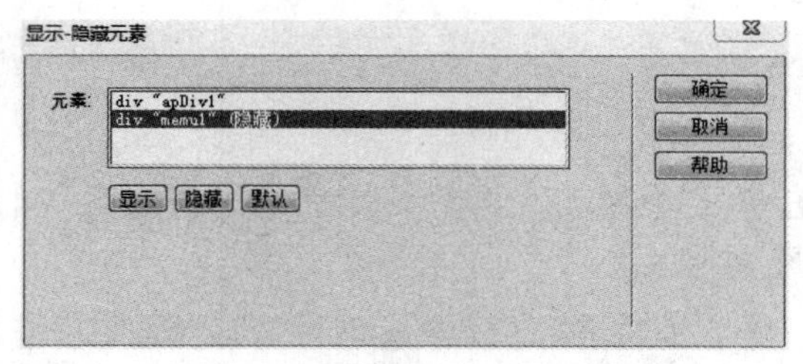

图 11-27 “显示-隐藏元素”对话框

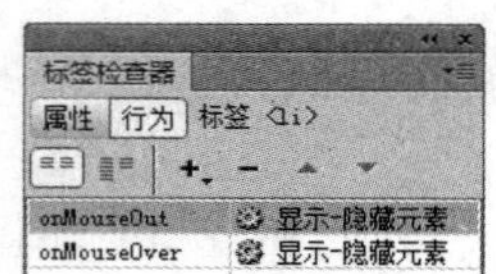

图 11-28 更改行为触发事件

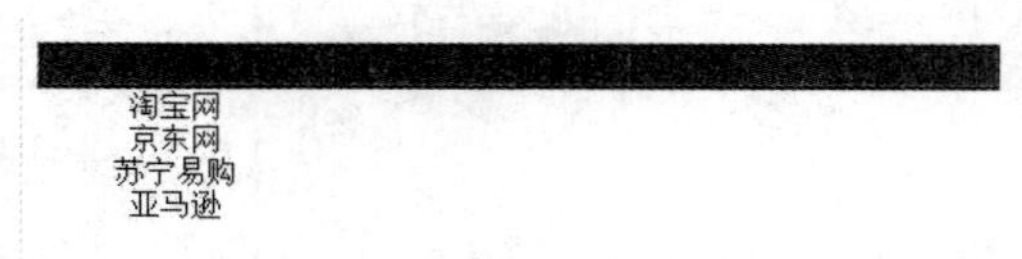

图 11-29 利用 AP 元素制作下拉菜单效果

思考

利用上述方法，请思考如何在“第三方支付平台”中实现同样的效果？即当鼠标光标在“第三方支付平台”文字上时，弹出下拉菜单，当鼠标光标移开时，下拉菜单收起。“第三方支付平台”下拉菜单显示文字“支付宝”“财付通”“快钱”。

活动拓展

请试着脱离教材，实现使用 AP Div 制作下拉菜单的效果，完成后将网页文件提交到教师机。

活动二　设置网页图片播放

必备知识

在网页上，我们常常能看到图片播放的页面效果，这些效果可以由网页播放器实现，也可以由行为中的交换图像实现。这里重点阐释行为中的交换图像效果。

“交换图像”行为（见图 11-30 和图 11-31）通过改变<img>标签的 src 属性将一幅图像替换成为另外一幅图像。使用此行为可以创建鼠标光标经过按钮时的效果以及其他图像效果，也可以一次交换多幅图像。

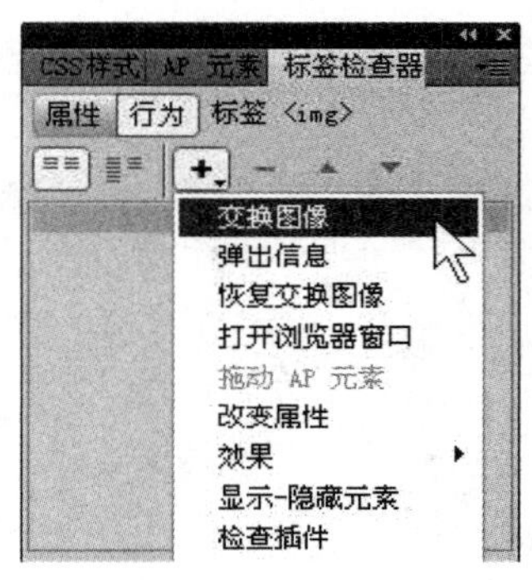

图 11-30　“交换图像”动作

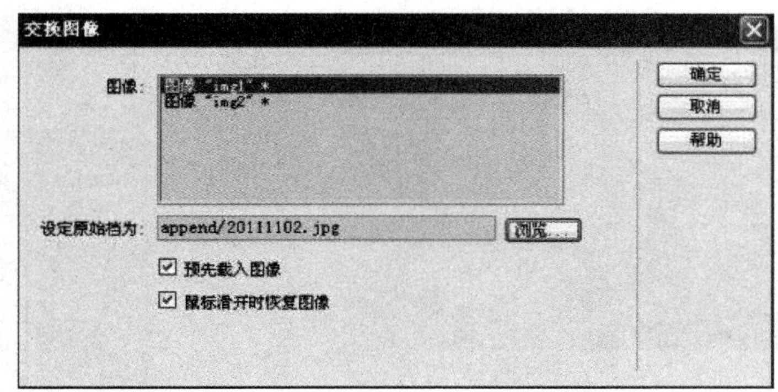

图 11-31　“交换图像”对话框

“交换图像”对话框中的参数含义如下。

1）图像：选择一个需要改变其源文件的图像。

2）设定原始档为：输入新图像的文件路径和名称，或单击“浏览”按钮选取一个新的图像文件。

3）预先载入图像：勾选此复选框可以将新图像预先加载到浏览器缓存中，以防止图像延迟。

活动实施

第一步：打开并启用 Dreamweaver CS6 软件，创建本地站点，新建网页 index.html。

第二步：执行“插入”→“表格”命令，创建一个宽度为 645px 的 2 行 1 列的表格，具体设置如图 11-32 所示。

第三步：将光标定位到第一个单元格，执行“插入”→“图像”命令，选择合适大小的图片（WIN7 图片）。图片插入后，选中图片，将图片位置设置为居中，操作如图 11-33 所示，效果如图 11-34 所示。

第四步：将光标定位到第二个单元格，执行“插入”→“表格”命令，插入一个 1

行 3 列，边框粗细为 2px 的表格，具体操作如图 11-35 所示。

第五步：将光标定位到第 2 行第 1 列的单元格，执行“插入”→“图像”命令，插入一张图片作为缩略图（凉亭），并调整缩略图的大小和位置。依照同样的方法插入其他 3 张缩略图，效果如图 11-36 所示。

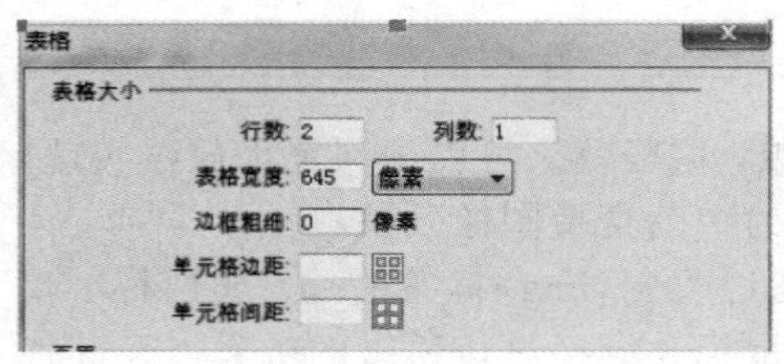

图 11-32　插入 2 行 1 列的表格

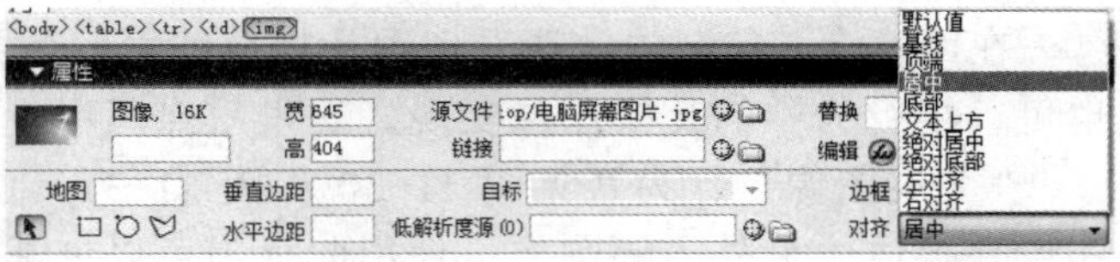

图 11-33　图片居中操作

图 11-34　插入图片

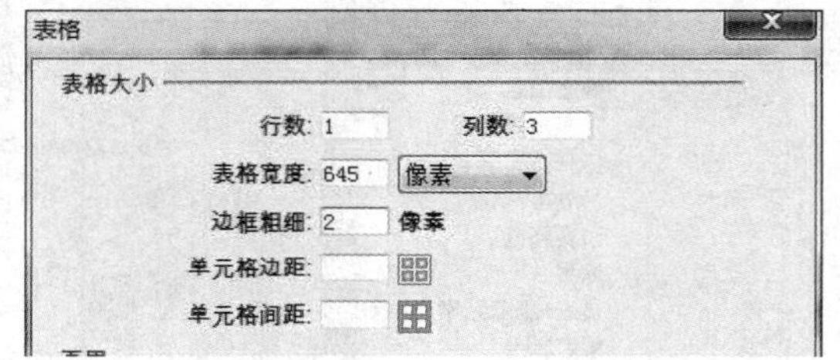

图 11-35　插入 1 行 3 列的表格

第六步：选中第一张大图，将该大图的 id 设置为“bigimage”，如图 11-37 所示。

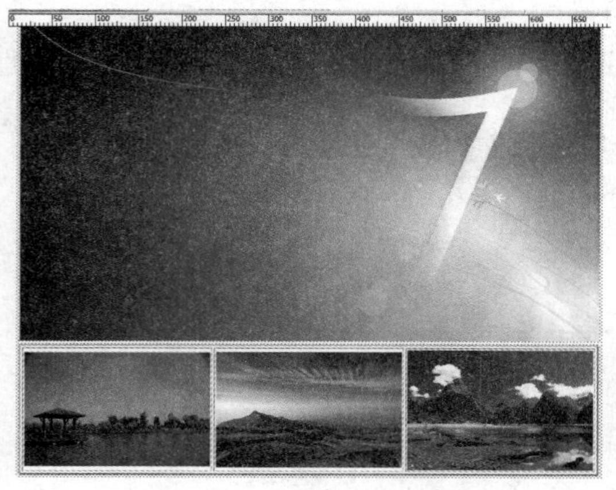

图 11-36　插入缩略图效果

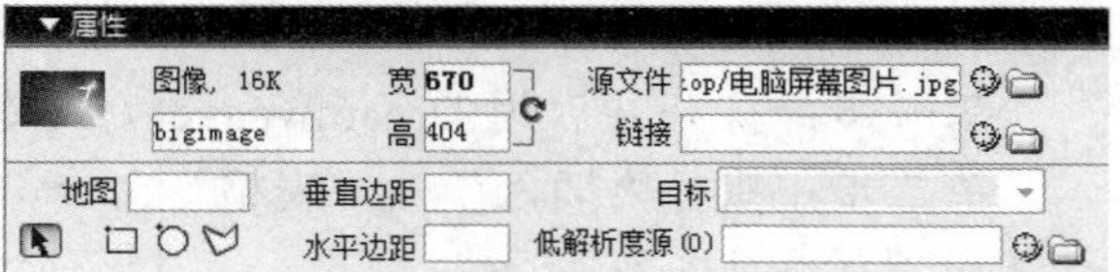

图 11-37　设置 id

第七步：选中第一张缩略图，单击“行为”面板中的“+.”按钮，在下拉菜单中选择“交换图像”选项，弹出“交换图像”对话框，如图 11-38 所示。在“图像”列表框中选择“图像 bigimage”，在“设定原始档为”中选择原始图片，如图 11-39 所示，然后依次为 3 张缩略图设置相同的行为。

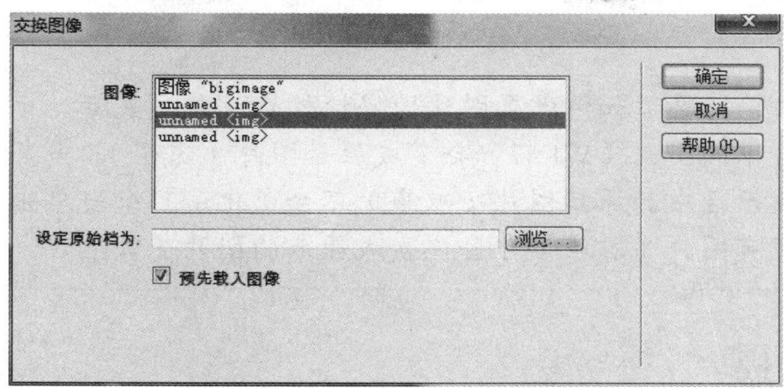

图 11-38 “交换图像”对话框

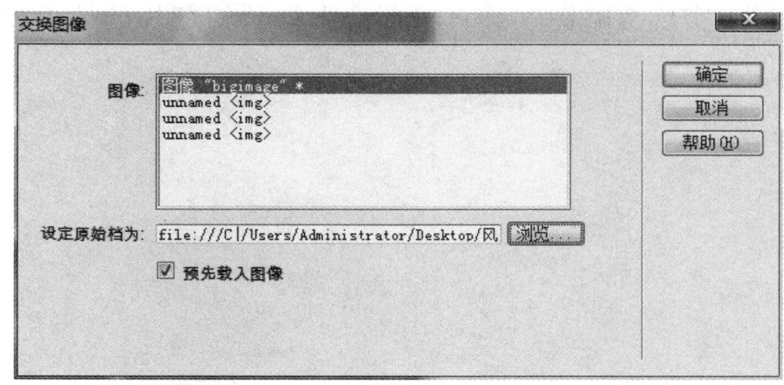

图 11-39 “交换图像”设置

第八步：保存并预览网页，效果如图 11-40 所示。

图 11-40　预览效果

思考

利用上述方法，请思考如何设置图片的停顿效果？即当鼠标光标放在缩略图（凉亭）上时，展示区中的图片（WIN7）会变成原始图片（凉亭），当鼠标光标离开缩略图（凉亭）时，展示区中的原始图片（凉亭）不会变化，只有当单击缩略图（凉亭）时，展示区中的现有图片（凉亭）才会恢复成原来的图片（WIN7）。

活动拓展

请试着脱离教材，实现缩略图在计算机屏幕上播放幻灯片的效果，完成后将网页文件提交到教师机。

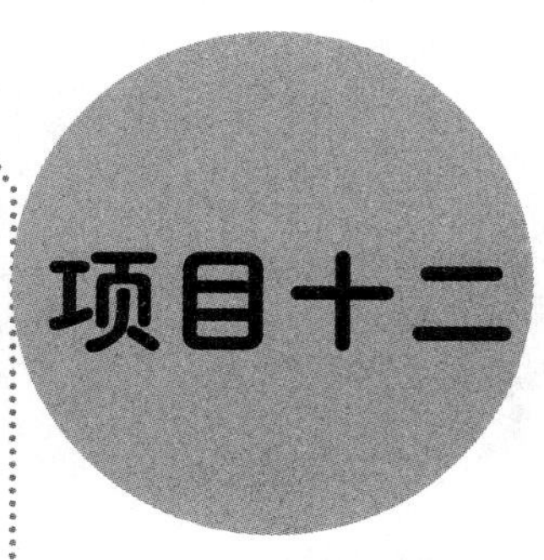

项目十二 应用模板与库

在网站设计过程中经常需要制作大量风格一致、网页元素重复性较高的页面，但进行网页相关元素的管理是一件非常烦琐的事情。例如，页面结构、导航条、版权信息等网页元素，如果需要修改，则需要修改网站中所有网页的相关内容。那么如何才能方便快捷地修改类似的网页相关内容呢？在 Dreamweaver CS6 中，模板和库就具有这样的功能。

学习目标

1）创建库项目。
2）创建模板。
3）利用模板创建网页。
4）利用库项目创建网页。

任务一 使用模板

问题导入

请观察图 12-1 和图 12-2 所示的两个网页页面，找出它们的相同模块和不同模块。

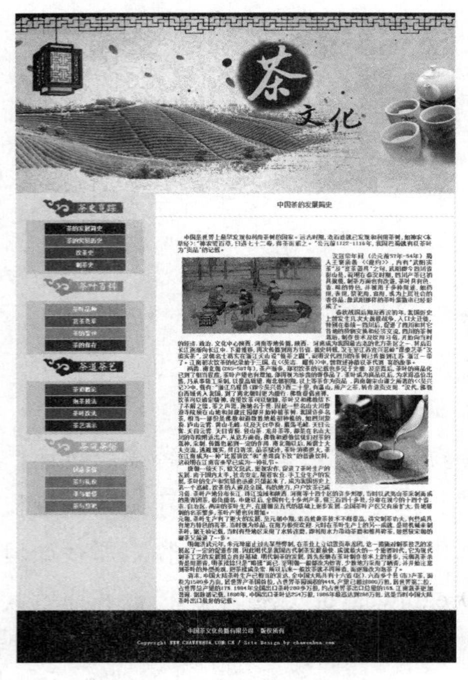
图 12-1 茶的发展简史

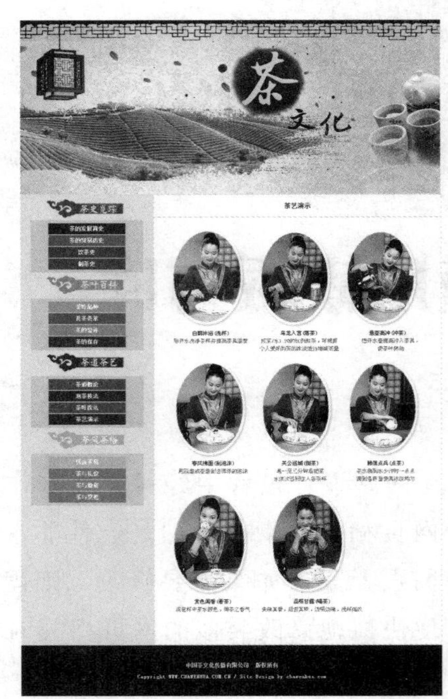
图 12-2 茶艺演示

背景知识

一、网页模板

模板实质上是一种特殊类型的文档，它主要是作为创建其他文档的基础，用于设计布局比较固定的页面结构或元素。在创建模板时，可以指定模板的可编辑区域，以便在应用到网页时可以进行编辑操作，同时也指定了哪些元素可以编辑修改。这样当设计师创建基本模板的网页文件时，能自动继承所选模板的页面布局。使用模板可以一次性在网站站点中更新多个页面。

模板是网页设计中比较高级的内容，很好地体现了 Dreamweaver 在大型网页项目开发中的先进性，这种技术可以尽量地避免开发时的重复工作。

二、模板的可编辑区域

创建模板后，还需要根据具体要求对模板进行编辑，指定哪些区域可以编辑，哪些区域不能编辑。所谓可编辑区域，指的是模板网页中插入一块可以进行网页编辑的区域。

在模板文档中，可编辑区是页面中可变的区域，如具体栏目区；不可编辑区是页面中不可变的区域，如导航栏和版权栏等。当创建一个新模板或把已有的文档另存为模板时，Dreamweaver CS6 默认所有区域为不可编辑区。因此应根据个人要求对模板进行编辑，标出可编辑的区域。

活动一　认识及创建模板

必备知识

一、创建模板的方法

创建模板一般有两种方法：一是直接新建一个模板，二是由某个已设计好的网页生成一个模板。

创建模板后，Dreamweaver 会自动保存模板到站点本地根目录下的 templates 文件夹中，如果没有此文件夹，则 Dreamweaver 会自动创建。

二、使用模板的好处

1）风格一致，避免了制作同一页面的麻烦。

2）修改共同的页面时，不必一个一个修改，只要更改应用模板就可以了。

3）避免了以前没有此功能时常常使用的“另存为”命令，不小心的话会存在覆盖重要文件的危险。

活动实施

一、创建模板

1. 利用“资源”面板可以直接创建新模板

第一步：执行“窗口”→“资源”命令，打开“资源”面板。单击“模板”按钮，切换到“模板”视图，如图 12-3 所示，面板中会显示本站点中已有模板的清单。

第二步：单击“资源”面板底部的“新建模板”按钮，也可单击“资源”面板右上角的面板菜单按钮，在打开的菜单中单击“新建模板”命令；或者在“资源”面板空白处单击鼠标右键，然后在弹出的快捷菜单中单击“新建模板”命令，可以给模板重命名，如图 12-4 所示。

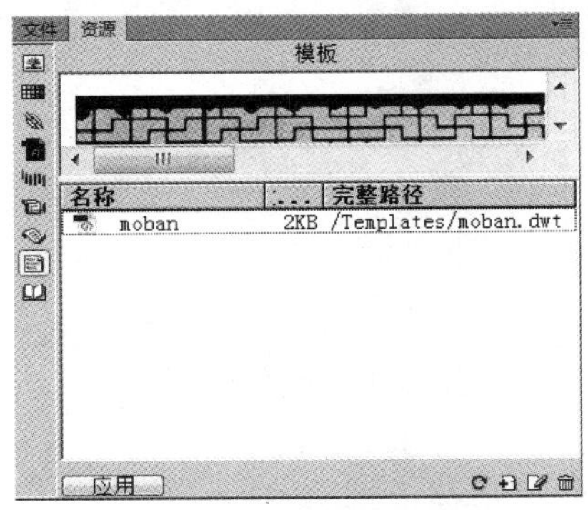

图 12-3 “模板”视图

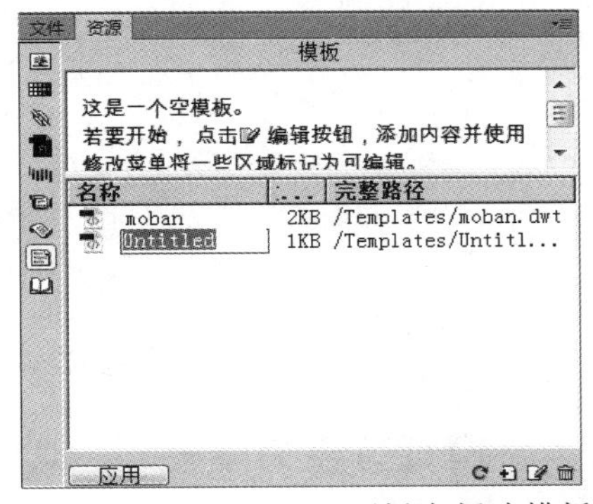

图 12-4 在“资源”面板中新建模板

第三步：创建完空模板后，双击该模板或单击面板底部的“编辑”按钮，打开模板进行编辑，如图 12-5 所示。此时，用户就可以像编辑普通网页那样编辑该模板文档。

注意：编辑模板时也包括编辑“页面属性”，应用模板网页是不能更改“页面属性”的。

第四步：保存模板。如果模板中没有定义任何可编辑区域，则系统会弹出警告提示，单击“确定”按钮即可。请观察“文件”面板，在站点的目录结构里已自动新建了一个文件夹，名为“Templates”，新建的模板文件存放在这里，文件扩展名为“.dwt”，如图 12-6 所示。

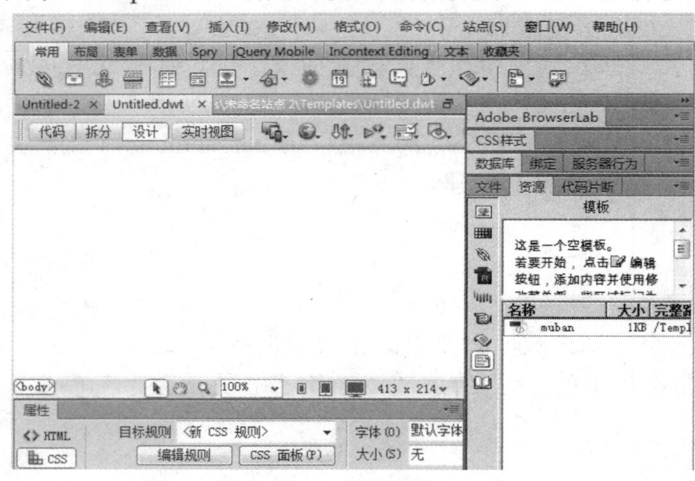

图 12-5 编辑模板

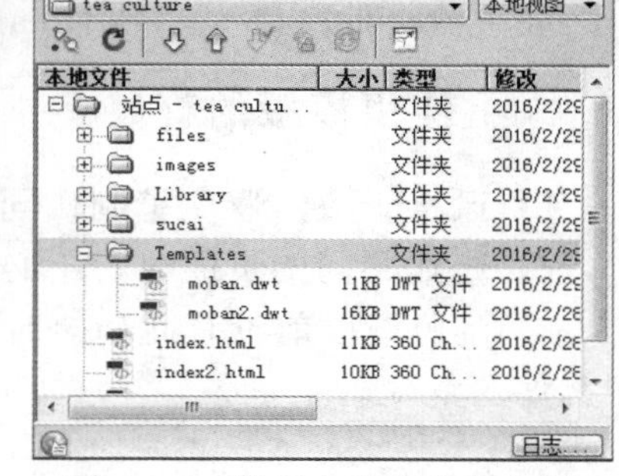

图 12-6 模板文件存放的位置

2. 在“文件”菜单中直接新建模板

执行“文件”→“新建”命令，打开“新建文档”对话框。然后在左侧的类别列表中选择“空白页”或“空模板”选项，并在“空白页”或“空模板”列表中选择“HTML 模板”选项，单击“创建”按钮即可，如图 12-7 和图 12-8 所示。

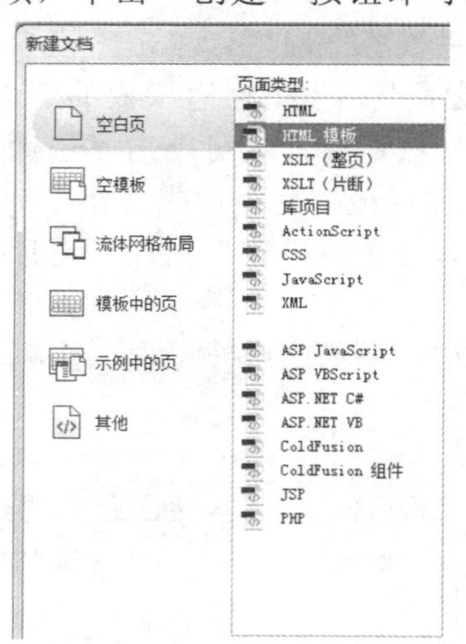

图 12-7 创建模板（空白页）

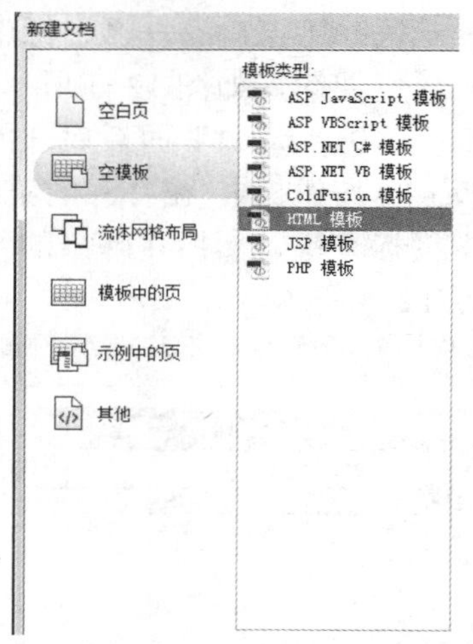

图 12-8 创建模板（空模板）

二、将网页另存为模板

第一步：打开教学资源包→项目十二→配套资源→任务一 使用模板→素材文件夹

中已存在的网页文件“moban.html”，这是一个已基本制作完成的网页，如图 12-9 所示，删除其中不需要的内容，执行“文件”→“另存为模板”命令，将网页另存为模板。

第二步：弹出“另存模板”对话框，如图 12-10 所示，选择正在使用的站点“tea culture”，输入模板文件名，如“moban”，单击“保存”按钮。此时模板文件将自动存入站点的“Templates”文件夹中，如果有相同文件名的模板文件，则会覆盖旧模板。

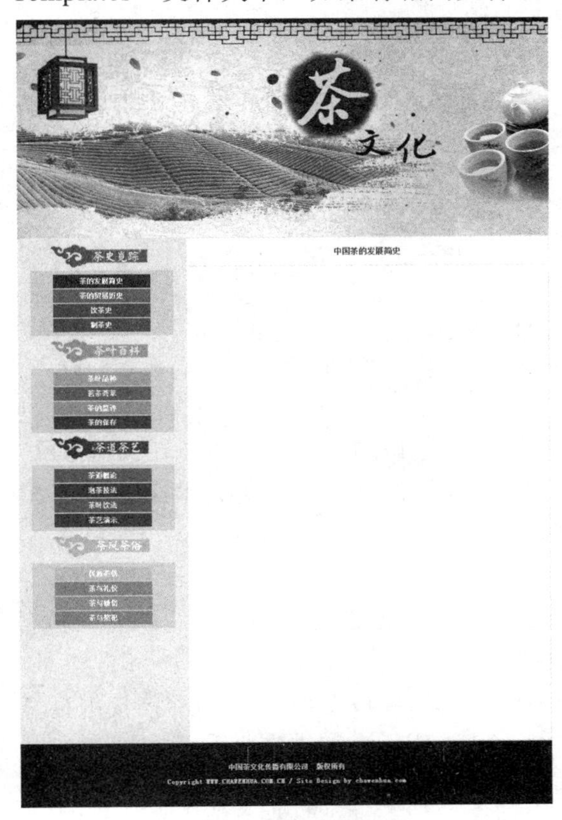

图 12-9　模板页

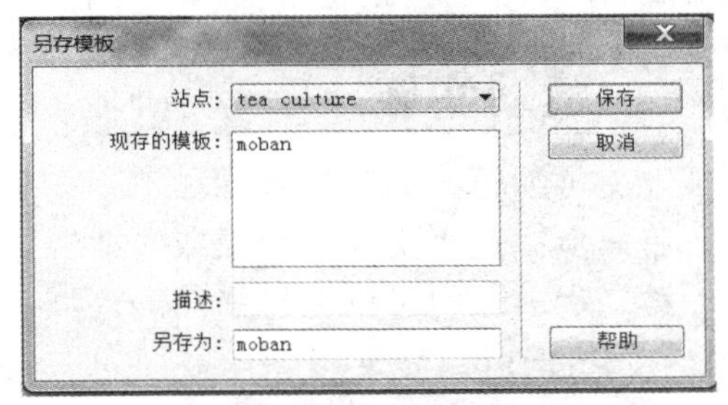

图 12-10　“另存模板”对话框

注意：在 Dreamweaver CS6 中，不要将模板文件移动到 Templates 文件夹之外，不要将其他非模板文件存放在 Templates 文件夹中，也不要将 Templates 文件夹移动到本地根目录外，因为这些操作都会引起模板路径错误。

思考

在创建网站时，什么时候需要使用模板？模板的功能是什么？

活动拓展

用两种不同的方法在站点“tea culture”的 Templates 文件夹中分别创建名为“tea1.dwt”和“tea2.dwt”的模板。

活动二　定义模板的可编辑区域

必备知识

一、模板的可编辑区域

可编辑区域就是基于模板文档的未锁定区域，是网页套用模板后可以编辑的区域。

二、可编辑区域的对象

可以把图像、文本、表格、AP 元素、客户端行为等页面元素设置为可编辑区，可把整个表格及表格里的内容设置为一个可编辑区，也可以把某一个单元格及内容设置为一个可编辑区。

制作或另存为模板文件后，这时如果关闭模板文件，由于没有定义任何可以编辑的区域，因此系统弹出警告对话框，如图 12-11 所示。

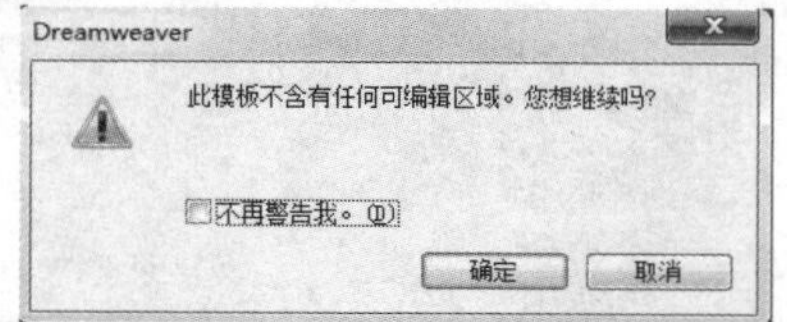

图 12-11　警告对话框

在 Dreamweaver CS6 中，设定可编辑区域，需要在制作模板的时候完成。在编辑模板时，可以修改可编辑区，也可以修改不可编辑区。但当该模板被应用于文档时，只能修改文档中的可编辑区，文档中的不可编辑区是不允许修改的。

活动实施

定义可编辑区的具体步骤如下：

第一步：在“文件”面板或“资源”面板中，选择模板文件“moban”，双击打开。

第二步：选中可以编辑修改的区域，如图 12-12 所示，图中选择的是右侧表格中第 1 个单元格的<td>标签。

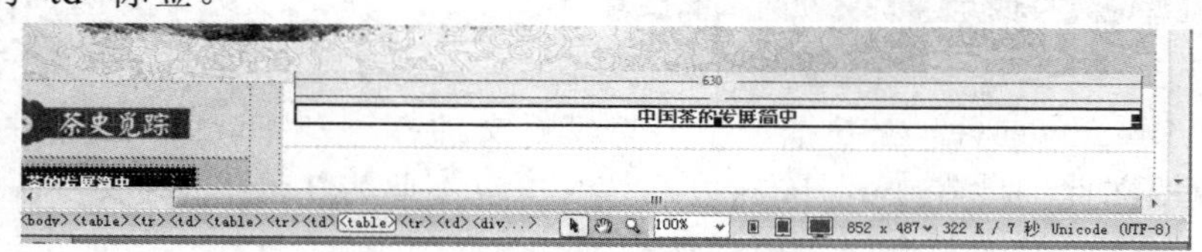

图 12-12　选中区域

第三步：执行“插入”→“模板对象”→“可编辑区域”命令，在弹出的“新建可编辑区域”对话框中给该可编辑区域命名，完成后单击“确定”按钮，如图 12-13 所示。

第四步：为右侧表格的第 2 个单元格添加一个可编辑区域“EditRegion2”，如图 12-14 所示。添加效果如图 12-15 所示。

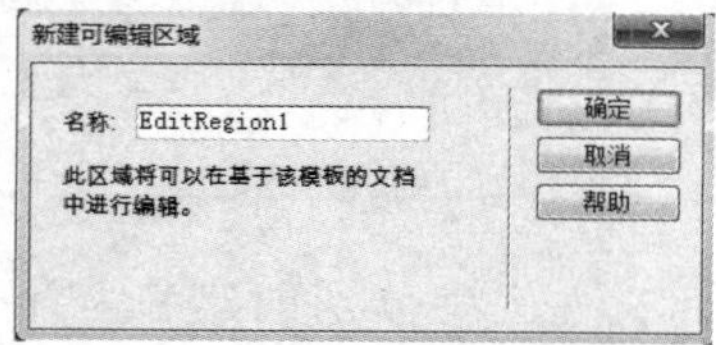

图 12-13　命名可编辑区域 1

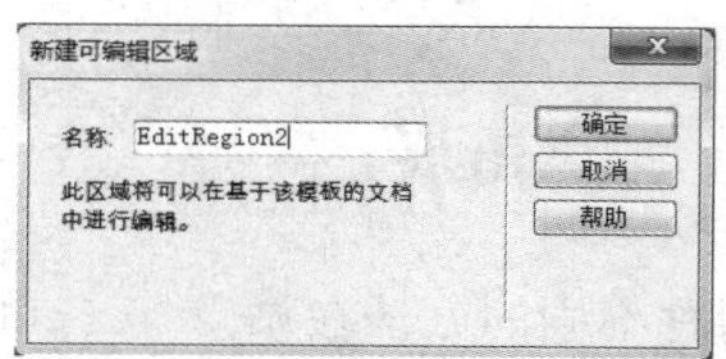

图 12-14　命名可编辑区域 2

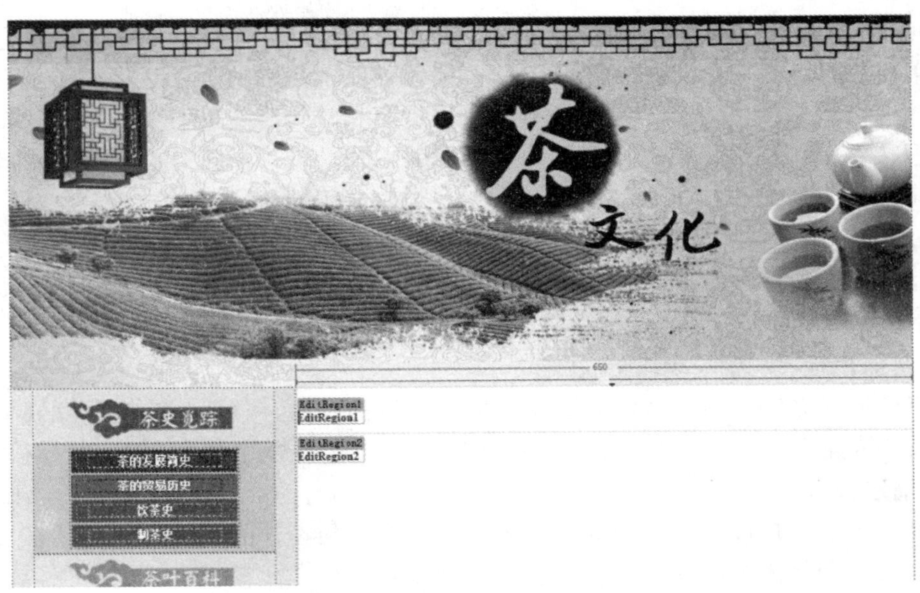

图 12-15　添加可编辑区域后的页面效果

思考

如何删除已创建的可编辑区域？

活动拓展

练习删除站点“tea culture”→“Templates”→“moban2.dwt”模板页中的可编辑区域“EditRegion1”。

活动三　应 用 模 板

必备知识

创建好模板之后，就可以应用模板高效地设计风格一致的网站了。

淘宝店铺模板就是实际的网页模板典型应用，淘宝网针对不同店铺，设计制作出不同风格的店铺模板，同时也开发了一系列装饰模板素材等，让店铺装扮得更加专业、大方和美观，从而增加客户的购买欲。以下是几种常见的淘宝店铺模板：

1．公告栏模板

公告栏模板是网店顶部比较显眼的地方，是在流量比较集中的地方所设置的一个模块。此模板可通过添加图片和文字来告知访客和用户本店最新发布的消息和活动信息，能第一时间宣传自己的网店动向。

2. 促销模板

促销模板是针对网店打折、团购、秒杀等各种促销活动的产品进行展示的地方，一般会在网店公告栏的下方，在没有公告栏出现提示和宣传广告的时候，促销模板就成为主要的宣传对象，把自己主打的产品或现阶段要做活动的商品进行有力的展示和推广宣传，使用户更方便直接地进入产品页面进行选择和购买。

3. 右侧模板

右侧模板比较广泛，就是整个网店店铺右侧部分的模块，形状为细矩形，为促销模板，可放置店铺广告或产品图片。

4. 左侧模板

左侧模板和右侧模板类似，是在整个店铺左侧的模块，一般作为“收藏我们”“联系我们”“友情链接”“战略伙伴”“热卖排行”“商品分类”等模块设计的模板。

5. 描述模板

宝贝描述模板是针对每一个或单个宝贝进行美工和设计的模板，使产品宝贝页面的整体更协调，看起来美观大方，甚至使访客产生购买欲。此模板设计得出色可以有效地留住访客，能够更加充分地展示宝贝的详情和图片。

6. 全套模板

全套模板是整个网店的所有模块的整体，包含了两侧的模板、店招、公告栏、宝贝描述等模板代码，实现了一键安装，让每一个新手都能轻松实现店铺的整体装修。

活动实施

应用模板的具体步骤如下：

第一步：在站点中新建一个空白网页。在“文件”面板中，站点的根文件夹下，新建一网页，命名为“index.html”，双击打开该文件进行编辑。

第二步：执行“修改”→“模板”→“应用模板到页”命令，如图 12-16 所示

第三步：弹出“选择模板”对话框，在对话框中选择本站点中已有的模板“moban”，单击“选定”按钮，如图 12-17 所示。

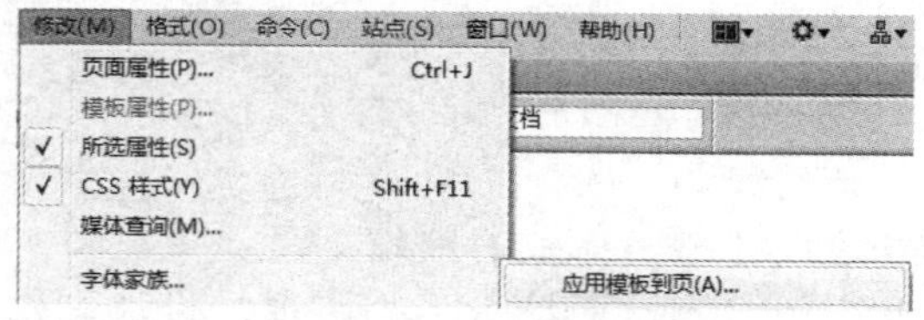

图 12-16 “应用模板到页”命令

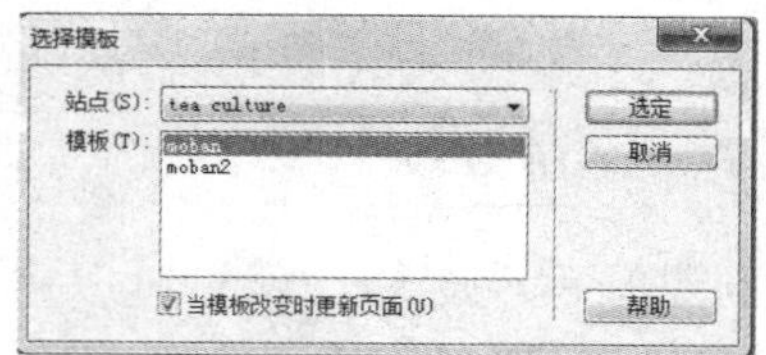

图 12-17 选择模板

第四步：空白网页“index”即已套用模板，效果如图 12-18 所示。图中 EditRegion1 和 EditRegion2 为可编辑区域，其余区域均不可编辑。

第五步：删除可编辑区域内的内容，输入并编辑正确的内容，然后保存文档，效果参见教学资源包→项目十二→配套资源→任务一 使用模板→范例结果→index.html。

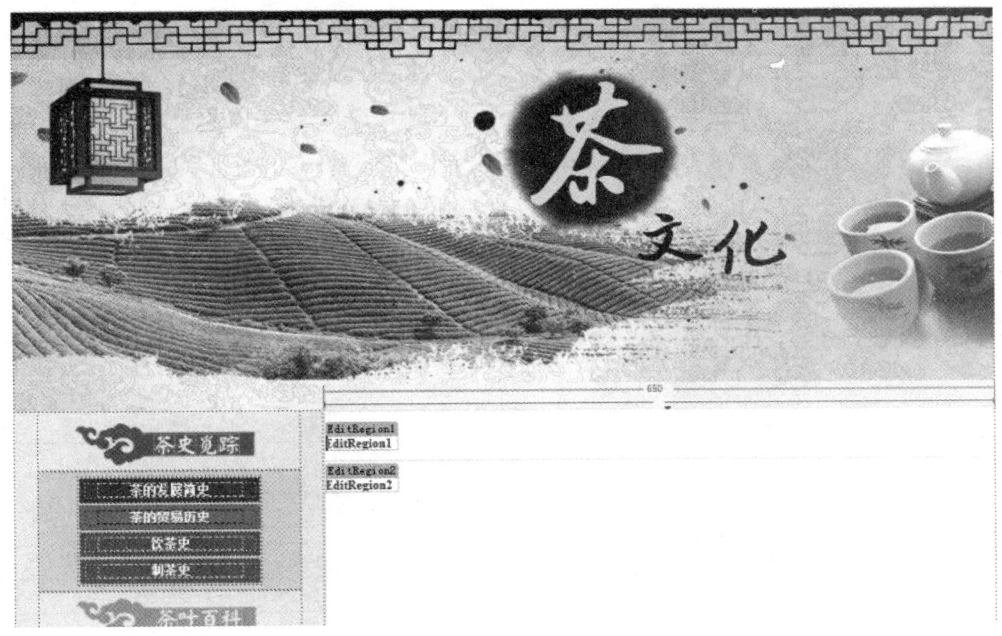

图 12-18 套用模板

思考

模板中可编辑区域是网页制作中可添加不同内容的功能区，而不可编辑区就是模板风格不可改变的内容，思考一下是否有其他的方法可以实现模板应用？

活动拓展

根据完整的网站样例，完成其他相应的页面制作，如茶的贸易历史.html、饮茶史.html、制茶史.html 等，参见教学资源包→项目十二→配套资源→任务一 使用模板→范例结果，完成后将网页文件上交到教师机。

活动四 更新模板

必备知识

创建好模板以后，可以根据实际需要，随时修改模板以满足新的设计要求。当修改一个模板时，Dreamweaver CS6 会提示是否更新应用该模板的所有网页。当然，也可以使用更新命令，手动更新当前网页或整个站点。

活动实施

1）在模板文件中设置链接，自动更新模板，实现茶文化各网页之间的相互跳转。

第一步：打开模板文件“moban.dwt”，参见表 12-1 设置相应的链接。

表 12-1　茶文化导航菜单链接

菜　单　项	对应的网页文件
茶的发展简史	index.html
茶的贸易历史	Files→茶的贸易历史.html
饮茶史	Files→饮茶史.html
制茶史	Files→制茶史.html
茶叶品种	Files→茶叶品种.html
茗茶荟萃	Files→茗茶荟萃.html
茶的鉴评	Files→茶的鉴评.html
茶的保存	Files→茶的保存.html
茶道概论	Files→茶道概论.html
泡茶技法	Files→泡茶技法.html
茶叶饮法	Files→茶叶饮法.html
茶艺演示	Files→茶艺演示.html
民族茶俗	Files→民族茶俗.html
茶与礼仪	Files→茶与礼仪.html
茶与婚俗	Files→茶与婚俗.html
茶与祭祀	Files→茶与祭祀.html

第二步：模板修改完毕，保存模板文档，Dreamweaver CS6 会自动更新站点内所有应用此模板的文件，如图 12-19 所示。

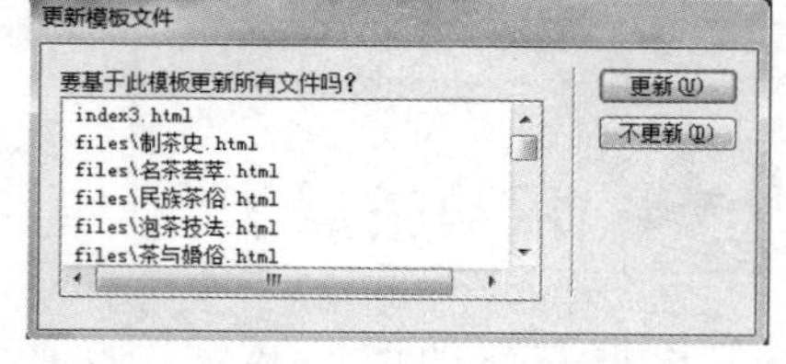

图 12-19　“更新模板文件”对话框

2）手动更新模板及网页。如果因为某些原因，修改模板后并没有选择自动更新基于模板的网页，则可以以手动的方式进行更新，操作步骤如下。

第一步：在“资源”面板的模板列表中右键单击要更新的模板。

第二步：在弹出的快捷菜单中单击“更新页面”命令，打开“更新页面”对话框，如图 12-20 所示。

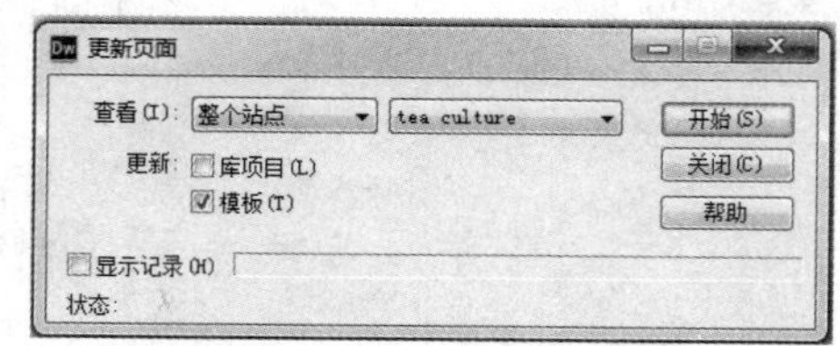

图 12-20　“更新页面”对话框

第三步：在“查看”下拉列表框中设置要更新的范围，选择“整个站点”选项，然后在右侧的下拉菜单中选择站点名“tea culture”，这样将更新选定站点的所有网页。

思考

模板可以设置为自动更新和手动更新两种，那么请思考一下，如何实现模板与网页的分离？

活动拓展

将“index.html”页面中的模板从网页中分离出来，完成后将网页文件上交到教师机。

任务二　使　用　库

问题导入

对于网站中重复使用的资源如何快捷设置，以及网页更新方便，我们应该如何做才能更有效地管理网页中的元素呢？

背景知识

库是一种用来存储要在整个站点上经常重复使用或更新的页面元素的方法。通过库可以有效地管理和使用站点上的各种资源。

库项目可以使用的对象元素有图像、文本、声音、Flash、表格、表单、Java 程序、插件、ActiveX 控件和导航条等。

活动一　创建库项目

必备知识

库项目是相对于一个站点的，所以当需要使用库项目时要先建立一个站点。

库项目的扩展名为.lbi，同时所有库项目都存储在站点根目录下的 Library 文件夹中，如果本地站点中没有这个子文件夹，则 Dreamweaver CS6 会自动生成。

活动实施

创建库项目的方法有以下两种：

一、新建空白库项目

第一步：单击“窗口”→“资源”→“库”按钮，切换到“库”视图。

第二步：单击“资源”面板底部的“新建库项目”按钮，也可单击“资源”面板右上角的面板菜单按钮，在打开的下拉菜单中单击“新建库项”命令；或者在“资源”

面板空白处单击鼠标右键，然后在弹出的快捷菜单中单击“新建库项”命令，可以给库项目命名，如图 12-21 所示。

第三步：双击新建的库项目，打开库项目编辑窗口，如图 12-22 所示。库项目实际上是要插入在网页中的一段代码，库项目的编辑窗口除不可以设置页面属性外，其他内容与普通网页的编辑方式相同。

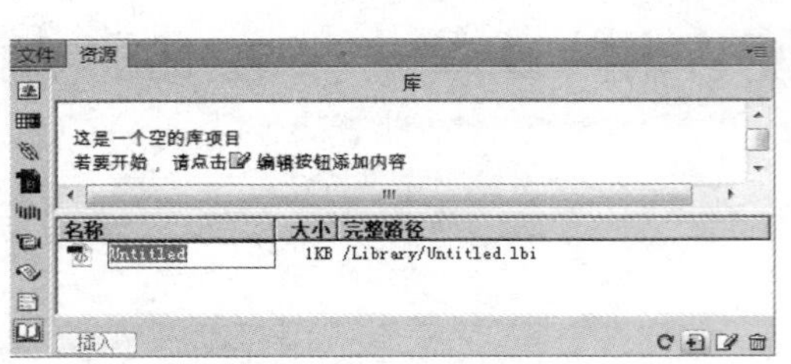

图 12-21　新建库文件

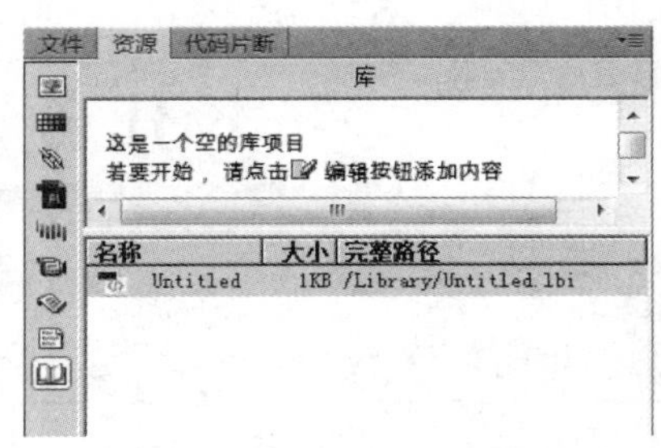

图 12-22　库项目编辑窗口

二、创建基于选定内容的库项目

第一步：打开教学资源包→项目十二→配套资源→任务二　使用库→素材中已编辑好的网页“index.html”，选中网页中关于“茶史觅踪”的内容（包括图片、菜单和表格），如图 12-23 所示。

图 12-23　选定模块

第二步：执行“修改”→“库”→“增加对象到库”命令，将选中的内容转化为库文件。软件弹出一个提示对话框，如图 12-24 所示。单击“确定”按钮后，“资源”面板会自动切换到“库”面板，预览新增加的库文件以及库文件名“Untitled”，将库文件名设置为“导航菜单”，重命名后如图 12-25 所示。

第三步：查看库文件内容。

切换到“文件”面板，在站点文件夹中，新增了一个文件夹，名为“Library”，新增的库文件就在这个文件夹中，名为“导航菜单.lbi”，如图 12-26 所示。

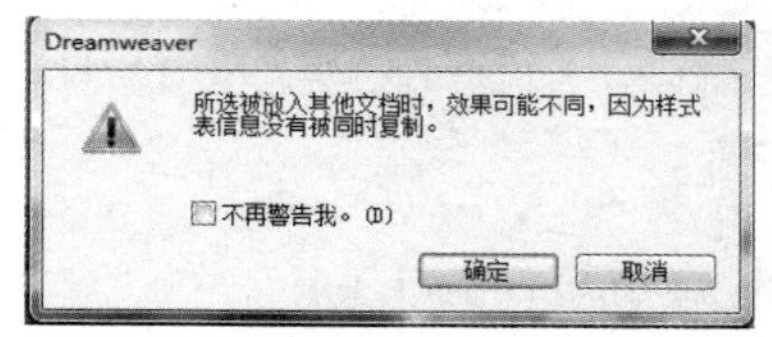

图 12-24　提示对话框

图 12-25　库文件重命名

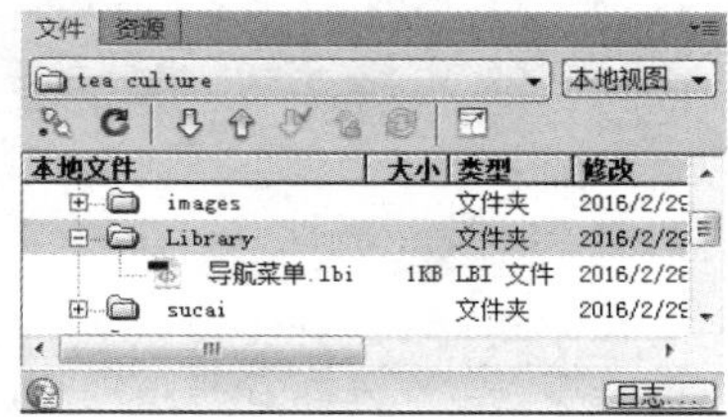

图 12-26　Library 库文件夹

双击这个库文件，在文档编辑窗口中可以继续进行设计。与网页不同的是，它只是一部分元素，没有完整的网页结构。

思考

库文件类似于一个指定内容模块的复制粘贴，可快捷设置不同网页中的相同内容，那么请思考，库文件的代码结构与普通网页的代码结构有什么异同？

活动拓展

分析教学资源包→项目十二→配套资源→任务二　使用库→素材→Library→“导航菜单.lbi”文件的代码结构。

活动二　插入及修改库项目

必备知识

库项目中可以包含行为，但不能包含 CSS 样式表，因为库项目要求创建对象元素的代码必须位于 HTML 代码的<body>和</body>标签之间。

活动实施

一、插入库项目

将网页内容转换为库文件后，对于转换成库文件的内容，在网页中处于不可编辑状态，当选中这块区域时，其属性检查器为“库项目”，如图 12-27 所示。库项目可以应用到多个网页中，一个网页中也可以插入多个已建立的库项目。

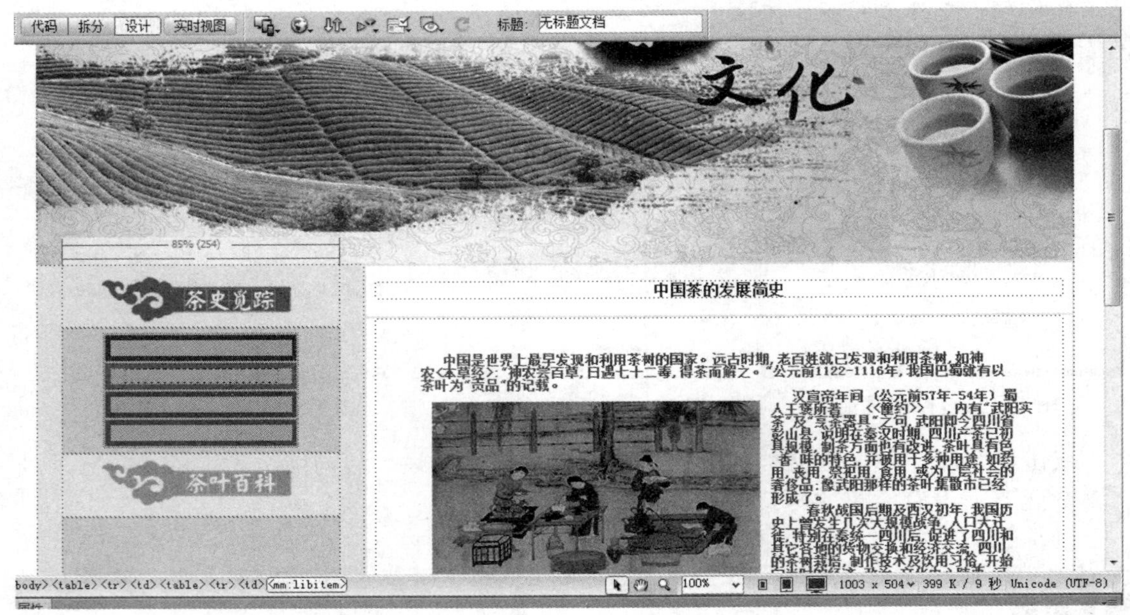

图 12-27 库项目

第一步：将插入点放置在网页“茶的贸易历史”左边的“茶史觅踪”导航条下方，如图 12-28 所示。

图 12-28 放置插入点

第二步：在“资源”面板的“库”面板中，选中要插入的库文件“导航菜单.lbi”，单击面板下方的“插入”按钮，如图 12-29 所示。

第三步：新插入到网页中的库文件不可编辑，如图 12-30 所示。在浏览器中浏览的效果如图 12-31 所示。

图 12-29　单击“插入”按钮

图 12-30　新插入的库文件

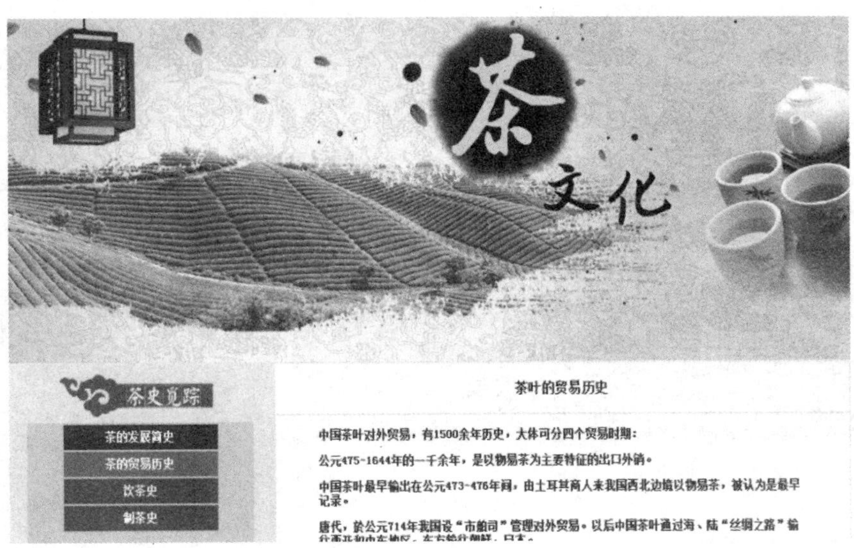

图 12-31　插入库文件后在浏览器中预览的效果

二、修改库项目

第一步：将“导航菜单.lbi”文件复制一份，重命名为“茶叶百科.lbi”如图 12-32 和图 12-33 所示。

第二步：选择“资源”面板→“库”→“茶叶百科”选项，双击“茶叶百科”库项目进行编辑，如图 12-34 所示。

第三步：将插入点放置在网页“index.html”左边的“茶叶百科”导航条下方，在“资源”面板的“库”面板中，选中要插入的库文件“茶叶百科.lbi”，单击面板下方的“插入”按钮，如图 12-35 所示，完成效果如图 12-36 所示。

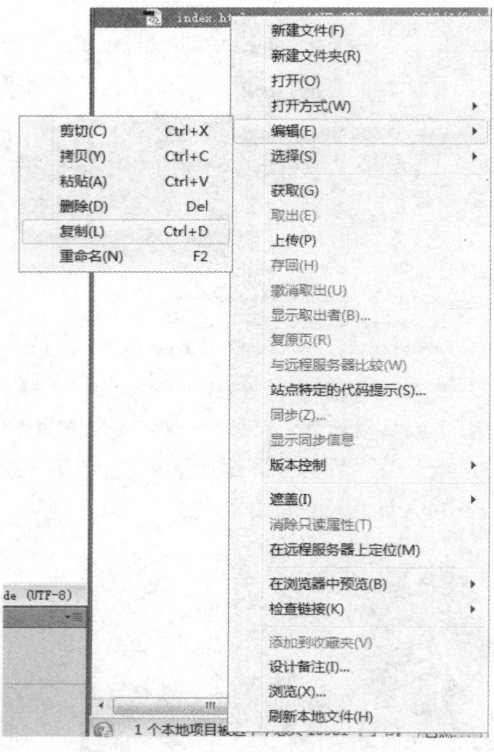

图 12-32 复制库文件

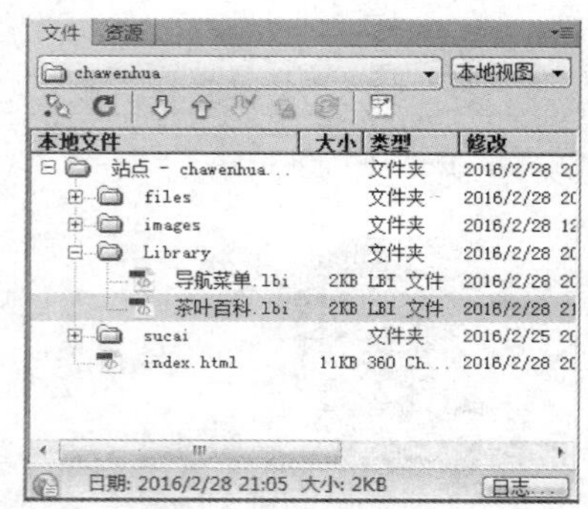

图 12-33 重命名库文件

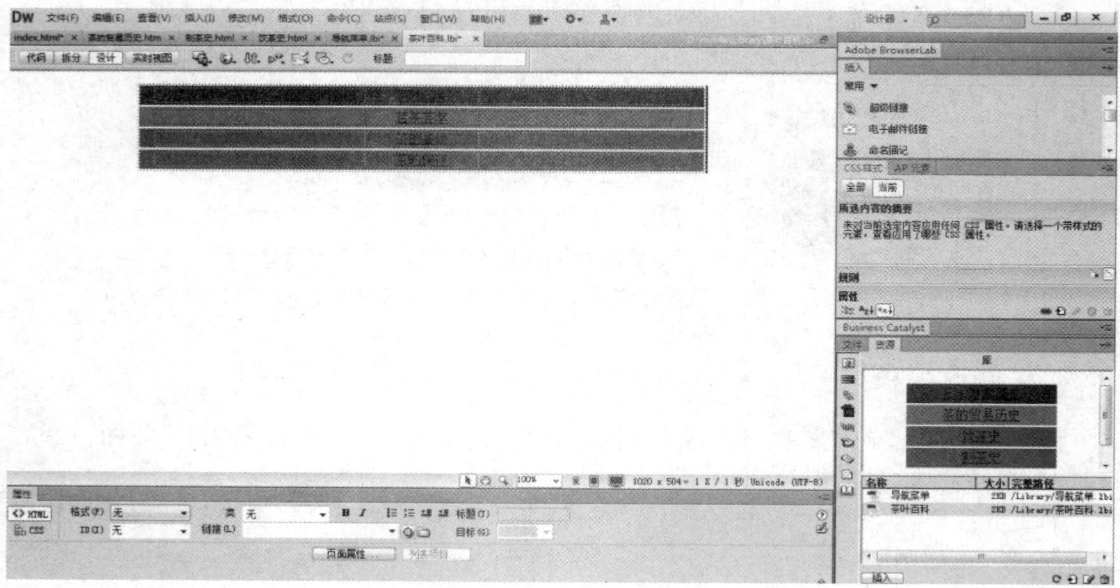

图 12-34 编辑库项目

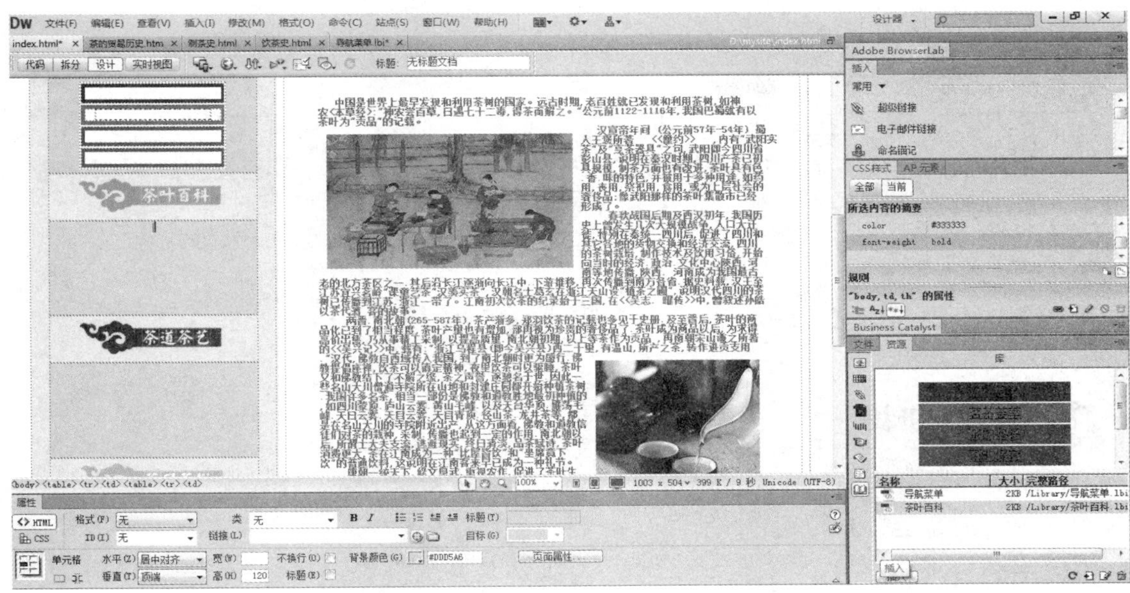

图 12-35 “插入”库项目

图 12-36 完成效果

思考

库项目功能类似于 CSS 样式表，那么编辑库项目时“CSS 样式”面板可以用吗？

活动拓展

应用库项目完成本活动中其他页面的导航菜单模块的制作，参考教学资源包→项目十二→配套资源→任务二　使用库→范例结果。

活动三　更新及分离库项目

必备知识

使用库项目时，Dreamweaver 并不是在网页中插入库项目，事实上，它插入了一个指向库项目的超链接。

活动实施

一、更新库项目

第一步：在“资源”面板的“库”面板中，双击“茶叶百科”库项目进行编辑。修改文字和单元格的背景颜色，如图 12-37 所示。

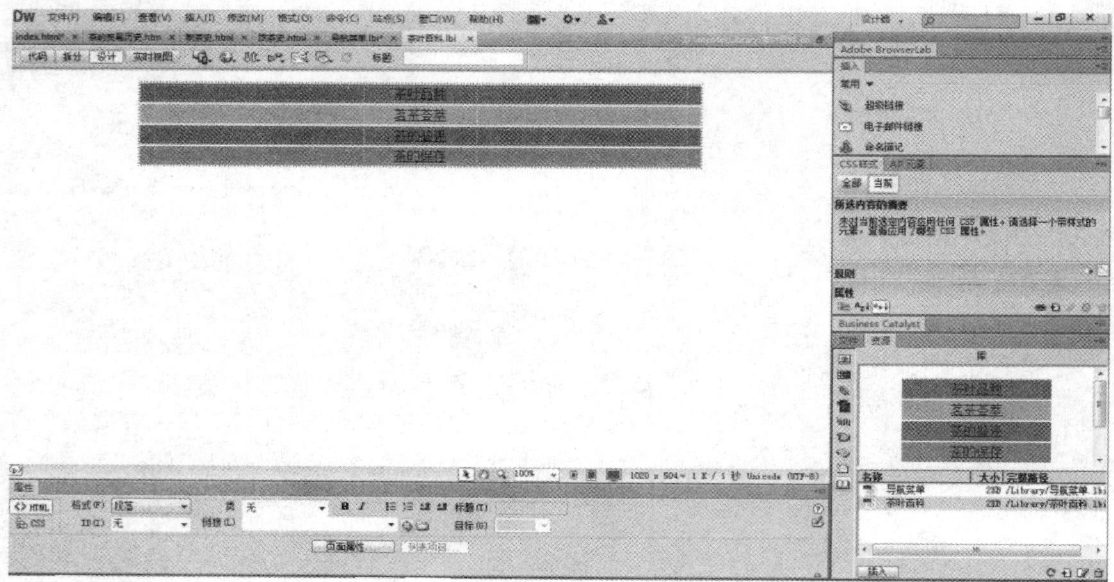

图 12-37　修改库项目

第二步：保存库文件，弹出“更新库项目”对话框，询问是否更新网站中使用了该库文件的网页，如图 12-38 所示。

第三步：单击“更新”按钮后，弹出“更新页面”窗口，确认更新，如图 12-39 所示。

图 12-38　“更新库项目”对话框

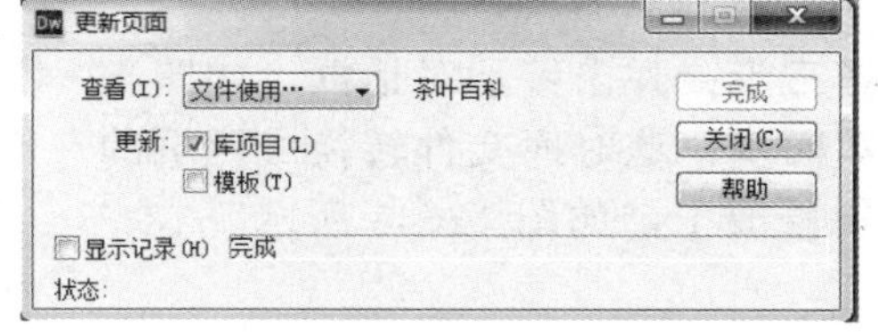

图 12-39　“更新页面”窗口

第四步：此时网页“index”已自动更新，如图 12-40 所示。

图 12-40　网页自动更新后的浏览效果

二、分离库项目

网页中使用了库项目，该部分元素在网页中不能直接被编辑，但有时候也需要进行脱离，以便单独进行修改。

第一步：选中插入的库文件“茶叶百科.lbi”，如图 12-41 所示。

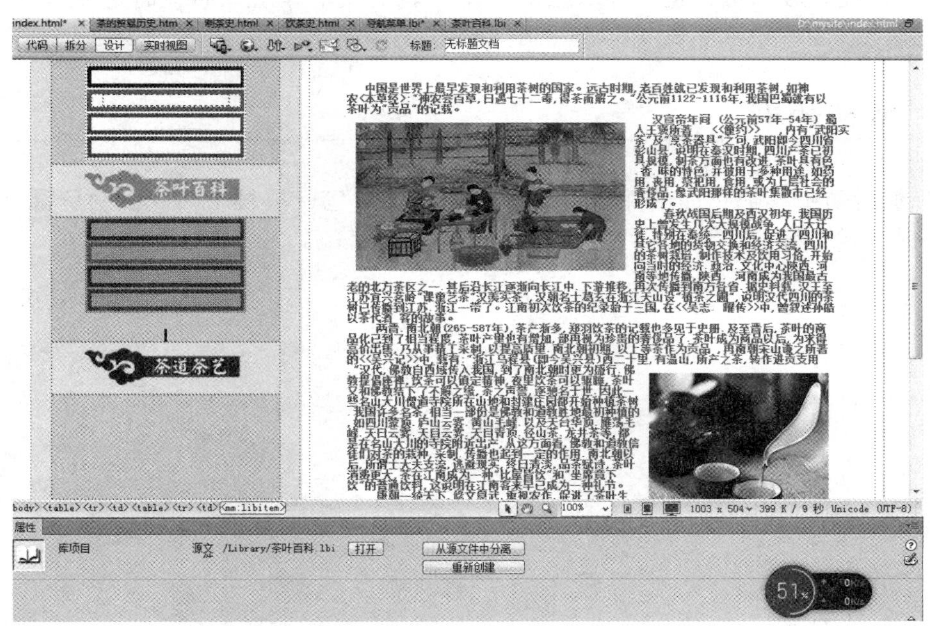

图 12-41　选中库文件“茶叶百科.lbi”

第二步：在“属性”面板中单击“从源文件中分离”按钮。

库项目“属性”面板中的主要参数及含义如下。

1）Src：显示库项目所在的路径。

2）打开：可以打开库项目进行编辑。

3）从源文件分离：与库之间的连接状态被切断，并成为独立的元素。

4）重新创建：用当前选定的项目来取代原来的项目。如果在库中删除了原来的项目，则会在这里恢复。

第三步：弹出警示对话框，如图 12-42 所示，单击“确定”按钮。

第四步：这时库文件转换成网页的一部分，与库文件脱离了关系，这部分内容就可以编辑修改了，如图 12-43 所示。

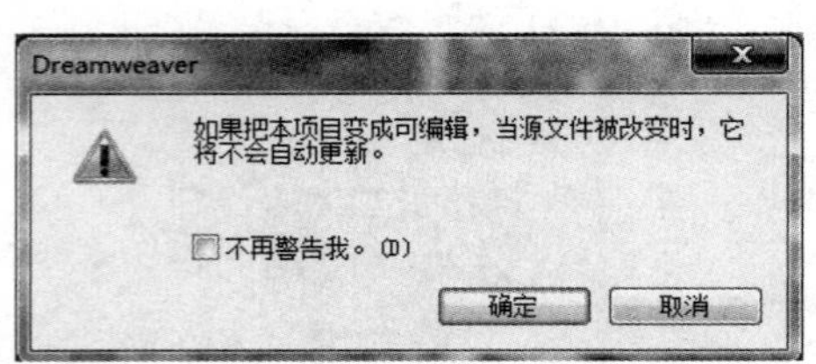

图 12-42　警示对话框

图 12-43　脱离库文件

**思考**

库项目设定后调用方便，那么思考一下，我们使用库项目的目的是什么？

活动拓展

更新本活动中其他页面的库项目，参考教学资源包→项目十二→配套资源→任务二使用库→范例结果。

项目十三

网站发布与维护

设计制作完成的网站，需要采用技术手段，通过互联网展现在身处不同地域的用户面前，这就是通常意义上的发布网站。本项目就是带领大家掌握如何发布与维护已经制作完成的网站。

学习目标

1）了解 IP 地址。
2）了解域名系统。
3）掌握使用 IIS 7.5 发布网站的方法。
4）掌握使用 IIS 7.5 维护网站的方法。

任务一　发布网站

问题导入

通过前面项目的学习，读者已经能设计并制作网页，那么如何把制作完成的网站在网络上进行发布呢？

背景知识

一、IP 地址

基于 TCP/IP 的每台主机（Host）都有一个唯一的 IP 地址。IP 地址有 IPV4 和 IPV6 两个版本，现在广泛使用是 IPV4，这里不讨论 IPV6。IP 地址用 32 位二进制数表示，分为 4 段，每段 8 位，实际使用中转换为十进制数字表示，每段数字的范围为 0～255，段与段之间用英文句点隔开，如 192.168.1.1。IP 地址就像是我们的家庭住址一样，如果你要写信给一个人，你就要知道他（她）的地址，这样邮递员才能把信送到，计算机发送信息是就好比是邮递员，它必须知道唯一的“家庭地址”才不会把信送错人家。只不过我们的地址是用文字来表示的，计算机的地址用十进制数字表示。

IP 地址可分为两个部分，前面若干位为网络地址，后面若干位为主机地址。根据网络地址的长度，把 IP 地址分为 A、B、C、D、E 5 类。

A 类 IP 地址由 1 字节的网络地址和 3 字节主机地址组成，网络地址的最高位必须是“0”，地址范围为 1.0.0.1～126.255.255.254（二进制表示为：00000001 00000000 00000000 00000001～01111110 11111111 11111111 11111110）。可用的 A 类网络有 126 个，每个网络能容纳 1600 多万个主机。

B 类 IP 地址由 2 字节的网络地址和 2 字节的主机地址组成，网络地址的最高位必须是“10”，地址范围为 128.1.0.1～191.254.255.254（二进制表示为：10000000 00000001 00000000 00000001～10111111 11111110 11111111 11111110）。可用的 B 类网络有 16382 个，每个网络能容纳 6 万多个主机。

C 类 IP 地址由 3 字节的网络地址和 1 字节的主机地址组成，网络地址的最高位必须是“110”。地址范围为 192.0.1.1～223.255.254.254（二进制表示为: 11000000 00000000 00000001 00000001～11011111 11111111 11111110 11111110）。C 类网络可达 209 万余个，每个网络能容纳 254 个主机。

D 类 IP 地址第 1 个字节以“1110”开始，它是一个专门保留的地址。它并不指向特定的网络，目前这一类地址被用在多点广播（Multicast）中。多点广播地址用来一次寻址一组计算机，它标识共享同一协议的一组计算机。地址范围为 224.0.0.1～239.255.255.254。

E 类 IP 地址以“1111”开始，为将来使用保留。

主机地址全 0 的 IP 地址用来表示整个网段，主机地址全“1”的 IP 地址表示当前网络的广播地址。我们在以上地址范围中都剔除了这些 IP 地址。

常用的是 A、B 和 C3 类，每类地址都提供了特殊的网段，这些地址不会出现在互联网（外网）上，而是专门供局域网（内网）使用。A 类私有地址为 10.0.0.0～10.255.255.255，B 类私有地址为 172.16.0.0～172.31.255.255，C 类私有地址为 192.168.0.0～192.168.255.255。

二、控制面板

控制面板作为计算机系统的核心部分，承担设置系统功能与程序管理的职责，本地网站发布与维护操作都需要进行控制面板系统功能的再设置，打开控制面板及后继步骤如下：

第一步：打开控制面板，单击“程序和功能”链接，如图 13-1 所示。

图 13-1　控制面板

第二步：在程序和功能窗口中，单击左侧的“打开或关闭 Windows 功能”链接，如图 13-2 所示。

第三步：在“Windows 功能”窗口中的“打开或关闭 Windows 功能”界面中设置各类功能。

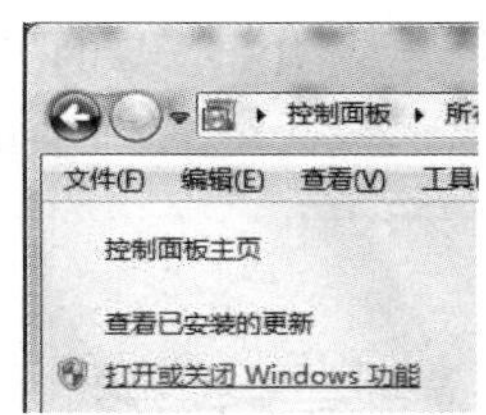

图 13-2 “打开或关闭 Windows 功能”链接

活动一　开启 IIS 服务

必备知识

IIS（Internet Information Services，互联网信息服务）是由微软公司提供的基于 Microsoft Windows NT 操作系统的 Web 发布系统，现在的 Windows 7 操作系统也可以使用该服务，可以方便地实现网站的发布。Windows 7 操作系统所包含的是 IIS 7.5。

活动实施

第一步：打开控制面板，单击“程序和功能”链接。

第二步：在程序和功能窗口中，单击左侧的“打开或关闭 Windows 功能”链接。

第三步：在“Windows 功能”窗口中，勾选“Internet 信息服务”复选框，如图 13-3 所示。

第四步：勾选后，展开“Internet 信息服务”结点，选择“Web 管理工具”、“万维网服务”和“Microsoft.NET Framework 3.5.1”，如图 13-4 所示。

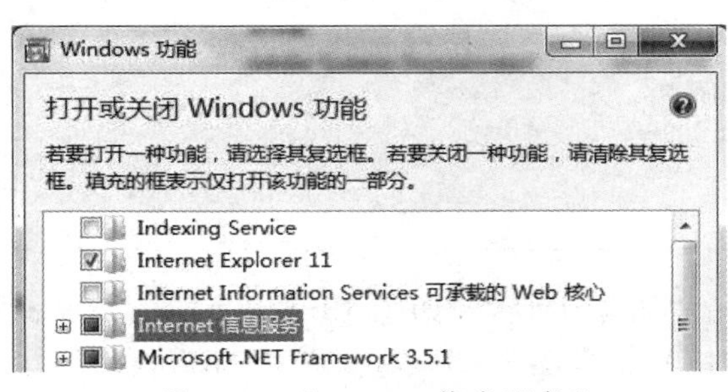

图 13-3 “Internet 信息服务”

图 13-4 展开“Internet 信息服务”结点

第五步：完成 IIS 服务的开启。

思考

在网站发布之前，为什么要设置 IIS 服务器呢？

活动拓展

请试着脱离教材，开启 IIS 服务器。

活动二　配　置　IIS

必备知识

使用 IIS 发布 WWW 用的是内网的 IP 地址，发布在内网，可以通过路由器或防火墙做网络地址转换，映射成 Internet 公网的 IP 地址，就可以完成外网的发布了。当然，也可以直接用 Internet 公网的 IP 地址发布，但是因为 IP 地址资源比较宝贵，而且为了网站的安全，一般不会直接在外网发布网站。IP 地址比较难记忆，也没有特定的含义，所以为了使用方便，实际中人们又设计了 DNS。

DNS（Domain Name System，域名系统），是互联网上作为域名和 IP 地址相互映射的一个分布式数据库，能够使用户更方便地访问互联网，而不用去记住能够被机器直接读取的 IP 数据串。通过主机名，最终得到与该主机名对应的 IP 地址的过程叫作域名解析（或主机名解析）。

以一个常见的域名“http://www.baidu.com”为例，“www”是主机名，“baidu”是这个域名的主体，“com”是该域名的后缀。

实际中，通过各级域名服务器来完成解析工作。DNS 服务的配置不在本教材的范围中，但可以通过修改 Hosts 文件来模拟 IP 地址与域名的转换。Hosts 是 Windows 的系统文件，其作用就是将一些常用的网址域名与其对应的 IP 地址建立一个关联“数据库”，当用户在浏览器中输入一个需要登录的网址时，系统会首先自动从 Hosts 文件中寻找对应的 IP 地址，一旦找到，系统便会立即打开对应的网页，如果没有找到，则系统会再将网址提交 DNS 域名解析服务器进行 IP 地址的解析。

活动实施

第一步：开启 IIS，在控制面板窗口中单击“管理工具”，如图 13-5 所示。

第二步：双击打开“Internet 信息服务（IIS）管理器”窗口，如图 13-6 所示。

第三步：在窗口左侧的“连接”中单击用户名为 WYSJ-PC 的计算机。

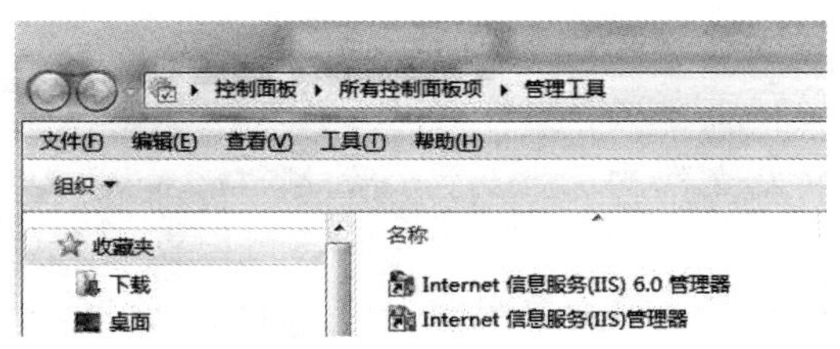

图 13-5 管理工具

图 13-6 “Internet 信息服务（IIS）管理器”窗口

注意：制作完成的网站已经存放在本计算机相应的文件夹中。在本活动中，我们把网站文件全部存放在 E 盘的 www 文件夹下（即 E:\www）。

第四步：右键单击窗口左侧的“网站”(默认网站可先删除)，弹出“添加网站”对话框，如图 13-7 所示。

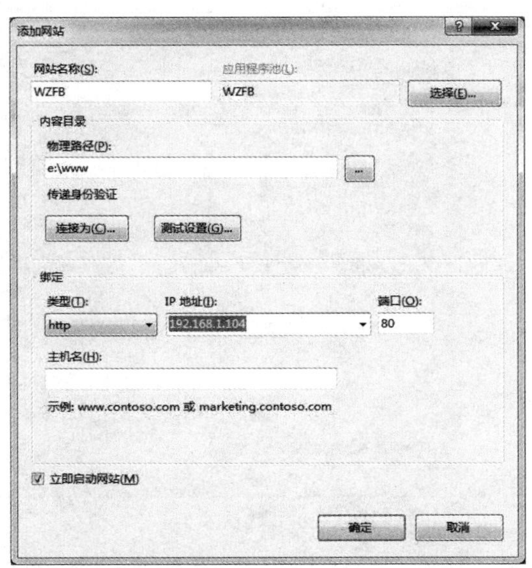

图 13-7 “添加网站”对话框

1）在对话框中依次填入：

① 网站名称为“WZFB”。

② 物理路径为存放网站文件的文件夹，此处填“e:\www”。

③ IP 地址为本机的 IP 地址，端口默认为 80，可根据需要更改端口号。

④ 主机名不用填写，单击“确定”按钮后就完成了网站的发布。在浏览器地址栏中输入“http://192.168.1.104/index.html”即可访问我们的网站了，效果如图 13-8 所示。

图 13-8　访问网站

2）打开网站的默认文档设置，如图 13-9 所示。

图 13-9　默认文档

如果网站的主页文件名在默认文档列表中，则在输入 URL 时可以省略主页文件名。本网站的主页文件名为“index.html”，包含在默认文档列表中，所以只需输入“http://

192.168.1.104”就可以打开网站。实际中，可以根据网站的主页文件名修改默认文档。

第五步：修改 Hosts 文件，在 C:\Windows\System32\drivers\etc 中找到 Hosts 文件，右键单击后用记事本打开，在文件末尾添加“192.168.1.104　www.mywzfbhost.net”，也就是用“192.168.1.104”这个 IP 地址去解析 www.mywzfbhost.net。完成后保存，注意：修改 Hosts 文件时必须具备管理员权限，且该文件的属性不能是“只读”，如图 13-10 所示。

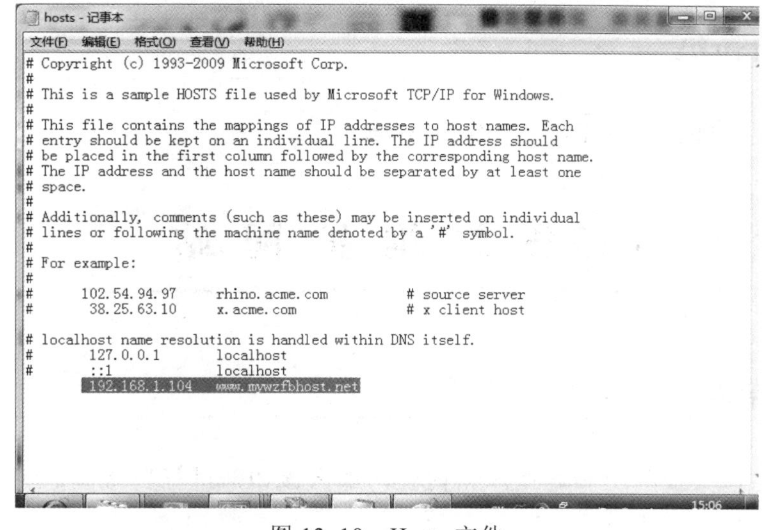


```
# Copyright (c) 1993-2009 Microsoft Corp.
#
# This is a sample HOSTS file used by Microsoft TCP/IP for Windows.
#
# This file contains the mappings of IP addresses to host names. Each
# entry should be kept on an individual line. The IP address should
# be placed in the first column followed by the corresponding host name.
# The IP address and the host name should be separated by at least one
# space.
#
# Additionally, comments (such as these) may be inserted on individual
# lines or following the machine name denoted by a '#' symbol.
#
# For example:
#
#      102.54.94.97     rhino.acme.com          # source server
#       38.25.63.10     x.acme.com              # x client host

# localhost name resolution is handled within DNS itself.
#       127.0.0.1       localhost
#       ::1             localhost
        192.168.1.104   www.mywzfbhost.net
```

图 13-10　Hosts 文件

第六步：打开浏览器，在地址栏中输入“Http://www.mywzfbhost.net”也可以打开我们的网站，如图 13-11 所示。

图 13-11　打开网站

思考

请思考，在发布网站之前，为什么要先配置 IIS？

活动拓展

请利用上述步骤自己动手配置 IIS 服务器。

任务二　维 护 网 站

问题导入

发布的网站，要及时更新、增添新内容，那么该如何进行日常维护呢？

背景知识

一个好的网站需要定期或不定期地更新内容，才能不断地吸引更多的浏览者，进而增加访问量。

网站维护包括网站策划、网页设计、网站推广、网站评估、网站运营、网站整体优化。

活动一　开启远程桌面

必备知识

作为一名开发人员，不可能每天 24h 待在公司，但有可能要 24h 待命，以解决线上问题。开启 Windows 的远程桌面，就可以远程登录到存放网站的计算机上，方便日常管理和维护。

活动实施

第一步：远程桌面设置。单击“开始”按钮，右键单击“计算机”，在弹出的快捷菜单中单击“属性”命令，打开“系统”界面，如图 13-12 所示。

第二步：单击左侧的“远程设置”链接，打开“系统属性”对话框，选择“远程”选项卡，在“远程桌面”选项区域内选中“仅允许运行使用网络级别身份验证的远程桌面的计算机连接（更安全）”单选按钮。如果客户端使用的操作系统是 Windows XP，则必须选中“允许运行任意版本远程桌面的计算机连接（较不安全）”单选按钮，如图 13-13 所示。

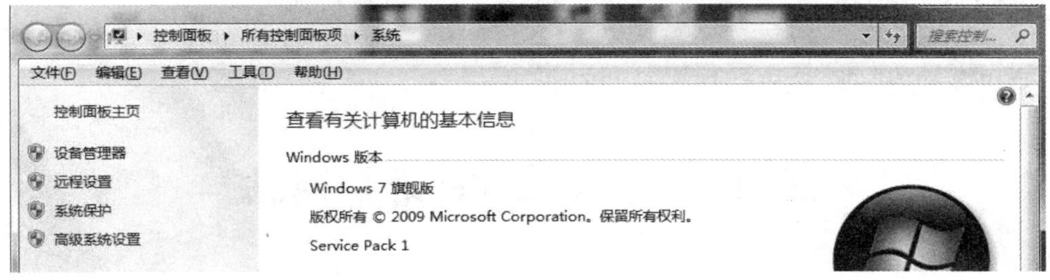

图 13-12　“系统”界面

第三步：单击“选择用户”按钮可以给远程桌面指定专门的用户（需要事先配置用户），管理员组的用户默认都可以进行远程连接，如图 13-14 所示。

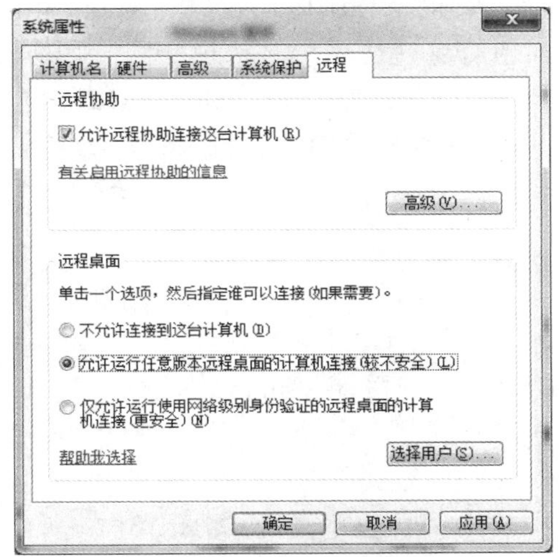

图 13-13　远程属性设置

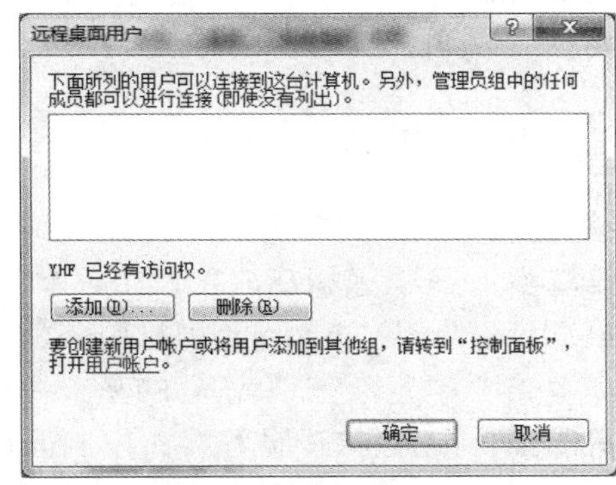

图 13-14　远程桌面用户

第四步：连接远程桌面。在客户端，执行“开始”→“附件”→“远程桌面连接”命令，打开“远程桌面连接”窗口，在“计算机”下拉列表框中输入开启远程桌面的计算机的 IP 地址“192.168.1.104”，单击“连接”按钮，如图 13-15 所示。稍后会出现远程计算机的登录桌面，输入用户名和密码后即完成连接，就可以像在本地一样使用远程计算机，网站的日常维护就像在本地一样方便。

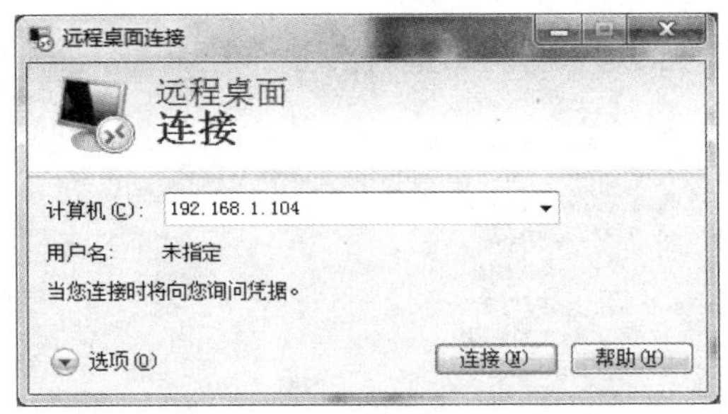

图 13-15　“远程桌面连接”窗口

思考

按照上述步骤能实现远程控制其他计算机，那么如何使自己的计算机不被远程控制呢？

活动拓展

请利用上述方法，尝试远程控制同桌的计算机。

活动二　通过 FTP 维护网站

必备知识

FTP 是 File Transfer Protocol（文件传输协议）的英文简称，而中文简称为“文传协议”，用于 Internet 上控制文件的双向传输。同时，它也是一个应用程序（Application）。基于不同的操作系统有不同的 FTP 应用程序，而所有这些应用程序都遵守同一种协议以传输文件。在 FTP 的使用中，用户经常遇到两个概念，即“下载”（Download）和“上传”（Upload）。“下载”文件就是从远程主机复制文件至自己的计算机上；“上传”文件就是将文件从自己的计算机中复制到远程主机上。

活动实施

第一步：开启 FTP 功能。打开控制面板，单击“程序和功能”链接。

第二步：在程序和功能窗口中，单击左侧的“打开或关闭 Windows 功能”链接。

第三步：展开“Internet 信息服务”下的“FTP 服务器”结点，勾选“FTP 服务”复选框，单击“确定”按钮完成 FTP 服务的开启，如图 13-16 所示。

第四步：配置 FTP 服务。在控制面板窗口中单击“管理工具”，如图 13-17 所示。

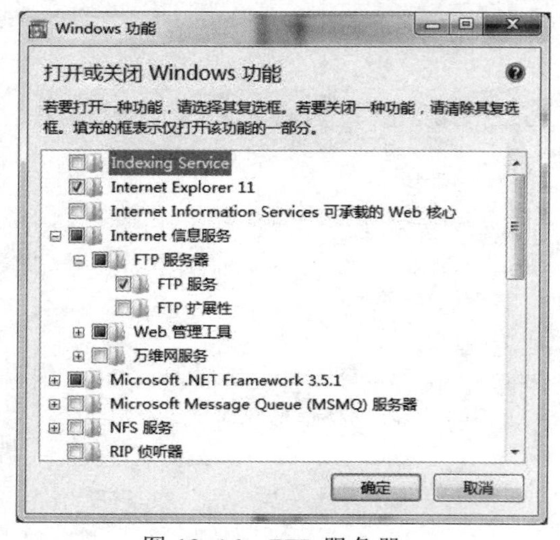

图 13-16　FTP 服务器

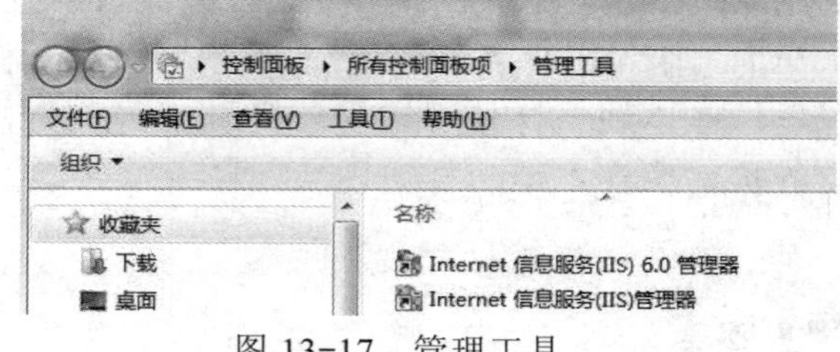

图 13-17　管理工具

第五步：双击打开“Internet 信息服务（IIS）管理器”窗口，如图 13-18 所示。

第六步：在窗口左侧的“连接”中单击用户名为 YHF-PC 的计算机，如图 13-19 所示。

第七步：右键单击窗口左侧的“网站”后，在弹出的快捷菜单中单击“添加 FTP 站点”命令，弹出“添加 FTP 站点”对话框，如图 13-20 所示。

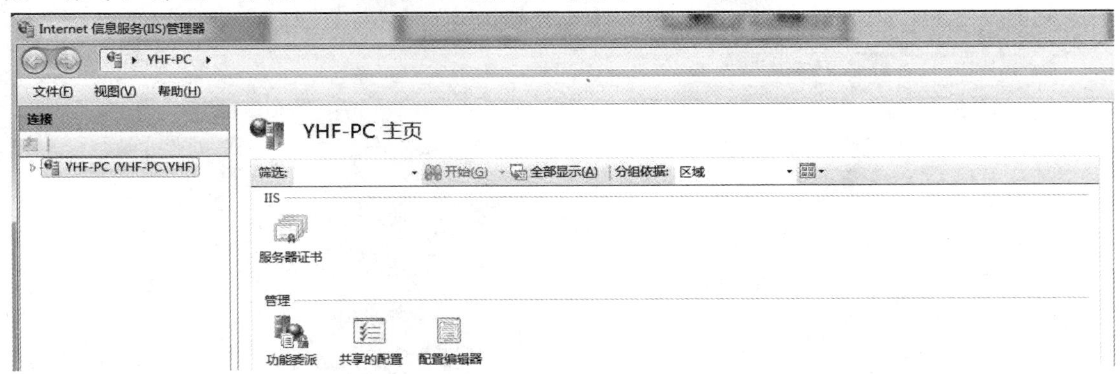

图 13-18　“Internet 信息服务（IIS）管理器”窗口

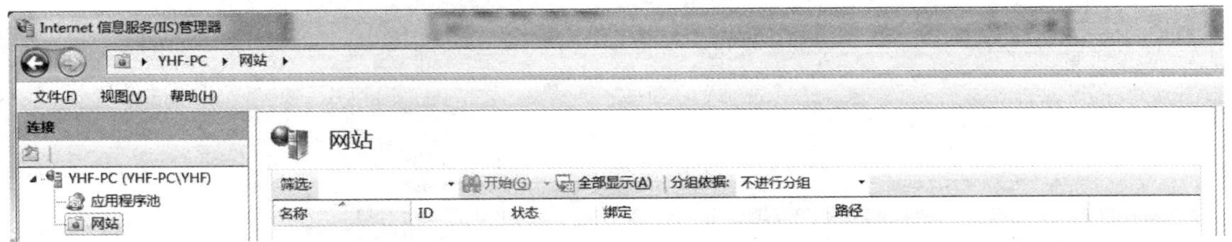

图 13-19　左侧“连接”中单击用户名为 YHF-PC 的计算机

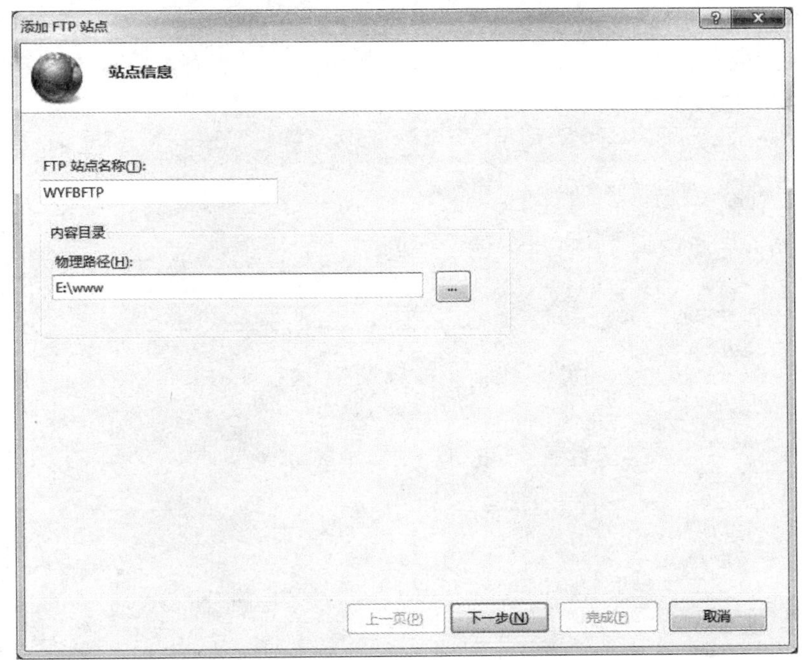

图 13-20　“添加 FTP 站点”对话框之设置站点信息

第八步：在“FTP 站点名称”文本框中输入“WYFBFTP”，物理路径一般填写存放网站的文件夹，这里填写“E:\www”。单击“下一步”按钮，在“IP 地址”下拉列表框中输入本机（发布网页的计算机）的 IP 地址“192.168.1.104”，端口号用默认的 21，勾选“自动启动 FTP 站点”复选框，在“SSL”选项区域内选中“无”单选按钮，单击“下一步”按钮，如图 13-21 所示。

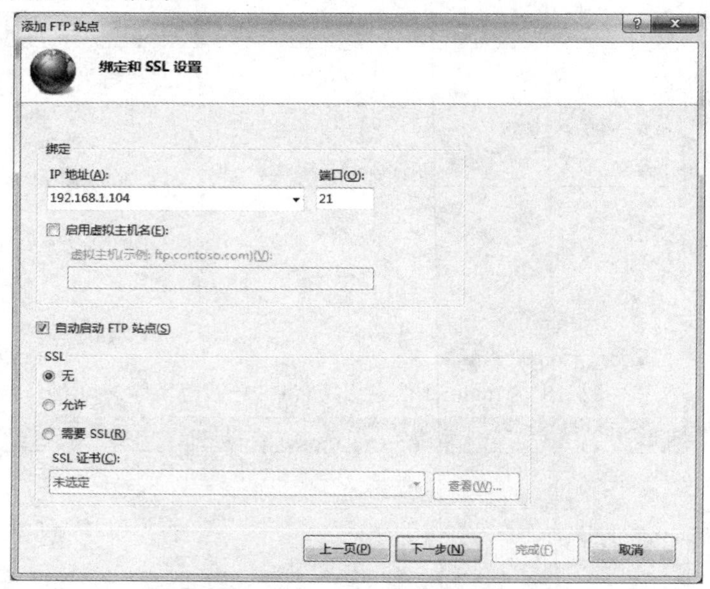

图 13-21 “添加 FTP 站点”对话框之绑定和 SSL 设置

第九步：在“身份验证”选项区域内勾选“基本”复选框，为了安全，不允许匿名用户登录，而是指定用户“webeditor”（密码设为“123”，出于安全，该用户应该是专门用来维护网站的，赋予其“读取”和“写入”权限），单击“完成”按钮后 FTP 服务即会启动，如图 13-22 所示。

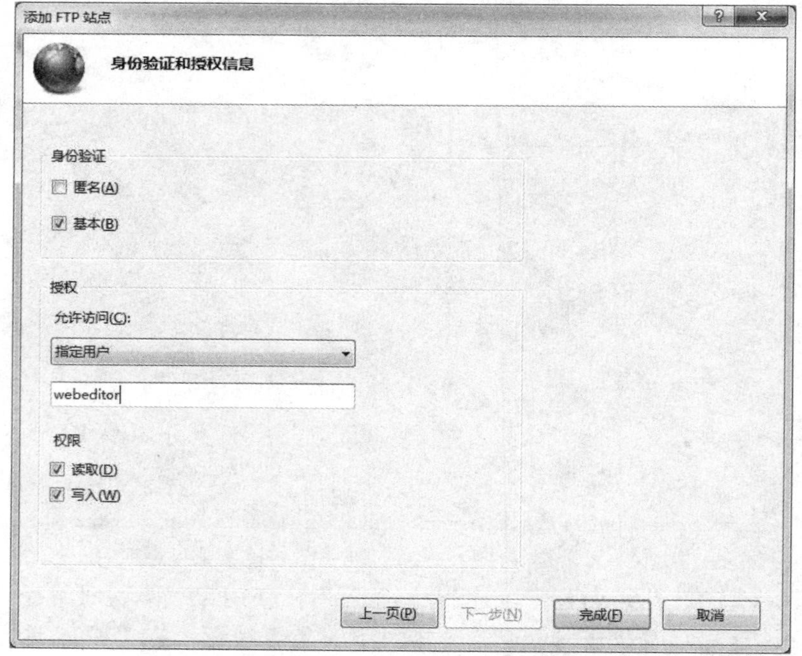

图 13-22 “添加 FTP 站点”对话框之身份验证和授权信息

可以通过 IE 浏览器、资源管理器或 FTP 客户端软件登录 ftp。打开资源管理器，在地址栏中输入 ftp://192.168.1.104，再输入用户名和密码即可登录 ftp（见图 13-23），因为我们把 ftp 的物理目录和 Web 服务的物理目录设成了同一目录，所以可以通过 ftp 把网站文件远程传输到发布计算机上，完成网站的修改、更新、升级等维护工作。

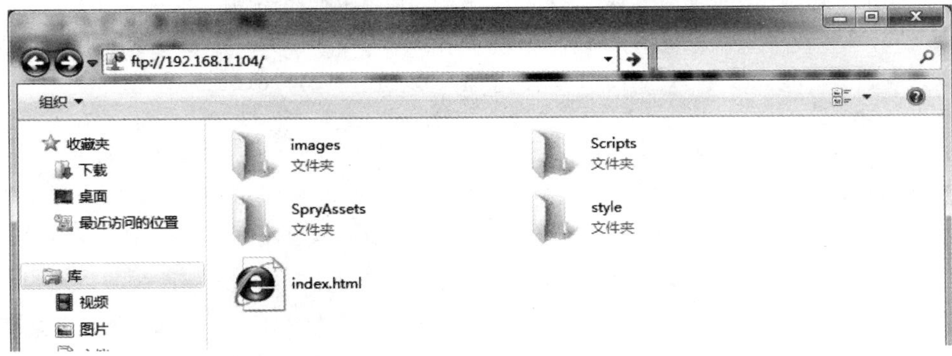

图 13-23　ftp 登录

思考

按照上述步骤操作能实现通过 FTP 维护网站，除了这种方法之外，还有哪些方法可以实现网站维护？

活动拓展

按照“活动实施”中的步骤，发布一个网站。

参 考 文 献

[1] 博雅文化．零点起飞学网页设计[M]．北京：清华大学出版社，2014.

[2] 文杰书院．Dreamweaver CS6 网页设计与制作基础教程[M]．北京：清华大学出版社，2014.

[3] 许宝良，王欣．网站建设与维护[M]．北京：高等教育出版社，2012.

[4] 常开忠，唐青．Dreamweaver CS6 从入门到精通[M]．北京：清华大学出版社，2014.

[5] 武创，王惠，等．网页设计探索之旅[M]．北京：电子工业出版社，2006.

[6] 蒋腾旭．电子商务网站建设与维护[M]．保定：河北大学出版社，2010.

[7] 杜巧玲，等．网页设计超级梦幻组合[M]．北京：清华大学出版社，2003.

[8] 吴黎兵，罗云芳．网页设计教程[M]．武汉：武汉大学出版社，2006.

[9] 官辛华，等．边学边做——Dreamweaver CS3 网页设计案例教程[M]．北京：人民邮电出版社，2010.

[10] 何新起．Dreamweaver CS6 完美网页制作[M]．北京：人民邮电出版社，2015.

[11] 九州书源，等．Dreamweaver CS6 网页制作[M]．北京：清华大学出版社，2015.

[12] 缪亮，等．Dreamweaver MX 2004 基础与实例教程[M]．北京：电子工业出版社，2006.

[13] 朱印宏，张宁．中文版 Dreamweaver CS5 标准教程[M]．北京：中国电力出版社，2011.

[14] 吕宇飞．Dreamweaver CS5 网页设计与制作[M]．3 版．北京：高等教育出版社，2013.

[15] 万璞，马子睿，张金柱．网页制作与网站建设技术详解[M]．北京：清华大学出版社，2015.

[16] 时延鹏，于淼，王丹，等．Dreamweaver CS3 网页设计与制作技能案例教程[M]．北京：科学出版社，2010.

[17] 何海霞．Dreamweaver CS6 精彩网页制作与网站建设[M]．北京：电子工业出版社，2013.

[18] 张军凌．网页设计与制作教程[M]．北京：中国原子能出版社，2013.